数据结构基础教程

（Python版）

吴仁群　编著

·北京·

内 容 提 要

本书是针对数据结构初学者编写的基础教程，书中详细介绍了数据结构常用的基本理论知识，同时提供了大量的应用实例，有助于初学者对知识的理解和掌握。全书共分8章：绪论、线性表、栈和队列、串和数组、树和二叉树、图、查找、排序等。

本书内容实用，结构清晰，实例丰富，可操作性强，可作为高等学校数据结构的教材，也可作为计算机相关专业的培训教材和自学教材。

本书免费提供电子教案，读者可扫描本书封底的二维码即可获取。

图书在版编目（CIP）数据

数据结构基础教程 : Python版 / 吴仁群编著. -- 北京 : 中国水利水电出版社, 2021.6
ISBN 978-7-5170-9686-3

Ⅰ. ①数… Ⅱ. ①吴… Ⅲ. ①数据结构－高等学校－教材②软件工具－程序设计－高等学校－教材 Ⅳ. ①TP311.12②TP311.561

中国版本图书馆CIP数据核字(2021)第122979号

书　名	数据结构基础教程（Python版） SHUJU JIEGOU JICHU JIAOCHENG（Python BAN）
作　者	吴仁群　编著
出版发行	中国水利水电出版社 （北京市海淀区玉渊潭南路1号D座　100038） 网址：www.waterpub.com.cn E-mail：sales@waterpub.com.cn 电话：（010）68367658（营销中心）
经　售	北京科水图书销售中心（零售） 电话：（010）88383994、63202643、68545874 全国各地新华书店和相关出版物销售网点
排　版	中国水利水电出版社微机排版中心
印　刷	清淞永业（天津）印刷有限公司
规　格	184mm×260mm　16开本　12.75印张　326千字
版　次	2021年6月第1版　2021年6月第1次印刷
印　数	0001—2000册
定　价	49.80元

前　言

数据结构是计算机相关专业中一门重要的专业基础课程。当用计算机来解决实际问题时，就会涉及数据及数据之间关系的表示及处理，而数据及数据之间关系的表示及处理正是数据结构主要研究的对象。通过数据结构的学习可以为后续课程尤其是软件方面的课程打下坚实的基础。因此，数据结构在计算机相关专业中具有举足轻重的作用。

作为一本数据结构的基础教材，本书具有以下特点：

（1）内容讲述由浅入深，符合初学者学习计算机语言的习惯。

（2）在讲述知识点时辅以图形或具体实例，使读者能够从具体应用中掌握知识，能够很容易地将所学的知识应用于实践。

（3）每章后面附有习题，帮助读者巩固并掌握所学知识。

（4）书中所有算法均采用 Python 语言实现。

本书共有 8 章。第 1 章介绍数据和数据结构、数据类型、抽象数据类型等基本概念，以及算法和算法描述、算法的性能分析等有关知识。第 2 章介绍线性表的含义及 ADT 描述，以及顺序存储和链式存储在不同存储方式下基本操作的实现及应用。第 3 章介绍栈和队列的定义及 ADT 描述、栈和队列的存储结构、不同存储结构下基本操作的实现及应用。第 4 章介绍串和数组的定义及 ADT 描述，串的存储结构及应用，数组的存储方式、矩阵的压缩存储及应用等。第 5 章介绍树和二叉树的概念及 ADT 描述，树和二叉树的存储方式，树和二叉树及森林的遍历应用，树、森林与二叉树的转换，哈夫曼树及应用。第 6 章介绍图的概念及 ADT 描述、图的存储结构、图的遍历、最小生成树问题、有向无环图及应用等。第 7 章介绍查找的基本概念、静态查找和动态查找的基本方法、哈希表的概念及查找方法等。第 8 章介绍排序的基本概念、插入排序、交换排序、选择排序、归并排序和基数排序等。

本书由北京印刷学院吴仁群编写。在编写过程中，参考了诸多参考文献，同时得到了中国水利水电出版社的大力支持，在此表示深深的感谢！本书出版得到学校学科专项（编号：21090120006）资助。

由于时间仓促，书中难免存在一些不足之处，敬请读者批评指正。

编者

2021 年 1 月

目　录

第 1 章　绪　　论

- 了解数据结构的含义及有关概念。
- 了解数据结构的逻辑结构和物理结构。
- 了解算法的含义、描述方法及重要特性。
- 掌握估算算法的时间复杂度和空间复杂度的方法。

1.1　学习数据结构的意义

数据结构是计算机科学与技术领域中被广泛使用的术语。它用来反映一个数据的内部构成，即一个数据由哪些要素构成，这些要素的构成是什么，呈现什么样的结构。数据结构主要研究数据的各种逻辑结构和存储结构，以及对数据的各种操作。因此，数据结构主要有三个方面的内容：数据的逻辑结构，数据的物理存储结构，对数据的操作（或算法）。一般来说，算法的设计取决于数据的逻辑结构，算法的实现取决于数据的物理存储结构。

1946 年 2 月 14 日，世界上第一台计算机 ENIAC 在美国宾夕法尼亚大学诞生。在计算机发展的初期，计算机主要被用于处理科学和工程计算方面的数值计算问题，如求解数值积分，求解线性方程组、求解代数方程、求解微分方程等。这类问题所涉及的运算对象是简单的整型、实型或布尔类型的数据，同时对象之间关系较为简单，因此程序设计者在使用计算机处理这类问题时往往将主要精力集中于程序设计的技巧上，而无须重视数据结构。

随着计算机应用的不断深入，非数值计算问题显得越来越重要。例如，人们经常要在表中查找某个对象，或者插入某个对象，或者对有关对象进行排序等。据统计，当今处理非数值计算性问题占用了 85%以上的机器时间。相比数值计算问题而言，非数值计算问题所涉及的数据元素间的关系比较复杂，一般无法用数学方程式加以描述。因此，解决这类问题的关键不再是数学分析和计算方法，而是要设计出合适的数据结构，这样才能有效地解决问题。下面所列举的就是属于这一类的具体问题。

【例 1.1】 学生成绩查询问题。

编写一个高校学生成绩查询程序。要求给出任意一个学生的学号，查找出对应学生的成绩。

分析：要解决此问题首先需要构造一张学生成绩表。每个学生的记录包含姓名、学号、班级、成绩等信息，成绩表由所有学生记录信息构成，详见表 1.1。

查找算法对于一个记录数据不多的表格或许可行，但对于一个由成千上万私人电话构成的表格来说，如果仍然采用类似查找算法就不实用了。

表 1.1　学 生 成 绩 表

姓　名	学　号	班　级	成　绩	…
王一	H101	管 1	80	…
张二	H201	管 2	88	…
胡三	H301	管 3	76	…
…	…	…	…	…

若这张表是按班级排序，则可另生成一张班级索引表，采用如图 1.1 所示的存储结构。那么查找过程是先在索引表中查找班级，然后根据索引表中的地址到学生成绩表中核查学号，这样查找学生成绩表时就无需查找其他班级的学生。因此，在这种新的结构上产生的查找算法就更为有效。

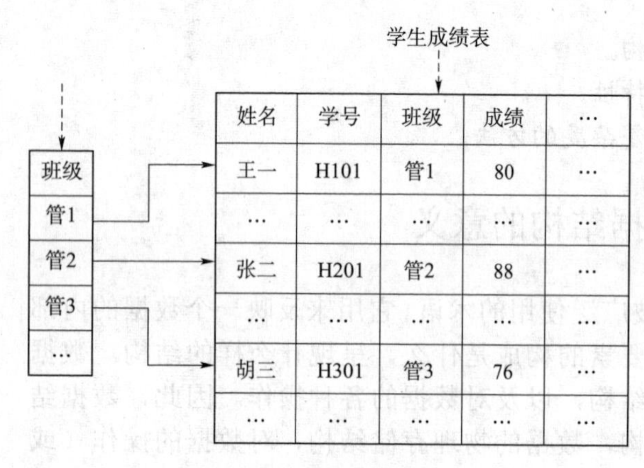

图 1.1　顺序存储

【例 1.2】 表中数据插入、删除问题。

假定一个表初始由 n 个元素 a_1，a_2，…，a_n 组成，现实现以下操作：

（1）在表中 a_i 元素前插入元素 e。

（2）删除表中 a_i 元素 e。

操作实现与表中元素的存储方式有关，下面分顺序存储和链式存储两种方式来讨论。

1. 顺序存储

所谓顺序存储就是将表中元素存放在连续的空间中，元素 $a_1, a_2, \cdots, a_n$ 依次存放在存储空间的 n 个连续的位置，如图 1.2 所示。

在这种存储方式下，在表中 a_i 元素前插入元素 e 前，先要将 $a_n, \cdots, a_{i+1}, a_i$ 等 n−i+1 个元素依次后移一位，然后将 e 放在 a_i 移动前的位置，如图 1.3 所示。

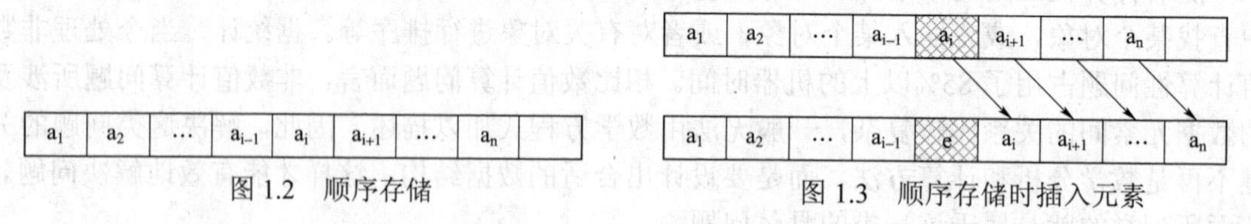

图 1.2　顺序存储　　图 1.3　顺序存储时插入元素

而在表中删除 a_i 元素，则只需将 $a_{i+1}, \cdots, a_n$ 等 n−i 个元素依次前移一位即可，如图 1.4 所示。

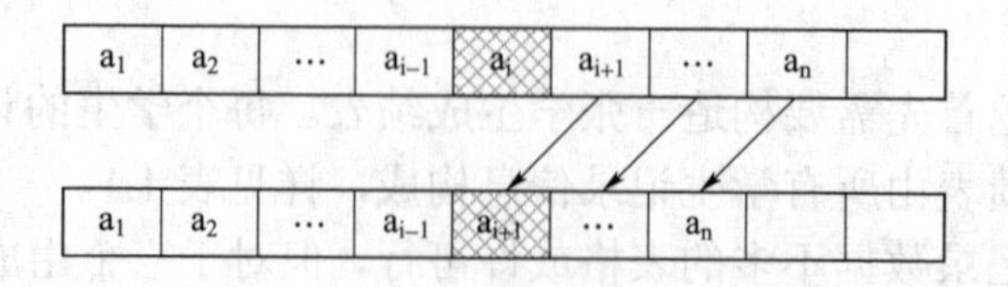

图 1.4　顺序存储时删除元素

2. 链式存储

链式存储就是将表中元素存放在非连续的空间中，通过增加辅助的指针信息来反映元素之间的联系，如图 1.5 所示。

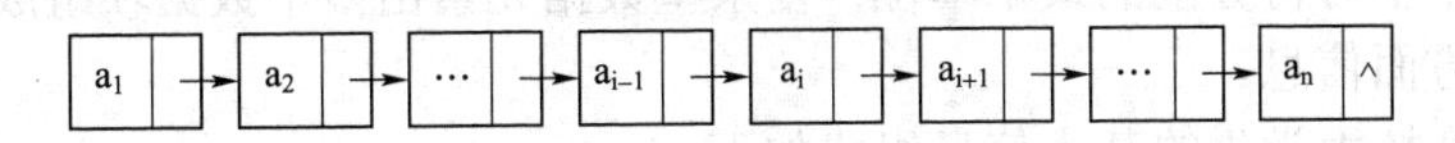

图 1.5　链式存储

在这种存储方式下，在表中 a_i 元素前插入元素 e 时，不需要进行元素移动，而只需修改相关指针内容即可，如图 1.6 所示。

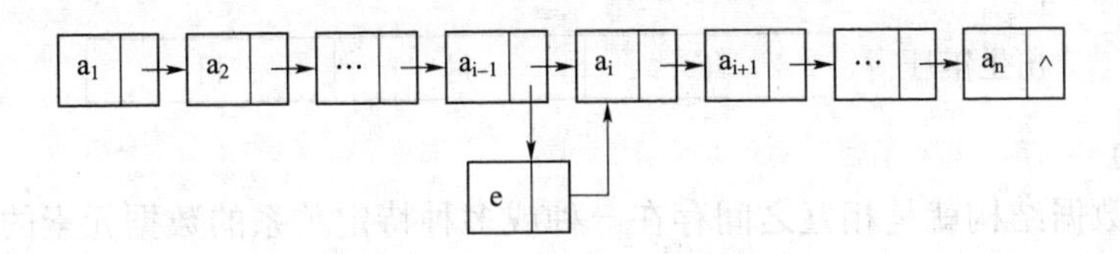

图 1.6　链式存储时插入元素

同样，删除元素时也不必移动元素，只需修改有关指针内容即可，如图 1.7 所示。

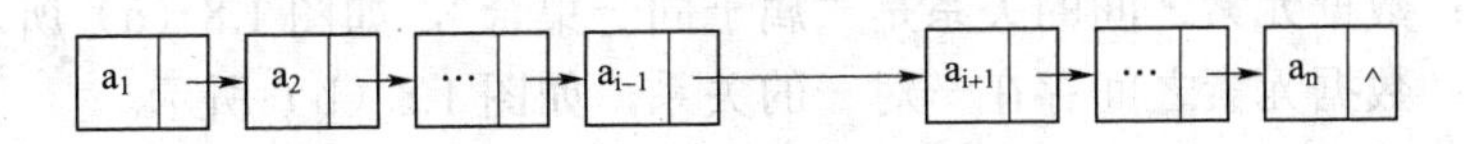

图 1.7　链式存储时删除元素

由上可知，当所处理的非数值问题涉及较多插入、删除等操作时，使用链式存储方式来存储数据元素是比较有效的。

1.2 基　本　概　念

1.2.1　数据、数据元素和数据结构

1. 数据

数据是对客观事物的符号表示，是由所有能够输入到计算机中并被计算机程序处理的符号（如 0 和 1，a、b 等）的集合。包括字符、文字、表格、图像等，都可称为数据。例如，学生信息管理系统所要处理的数据可能是一张表格（表 1.2）。

表 1.2　学 生 信 息 表

姓名	性别	籍贯	出生年月	政治面貌	联系方式
张三	男	湖北	1969-10-01	中共党员	29291230
李四	男	湖南	1969-05-01	群众	29293456
…	…	…	…	…	…

2. 数据元素

数据元素是数据集合中的一个实体，是计算机程序中加工处理的基本单位。数据元素按其组成可分为简单型数据元素和复杂型数据元素。简单型数据元素由一个数据项组成，所谓数据项就是数据中不可再分割的最小单位；复杂型数据元素由多个数据项组成，它通常包含着一个概念的多方面信息。

例如，一个在校大学生的基本信息组成如下：

姓名	性别	籍贯	出生年月	政治面貌	联系方式

在上述信息中，除“出生年月”外，其他都是简单型数据元素。“出生年月”可分为年、月、日三个部分，属复杂型数据元素。

出生年月：

年	月	日

3. 数据结构

简单地说，数据结构就是相互之间存在一种或多种特定关系的数据元素的集合。数据结构有逻辑上的数据结构（即逻辑结构）和物理上的数据结构（即物理结构）。

数据的逻辑结构是指数据元素之间的逻辑关系。常见的逻辑结构有集合结构、线性结构、树形结构和图状结构。

- 集合结构：数据元素之间的关系是“属于同一集合”，如图 1.8（a）所示。
- 线性结构：数据元素之间存在一对一的关系，如图 1.8（b）所示。
- 树形结构：数据元素之间存在一对多的关系，如图 1.8（c）所示。
- 图状结构：数据元素之间存在多对多的关系，如图 1.8（d）所示。

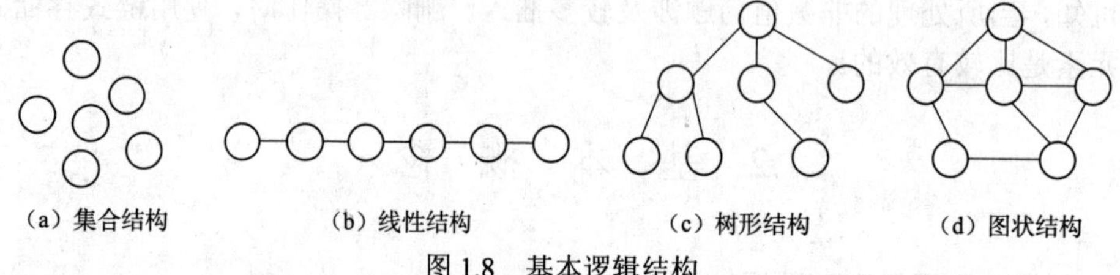

（a）集合结构　（b）线性结构　（c）树形结构　（d）图状结构

图 1.8　基本逻辑结构

一般来说，一个数据结构 DS（data struture）可以表示为一个二元组：

```
DS=(D,S)
```

这里 D 是数据元素的集合，S 是定义在 D（或其他集合）上的关系的集合。

例如 1：复数是一个数据结构

```
Complex=(C,R) C={c1,c2}  R={<c1,c2>}
```

数据的物理结构，也称存储结构，是指数据结构在计算机存储器中的具体实现，是逻辑结构的存储映像（image）。常见的存储结构有顺序存储结构和链式存储结构。前者是借助于数据元素的相对存储位置来表示数据元素之间的逻辑结构，如图 1.9（a）所示；后者是借助于指示数据元素地址的指针表示数据元素之间的逻辑结构，如图 1.9（b）所示。

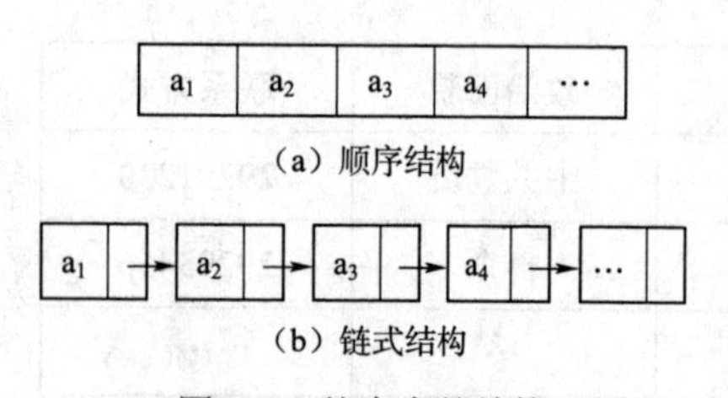

（a）顺序结构

（b）链式结构

图 1.9　基本存储结构

说明：为了叙述上的方便和避免产生混淆，我们通常把数据的逻辑结构统称为数据结构，把数据的物理结构统称为存储结构。

1.2.2 数据类型

在用高级程序语言编写的程序中，必须对程序中出现的每个变量、常量或表达式，明确说明它们所属的数据类型。数据类型是指数据的取值范围及其上可进行的操作的总称。例如，Python 数据类型可分为 Number（数字型）、str（字符串）、list（列表）、tuple（元组）、set（集合）和 dictionary（字典）。其中 Number 又可分为 int（整数）、bool（布尔型）、float（实数型）和 complex（复数型）。

高级程序设计语言中的数据类型可分为简单类型和结构类型。简单类型中的值是不可分的，例如整型、实型等。结构类型的值是由若干成分按某种结构组成的，是可分解的，如 Python 语言中的数组是一种结构类型，由固定个数的同一类型的数据顺序排列而成；结构体也是一种结构类型，由固定个数的不同类型的数据顺序排列而成。例如：

```
typedef struct{
    int age;
    char name[20];
    float score;
}STUDENT;
STUDENT  stu1, *p;
```

1.2.3 抽象数据类型

抽象数据类型 ADT（abstract data type）是一个数学模型以及定义在该模型上的一组操作。抽象数据类型的定义仅取决于它的一组逻辑特性，而与其在计算机内部如何表示和实现无关，即不论内部结构如何变化，只要它的数学特性不变，都不影响其外部使用。因此抽象数据类型可实现信息隐蔽和数据封装，以及使用与实现相分离。

抽象数据类型可以表示为一个三元组。

```
ADT=(D,S,P)
```

其中，D 是数据对象集合，S 是 D 上的关系集合，P 是 D 的基本操作。

实际中，可以按照如下结构来描述：

```
ADT 抽象数据类型名{
    数据对象：<数据对象的定义>
    数据关系：<数据关系的定义>
    基本操作：<基本操作的定义>
}//ADT 抽象数据类型名
```

数据对象和数据关系的定义用伪码表示，基本操作定义格式如下：

```
    基本操作名(参数表)
    初始条件:<初始条件描述>
    操作结果:<操作结果描述>
```

```
ADT Triplet{
    数据对象:D={e1,e2,e3|e1,e2,e3∈ElemSet}
    数据关系:R1={<e1,e2>,<e2,e3>}
```

```
    基本操作:
        InitTriplet(&T,v1,v2,v3)
        操作结果:构造了三元组 T,元素 e1、e2、e3 分别被赋予参数 v1、v2、v3 的值。
        DestroyTriplet(&T)
        操作结果:三元组被销毁。
        Put(&T,i,e)
        初始条件:三元组已存在,i∈[1,3]
        操作结果:改变 T 中第 i 个元素的值为 e。
        ……
    }//ADT Triplet
```

1.2.4 数据结构的符号描述举例

1. 集合结构

【例 1.3】 小组成员组成的数据结构。

```
Set=(D,R)
D={张三,李四,王五,吴一,陈二}
R={<张三,李四>,<张三,王五>,<张三,吴一>,<张三,陈二>,<李四,王五>,<李四,吴一>,<李四,陈二>,<王五,吴一>,<王五,陈二>,<吴一,陈二>}
```

这里关系<a，b>表示 a 和 b 属于同一小组。

如图 1.10（a）所示。

2. 线性结构

【例 1.4】 排队购买车票成员组成的数据结构。

```
List=(D,R)
D={张三,李四,王五,吴一,陈二}
R={<张三,李四>,<李四,王五>,<王五,吴一>,<吴一,陈二>}
```

这里关系<a，b>表示在队列中 a 是 b 的直接前驱。

如图 1.10（b）所示。

3. 树形结构

【例 1.5】 家庭成员组成的数据结构。

```
T=(D,R)
D={祖父,姑姑,叔叔,父亲,儿子,孙子}
R={<祖父,姑姑>,<祖父,叔叔>,<祖父,父亲>,<父亲,儿子>,<儿子,孙子>}
```

这里关系<a，b>表示在队列中 a 是 b 的直接前驱。

如图 1.10（c）所示。

4. 图状结构

【例 1.6】 四个直辖城市航空网络的数据结构。

```
T=(D,R)
D={北京,上海,天津,重庆}
R={<北京,上海>,<北京,天津>,<北京,重庆>,<上海,北京>,<上海,天津>,<上海,重庆>,<天津,北京>,<天津,上海>,<天津,重庆>,<重庆,北京>,<重庆,上海>,<重庆,天津>}
```

这里关系<a，b>表示 a 有直达航班到 b。

如图 1.10（d）所示。

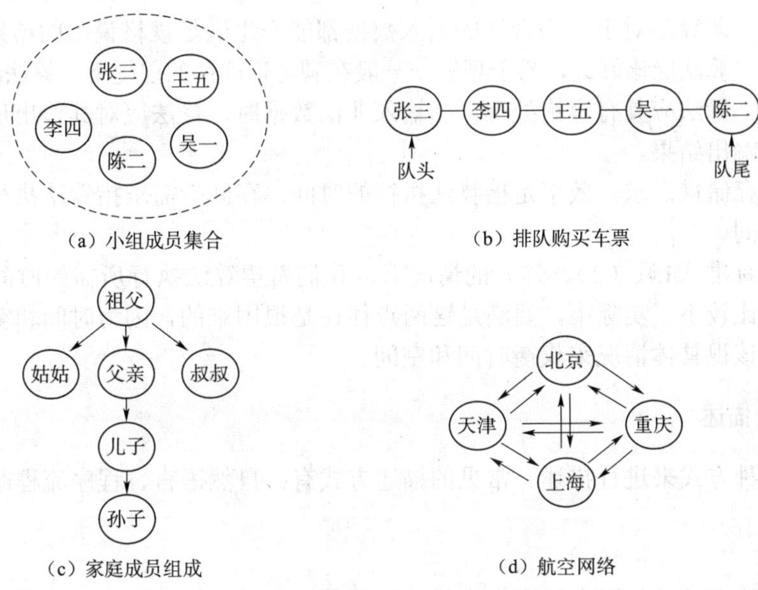

图 1.10 数据结构应用举例

1.3 算法和算法描述

1.3.1 概念和特性

1. 算法的概念

算法是在有限步骤内求解特定问题所使用的一组定义明确的规则。通俗点说，算法就是计算机求解特定问题的步骤的描述。特定的问题可以是数值的，也可以是非数值的。解决数值问题的算法称为数值算法，科学和工程计算方面的算法都属于数值算法，如求解数值积分、求解线性方程组、求解代数方程、求解微分方程等；解决非数值问题的算法称为非数值算法，数据处理方面的算法都属于非数值算法。例如各种排序算法、查找算法、插入算法、删除算法、遍历算法等。数值算法和非数值算法并没有严格的区别。

2. 算法的特征

一个算法应该具有有穷性、确定性、可行性、输入和输出5个重要的特征。

（1）有穷性是指一个算法必须保证执行有限步之后结束。

（2）确定性是指算法的每一步骤必须有确切的定义，没有二义性。

（3）可行性是指算法中描述的每一步操作都可以通过已有的基本操作执行有限次实现。

（4）输入是指一个算法有零个或多个输入，以薪视运算对象的初始情况，所谓零个输入是指算法本身定出了初始条件。

（5）输出是指一个算法有一个或多个输出，以反映对输入数据加工后的结果。没有输出的算法是毫无意义的。

1.3.2 算法的设计要求

评价一个好的算法有以下几个标准：

（1）正确性。即算法对于一切合法的输入数据都能产生满足规格说明的结果。

（2）可读性。算法应该好读，易于理解，一般在满足正确性的前提下，算法越简单越好。

（3）健壮性。算法应具有容错处理。当输入非法数据时，算法应对其作出反应，而不是产生莫名其妙的输出结果。

（4）效率与存储量需求。效率是指算法执行的时间；存储量需求指算法执行过程中所需要的最大存储空间。

在保证满足标准（1）、（2）、（3）的情况下，我们希望算法执行所需的时间比较短，所占用的存储空间比较小。实际中，要满足这两点往往是很困难的，因为时间和空间是彼此冲突的。因此，应该视具体情况来权衡时间和空间。

1.3.3 算法描述

算法采取多种方式来进行描述。常见的描述方式有：自然语言、程序流程图、具体的程序语言等。

1. 自然语言

自然语言描述方式是使用自然语言来描述问题的求解过程。下面举例说明。

问题 P：判断正整数 N 是否为素数。

使用自然语言来描述的算法如下：

Step1：令 i=2；

Step2：判断 i 是否小于等于 N/2，若是，转到 Step4；否则，转到 Step3。

Step3：判断 N 除以 i 的余数 R 是否等于 0，
若 R 等于 0，转到 Step5；
否则，i 加 1，转到 Step2。

Step4：输出 N 为素数。

Step5：算法结束。

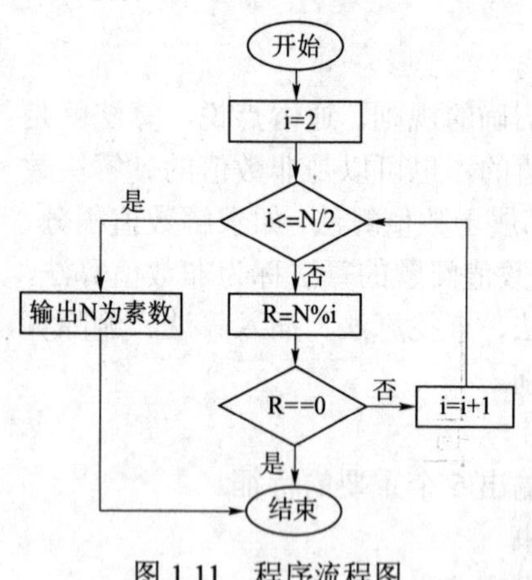

图 1.11 程序流程图

2. 程序流程图

程序流程图描述方式是使用流程图符号来描述问题的求解过程。求解问题 P 所对应的流程如图 1.11 所示。

3. 具体程序语言

具体程序语言描述方式是使用某种具体的语言（如 Python 语言）来描述问题的求解过程。求解问题 P 所对应的 Python 程序如下：

```
#第一章
#判断 n 是否是素数
def isPrimeNumber(n):
    nn=n//2
    i=2
    while (i<=nn) :
        if (n%i==0):
            break
        i=i+1
```

```
        if(i>nn):
            return True
        else:
            return False

def main():
    n=4
    if(isPrimeNumber(n)):
        print(n,"是素数\n")
    else:
        print(n,"不是素数\n")

main()
```

除了上述三种方式外，还有利用类语言（如类Python语言、类Pascal等）来描述问题的求解过程，感兴趣的读者可以参看有关文献。不管采用哪种方式描述算法，都必须能够正确地描述求解过程。本书中所有算法均采用Python语言来描述。

4. 设计算法的基本过程

一般来说，设计算法的基本过程包括以下4个阶段：

（1）通过对问题进行详细的分析，抽象出相应的数学模型。

（2）确定使用的数据结构，并在此基础上设计对此数据结构实施各种操作的算法。

（3）选用某种语言将算法转换成程序。

（4）调试并运行这些程序。

1.4 算法的性能分析

算法的性能分析是指对算法质量优劣的评价，除了正确性、可读性和健壮性等特性外，重点还要分析算法的时间复杂度和空间复杂度。

1.4.1 时间复杂度

算法的时间复杂度是依据该算法编制的程序在计算机上执行所消耗的时间来度量的。这种度量可采用事后统计和事前估计两种方式。

事后统计就是利用计算机内计时功能，不同算法的程序可以用一组或多组相同的统计数据区分。这种方式的缺点是：必须先运行依据算法编制的程序，所得时间统计量依赖于硬件、软件等环境因素，掩盖了算法本身的优劣。

事前分析估计就是在计算机程序编制前，依据统计方法对算法进行估算，抛开与计算机硬件软件有关的因素，一个程序的运行时间依赖于算法的好坏和问题的输入规模。

一个高级语言程序在计算机上运行所消耗的时间取决于如下几方面：

- 依据的算法选用何种策略。
- 问题的规模。
- 程序语言。

- 编译程序产生机器代码的质量。
- 机器执行指令的速度。

同一个算法用不同的语言、不同的编译程序、在不同的计算机上运行，效率均不同，所以使用绝对时间单位衡量算法效率并不合适。

实际中，可以撇开那些与计算机硬件、软件有关的因素，可以认为一个特定算法的“运行工作量”的大小只依赖于问题的规模（通常用整数量表示），或者说，它是问题规模的函数。

任何一个算法都是由控制结构和若干基本操作组成的。一般情况下，算法中基本操作重复执行的次数是问题规模的 n 的函数，记为 T(n)。下面以一个矩阵相乘算法来说明如何计算一个算法中语句执行的次数。

语　句	执行次数
`def maxtrixMultiply( A, B, C,n ):`	
`for i in range(0,n):`	n+1
`for j in range(0,n):`	n(n+1)
`C[i][j]=0`	n^2
`for k in range(0,n):`	$n^2(n+1)$
`C[i][j]=C[i][j]+A[i][k]*B[k][j]`	n^3

总执行次数 T(n)为：

$$T(n)=n+1+n(n+1)+n^2+n^2(n+1)+n^3=2n^3+3n^2+2n+1$$

定义：如果存在一个 g(n)，当 $n\to\infty$ 时，有

$$T(n)/g(n)=\text{常数}\neq 0$$

则称函数 T(n)与 g(n)同阶，或者说，T(n)与 g(n)同一个数量级，记作

$$T(n)=O(g(n))$$

通常称上式为算法的时间复杂度，或称该算法的时间复杂度为 O(g(n))。其中，n 为问题的规模的量度。

基于高等数学中的极限知识可以知道，当一个算法的执行次数可以表达为如下形式：

$$T(n)=\alpha_m n^{\beta_m}+\alpha_{m-1}n^{\beta_{m-1}}+\cdots+\alpha_0,\beta_i>\beta_{i-1},i=1,2,\cdots,m$$

则该算法的时间复杂度为 $O(n^{\beta_m})$。

例如，

$$\lim_{n\to\infty}\frac{2n^3+3n^2+2n+1}{n^3}=2$$

则算法 maxtrixMulti 的时间复杂度为 $O(n^3)$。

由上面时间复杂度的定义可以看出，在计算一个算法的时间复杂度时，往往只需要分析影响算法运行时间的主要部分，也即只需分析循环嵌套数最多的嵌套循环中最内层的语句执行的次数。

很多算法的时间复杂度不仅与问题的规模有关，而且还与它所处理的数据集的状态有关。因此，在分析一个算法的时间复杂度时往往根据数据集中可能出现的最坏情况和最好情

况分别估计出算法的最坏时间复杂度和最好时间复杂度。有时，要对数据集的分布作出某种假设，估算在这种分布下算法的平均时间复杂度。

1.4.2　空间复杂度

类似于算法的时间复杂度，本书中以空间复杂度作为算法所需存储空间的量度，记作

$$S(n)=O(F(n))$$

其中，n 为问题的规模（或大小）。

存储空间包括固定部分和可变部分。固定部分是指程序指令代码的空间，常数、简单变量、定长成分（如数组元素、结构成分、对象的数据成员等）变量所占的空间；可变部分大小与实例特性有关的成分变量所占空间、引用变量所占空间、递归栈所用的空间、通过 new 和 delete 命令动态使用的空间。

如果输入数据所占的空间只取决于问题本身，与算法无关，那么只需分析除输入和程序之外的额外空间，否则应同时考虑输入本身所需的空间。

1.4.3　分析算法的时间复杂度举例

【例 1.7】 求 m 和 n 的最大值。

算法如下：

```
def maxMN(m,n):
    max0=n
    if m>max0:
        max0=m
    return max0
```

分析：本算法包含三个基本语句，执行次数均为 1，因此算法的执行时间是一个与问题规模 n 无关的常数，即算法的时间复杂度 $T(n)=O(1)$。

【例 1.8】 计算自然数 1～N 的和。

算法如下：

```
#sum=1+2+…+n
def sumN(n):
    sum0=0
    for i in range(1,N+1):
        sum0=sum0+i
    return sum0
```

分析：本算法的执行次数 $T(N)=aN+b(a>0)$，是问题规模 N 的线性函数，因此算法的时间复杂度 $T(n)=O(N)$。

【例 1.9】 输出乘法表。

算法如下：

```
def outputTable(n):
    sf="%2d * %2d = %3d"
    for i in range(1,n+1):
        for j in range(1,i+1):
```

```
            print( sf%(i,j,i+j))
        print("\n")
    return 1
```

分析：本算法的执行次数 $T(n)=an^2+bn+c(a>0)$，是问题规模 n^2 的线性函数，因此算法的时间复杂度 $T(n)=O(n^2)$。

1.5　习　　题

1．术语解释

数据　　数据项　　数据元素　　数据对象　　数据逻辑结构　　数据物理结构
数据结构　　数据类型　　算法。

2．填空题

（1）数据的物理结构包括________的表示和________的表示。

（2）对于给定的 n 个元素，可以构造出的逻辑结构有________、________、________、________4 种。

（3）数据的逻辑结构是指________。

（4）一个数据结构在计算机中________称为存储结构。

（5）抽象数据类型的定义仅取决于它的一组________，而与________无关，即不论其内部结构如何变化，只要它的________不变，都不影响其外部使用。

（6）数据结构中评价算法的两个重要指标是________、________。

（7）一个算法具有 5 个重要的特征：________、________、________、输入、输出。

3．简答题

（1）数据结构的研究内容？

（2）数据元素之间的关系在计算机中有几种表示方法？各有什么特点？

（3）抽象数据类型的主要特点是什么？使用抽象数据类型的主要好处是什么？

4．计算时间复杂度

求下列程序段的时间复杂度。

（1）

```
def exam0101():
    s=0
    for i in range(1,n+1):
        for j in range(1,n+1):
            s=s+1
```

（2）

```
def exam0102(n):
    i=0
    s=0
    while (s<n):
        i=i+1
        s=s+i
```

（3）

```
def exam0103(n):
    i=1
    j=1
    while(i>n):
        while(j>n):
            print(i*j)
            j=j+1
        i=i+1
```

第2章 线 性 表

- 了解线性表的含义及ADT描述。
- 掌握线性表的顺序存储方式的含义及其基本操作的算法实现。
- 掌握线性表的链式存储方式的含义及其基本操作的算法实现。
- 掌握顺序表和链式表的基本操作的时间复杂度分析。
- 学会使用顺序表和链式表解决实际问题。

2.1 线性表的含义及ADT描述

2.1.1 线性表的含义

线性表是由 n（n≥0）个类型相同的数据元素组成的有限序列集合。线性表中数据元素的个数称为线性表的长度，当n=0时，线性表为空，又称为空线性表。一个非空线性表具有以下特征：

（1）有限序列集合中必存在唯一的一个“第一元素”。

（2）有限序列集合中必存在唯一的一个“最后元素”。

（3）有限序列集合中除最后一个元素外，均有唯一的后继。

（4）有限序列集合中除第一个元素外，均有唯一的前驱。

线性表通常可表示成以下形式：

$$L=(a_1,a_2,\cdots,a_{i-1},a_i,a_{i+1},\cdots,a_n)$$

其中：L为线性表名称，一般用大写表示；a_i 为组成该线性表的数据元素，一般用小写表示。

a_1 为线性表L的第一元素，a_n 为线性表L的最后元素。对元素 a_i 而言，a_{i-1} 为其直接前驱，a_{i+1} 为其直接后继。以下举例说明。

L1=(1,2,3,4,5,6)

说明：L1是数据元素类型为int（整型）的线性表。

L2=(“张三”,“李四”,“王五”,“吴一”,“陈二”)

说明：L2是数据元素类型为string（字符串型）的线性表。

L3=(stu1,stu2,stu3)

stu1，stu2，stu3均为表示学生信息的字典类型。

说明：L3是数据元素类型为结构类型的线性表。

2.1.2 线性表的 ADT 描述

```
ADT List{
    数据对象:D={a_i|a_i∈ElemSet,i=1,2,…,n,n>=0}
    数据关系:R1={<a_{i-1},a_i>| a_{i-1},a_i ∈D, i=2,3,…,n }
    基本操作:
    initList(&L)
        操作结果:构造一个空的线性表。
    destroyList(&L)
        初始条件:线性表 L 已存在。
        操作结果:销毁线性表 L。
    clearList(&L)
        初始条件:线性表 L 已存在。
        操作结果:将线性表 L 重置为空表。
        ……
 }ADT List
```

以下对线性表的主要基本操作做进一步说明。

1. 初始化线性表

initList(L)
初始条件：无。
操作结果：构造一个空的线性表 L。

2. 销毁线性表

destoryList(L)
初始条件：线性表 L 已存在。
操作结果：销毁线性表 L。

3. 清空线性表

clearList(L)
初始条件：线性表 L 已存在。
操作结果：将线性表 L 重置为空表。

4. 求线性表的长度

getLen(L)
初始条件：线性表 L 已存在。
操作结果：返回线性表 L 的长度（即元素个数）。

5. 判断线性表是否为空

isEmpty(L)
初始条件：线性表 L 已存在。
操作结果：判断线性表 L 中的元素个数是否为 0。

6. 获取线性表中的某个数据元素内容

getElem(L,i,e)
初始条件：线性表 L 已存在，且 1≤i≤getLen（L）。
操作结果：返回 L 中第 i 个元素的值，该值保存在 e 中。

7. 检索值为 e 的数据元素

```
locateELem(L,e)
```

初始条件：线性表 L 已存在。

操作结果：返回线性表 L 中元素为 e 的结点所在的位置。

8. 返回线性表中 e 的直接前驱元素

```
priorElem(L,e)
```

初始条件：线性表 L 已存在。

操作结果：返回线性表 L 中元素为 e 的结点的直接前驱元素。

9. 返回线性表中 e 的直接后继元素

```
nextElem(L,e)
```

初始条件：线性表 L 已存在。

操作结果：返回线性表 L 中元素为 e 的结点的直接后继元素。

10. 在线性表中插入一个数据元素

```
insertList (L,i,e)
```

初始条件：线性表 L 已存在，且 1≤i≤getLen（L）。

操作结果：在线性表 L 中第 i 个结点前插入元素为 e 的结点。

11. 删除线性表 L 中的第 i 个数据元素

```
deleteList (L,i,e)
```

初始条件：线性表 L 已存在，且 1≤i≤getLen（L）。

操作结果：删除线性表 L 中的第 i 个结点，以 e 返回删除的结点。

2.2 顺序存储结构

2.2.1 顺序表的存储表示

线性表的顺序存储结构是指用一组连续的存储单元依次存储线性表中的每个数据元素，如图 2.1 所示。

地址	存储内容
…	…
A_0	a_1
A_0+len	a_2
…	…
A_0+(i−1)len	a_i
…	…
A_0+(n−1)len	a_n
…	…

图 2.1　线性表顺序存储示意图

图 2.1 中，len 为每个数据元素所占据的存储单元数目。

由于线性表中的数据元素是同一类型，所占空间大小一样，因此相邻两个数据元素的存储位置存在如下关系：

$$L(a_{i+1}) = L(a_i) + len$$

注意：一个数据元素的存储位置是指该元素占用的若干（连续的）存储单元的第一个单元的地址。

由此可以推出线性表中任意一个数据元素的存储位置与第一个元素的存储位置之间存在以下关系：

$$L(a_{i+1}) = L(a_1) + (i-1)len$$

顺序存储结构具有如下特点：

（1）线性表的逻辑结构与存储结构（物理结构）一致，数据元素的存储位置表示线性表中相邻数据元素之间的前后关系。

（2）存取方便快速。在访问线性表时，可以利用上述给出的数学公式，快速地计算出任何一个数据元素的存储地址。这种存取元素的方法称为随机存取法，使用这种存取方法的存储结构称为随机存储结构。

在 Python 中，实现线性表的顺序存储结构的类型定义如下：

```
class ListTable:
    def __init__(self,maxn=0,realn=0,elem=None):
        self.elem=elem
        self.MAXLEN=maxn
        self.realn=realn
```

2.2.2 顺序表的基本操作的实现

1. 初始化线性表

此操作是给线性表分配一定的空间，生成一个空间大小为 MAXLEN 的空表。

在具体实现时，要考虑申请分配空间是否能满足，若不能满足则申请失败，不能生成空表。

算法如下：

```
#1.初始化线性表 L:仅有一个头结点
def initList(L,maxn,v0):
    L.elem=[]
    for i in range(0,maxn):
        L.elem.append(v0)
    L.MAXLEN=maxn
```

2. 销毁线性表

此操作是用于释放线性表所占的存储空间。

算法如下：

```
#2.销毁线性表 L
def destoryList(L):
    #依次删除链表中的所有结点
    L.elem=None
    L=None
```

3. 清空线性表

此操作是用于清空线性表中的所有元素。注意此时只是清空所有元素，线性表所占的存储空间没有回收。

算法如下：

```
#3.清空线性表 L
def clearList(L):
    L.realn=0
```

4. 求线性表的长度

此操作是用于返回线性表中的元素个数，即线性表的长度。

算法如下：

```
#4.求线性表 L 的长度
```

```
def getLen(L):
    return L.realn
```

5. 判断线性表是否为空

此操作用于判断线性表的长度是否为 0，即 realn 是否为 0。

算法如下：

```
#5.判断线性表 L 是否为空
def isEmpty(L):
    if (getLen(L)==0):
        return True
    else:
        return False
```

6. 返回线性表中第 i 个数据元素的内容

此操作用于返回线性表中第 i 个数据元素的内容。

在具体实现时，要判断 i 是否在有效范围[1，realn]内。

算法如下：

```
#6.返回线性表 L 中第 i 个数据元素
#返回值为 None 时表示不存在
def getElem(L,i):
    if (i<1 or i>L.realn): return None
    #i 不在有效范围内,则直接退出,返回失败
    return L.elem[i]
```

7. 在线性表中检索值为 e 的数据元素

此操作用于判断线性表是否存在数据元素等于 e，如果存在则返回第一个满足条件的元素所在的位置。

基本思路是从线性表中第 1 个元素开始，依次与 e 进行比较，直达找到为止。

在具体实现时，还得考虑线性表中不存在元素等于 e 的情况。

算法如下：

```
#7.在线性表 L 中检索值为 e 的数据元素
def locateElem(L,e):
    i=0
    while (i<L.realn and L.elem[i]!=e):
        i=i+1
    if(i>=L.realn):
        return -1
    else:
        return i
    #-1 表示没找到,否则对应下标
```

8. 返回线性表中 e 的直接前驱结点

此操作用于返回与元素 e 对应结点的直接前驱结点。

本算法的实现可以借用 locateELem 的结果，如果调用 locateELem 算法能在线性表中找到 e，e 在线性表中的位置不是第一个元素，则返回线性表 L 中 e 的直接前驱元素，否则

返回 0。

算法如下：

```
#8.返回线性表 L 中结点 e 的直接前驱结点
#-1 表示没有直接前驱结点,其他为对应的下标
def priorElem(L, e):
    i=locateELem(L,e)
    if(i>0 and i<L.realn):
        return i-1
    else:
        return -1
```

9. 返回线性表中 e 的直接后继结点

此操作用于返回与元素 e 对应结点的直接后继结点。

本算法的实现可以借用 locateELem1 的结果，如果调用 locateELem 算法能在线性表中找到 e，e 在线性表中的位置不是最后元素，则返回线性表 L 中 e 的直接后继元素，否则返回 0。

算法如下：

```
#9.返回线性表 L 中与元素 e 对应结点的直接后继结点
#-1 表示没有直接后继结点，其他为对应的下标
def nextElem (L, e):
    i=locateELem (L, e);
    if (i>=0 and i<L.realn-1):
        return i+1
    else:
        return -1
```

10. 在线性表中插入一个数据元素

此操作是在线性表的第 i–1 个数据元素与第 i 个数据元素之间插入一个由元素 e 表示的数据元素，使长度为 n 的线性表转换成长度为 n+1 的线性表，如图 2.2 所示。

算法实现的基本思路如下：

（1）将第 i 个元素至第 n 个元素依次后移一个位置。

（2）将被插入元素插入表的第 i 个位置。

（3）修改表的长度（表长增 1）。

在具体实现时，还要考虑是否存在剩余空间，以及 i 是否在有效范围［1，realn+1］内。

$(a_1, a_2, \cdots, a_{i-1}, a_i, a_{i+1}, \cdots, a_n)$

⇩

$(a_1, a_2, \cdots, a_{i-1}, e, a_i, a_{i+1}, \cdots, a_n)$

图 2.2 线性表中插入元素前后对比示意图

算法如下：

```
#10. 在线性表 L 中第 i 个数据元素之前插入数据元素 e
#下标 0 对应第 1 个元素
#返回 False 表示未插入
def insertList(L,i,e):
    if (L.realn==L.MAXLEN): return False
    #检查是否有剩余空间
    if (i<1 or i>L.realn+1): return False
    #检查 i 是否在[1,realn+1]
    j=L.realn-1
```

```
    while(j>=i-1):
        #将第 i 个元素之后的所有元素向后移动
        L.elem[j+1]=L.elem[j]
        j=j-1
    L.elem[i-1]=e
    #将元素 e 的内容放入线性表的第 i 个位置
    L.realn=L.realn+1 #表的长度加 1
    return True
```

11. 删除线性表中第 i 个数据元素

此操作是将线性表的第 i 个数据元素删除，被删除元素保存在 e 中，使长度为 n 的线性表转换成长度为 n-1 的线性表，如图 2.3 所示。

$(a_1, a_2, \cdots, a_{i-1}, a_i, a_{i+1}, \cdots, a_n)$

⇩

$(a_1, a_2, \cdots, a_{i-1}, a_{i+1}, \cdots, a_n)$

图 2.3　线性表中删除元素前后对比示意图

算法实现的基本思路如下：

（1）将第 i+1 个元素至第 n 个元素依次前移一个位置。

（2）修改表的长度（表长减 1）。

在具体实现时，还要考虑线性表是否为空，以及 i 是否在有效范围［1，realn］内。

算法如下：

```
#11. 将线性表 L 中的第 i 个数据元素删除,并将其内容保存在 e 中
#下标 0 对应第 1 个元素
#返回 None,表示没有相应元素删除
def deleteList(L,i):
    if (isEmpty(L)): return None
    #检测线性表是否为空
    if (i<1 or i>L.realn): return None
    #检查 i 是否在有效范围[1,realn+1]内
    e=L.elem[i-1]
    #将要删除的元素内容保留在 e 所指示的存储单元中
    j=i
    while(j<=L.realn-1):
        #将第 i+1 个元素至第 n 个元素依次前移一个位置
        L.elem[j-1]=L.elem[j]
        j=j+1
    L.realn=L.realn-1 #表的长度减 1
    return e
```

2.2.3 顺序表的基本操作的时间复杂度分析

假设线性表中含有 n 个数据元素。不失一般性，假设在线性表中任何位置（1≤i≤n+1）插入结点的机会是均等的，则在进行插入操作时，平均移动元素的个数为

$$\bar{N}_{insert} = \frac{1}{n+1}\sum_{i=1}^{n}(n+1-i) = \frac{n}{2}$$

在进行删除操作时，若假定删除每个元素的可能性均等，则平均移动元素的个数为

$$\bar{N}_{delete}=\frac{1}{n+1}\sum_{i=1}^{n}(n-i)=\frac{n-1}{2}$$

由上可知，顺序存储结构表示的线性表，在作插入或删除操作时，平均需要移动大约一半的数据元素。当线性表的数据元素量较大，并且经常要对其作插入或删除操作时，这一点需要值得考虑。

2.2.4 顺序表的优缺点

1. 线性表顺序存储结构优点

（1）构造原理简单、直观，易理解。

（2）数据元素依次存放在连续的存储单元中，从而利用数据元素的存储顺序表示相应的逻辑顺序。

（3）元素的存储地址可以通过一个简单的解析式计算出来。

（4）由于只需存放数据元素本身的信息，而无其他空间开销，相对链式存储结构而言，存储空间开销小。

2. 线性表顺序存储结构缺点

（1）存储分配需要事先进行。

（2）需要一片地址连续的存储空间。对于长度变化较大的线性表，要一次性地分配足够的存储空间，但这些空间常常又得不到充分的利用。

（3）在作插入或删除元素的操作时，会产生大量的数据元素移动，时间效率较低。

2.2.5 顺序存储结构的应用

【例 2.1】 试编写一个用顺序存储结构实现将两个有序表合成为一个有序表，合并后的结果不另设新表存储的算法。

例如，两个有序表 LA 和 LB：

LA=(3,5,8,11)

LB=(2,6,8,9,11,15,20)

则，合并后的有序表 LA 为

LA=(2,3,5,6,8,8,9,11,11,15,20)

分析：

假定有序表 LA 和有序表 LB 的排序规则为从小到大，且采用顺序存储结构存储。

实现两个有序表合并的算法有多种，下面仅介绍两种最常见的算法。

1. 算法 1

将有序表 LB 中的元素依次插入有序表 LA 中。为此首先必须应用定位算法找出待插入元素 e 在有序表 LA 中的位置。由于前面 locateELem（L，e）的功能是在线性表 L 中插入与 e 相等的元素的位置，因此为得到待插入元素 e 在有序表 LA 中的位置则必须对 locateELem() 进行适当的修改，修改后的算法如下：

```
#找到内容大于 e 的第 1 结点的位置
#下标 0 对应第 1 个元素
def locateELemA(L,e):
```

```
    i=0
    while(i< L.realn):
        if (L.elem[i]>=e): return i+1
        i=i+1
    if (i==L.realn): return i+1
    else: return 0
```

一旦知道待插入元素 e 在有序表 LA 后，就可以利用算法 InsertList 来将 e 插入有序表 LA。

具体算法如下：

```
#有限表合并算法 1
def mergeAB1(LA, LB):
    i=0
    while(i< LB.realn):
        j= locateELemA(LA, LB.elem[i])
        k=insertList(LA,j,LB.elem[i])
        i=i+1
```

2. 算法 2

由于有序表 LA 和有序表 LB 是有序的，且排序规则是从小到大，因此，在合并后的有序表中的最大元素一定是有序表 LA 中最大元素和有序表 LB 中最大元素的较大值。基于此，我们可以逐一将最大值放在指定位置来达到合并的目的。上述思想可以下述公式表示。

（1）LA.data[n]≥LB.data[m]

LA.data[n+m]=LA.data[n],n=n−1

（2）LA.data[n]<LB.data[m]

LA.data[n+m]=LB.data[m],m=m−1

其中，n、m 的初始值分别为有序表 LA 和有序表 LB 的元素个数。

具体过程演示如下：

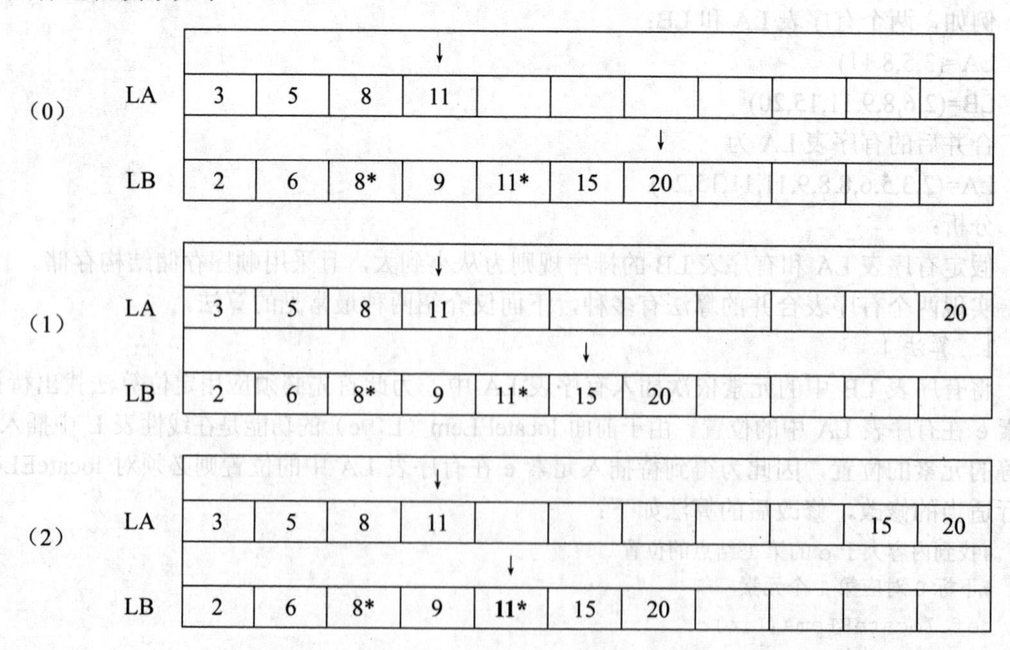

（3）

				↓							
LA	3	5	8	**11**					11*	15	20
				↓							
LB	2	6	8*	9	11*	15	20				

（4）

			↓								
LA	3	5	8	11				11	11*	15	20
				↓							
LB	2	6	8*	**9**	11*	15	20				

（5）

			↓								
LA	3	5	8	11			9	11	11*	15	20
			↓								
LB	2	6	**8***	9	11*	15	20				

（6）

			↓								
LA	3	5	**8**	11		8*	9	11	11*	15	20
		↓									
LB	2	6	8*	9	11*	15	20				

（7）

		↓									
LA	3	5	8	11	8	8*	9	11	11*	15	20
		↓									
LB	2	**6**	8*	9	11*	15	20				

（8）

		↓									
LA	3	**5**	8	6	8	8*	9	11	11*	15	20
	↓										
LB	2	6	8*	9	11*	15	20				

（9）

	↓										
LA	**3**	5	5	6	8	8*	9	11	11*	15	20
	↓										
LB	2	6	8*	9	11*	15	20				

（10）

↓											
LA	3	3	5	6	8	8*	9	11	11*	15	20
	↓										
LB	**2**	6	8*	9	11*	15	20				

（11）	LA	2	3	5	6	8	8*	9	11	11*	15	20
	LB	2	6	8*	9	11*	15	20				

具体算法如下：

```
#有限表合并算法 2
def mergeAB2(LA,LB):
    n= LA.realn;
    m= LB.realn;
    mn=n+m
    while (n>0 or m>0):
        if (LA.elem[n-1]>= LB.elem[m-1]):
            LA.elem[n+m-1]= LA.elem[n-1]
            n=n-1
        else:
            LA.elem[n+m-1]= LB.elem[m-1]
            m=m-1
    #/以下将 LB 中仍未合并到 LA 中的元素合并到 LA
    while (m>0):
        LA.elem[n+m-1]= LB.elem[m-1]
        m=m-1
    #合并完成后 LA 的元素个数为 n+m
    LA.realn=mn
```

以下对算法 1 和算法 2 的时间复杂度进行简单比较。

算法 1 的时间复杂度一般为 O（n×m），算法 2 的时间复杂度为 O（n+m）。

2.3　链式存储结构

2.3.1　单链表的存储表示

线性表的链式存储结构是指用一组任意的存储单元（可以连续，也可以不连续）存储线性表中的数据元素。如图 2.4 所示是线性表（a,b,c,d,e）对应的存储映像示意图。

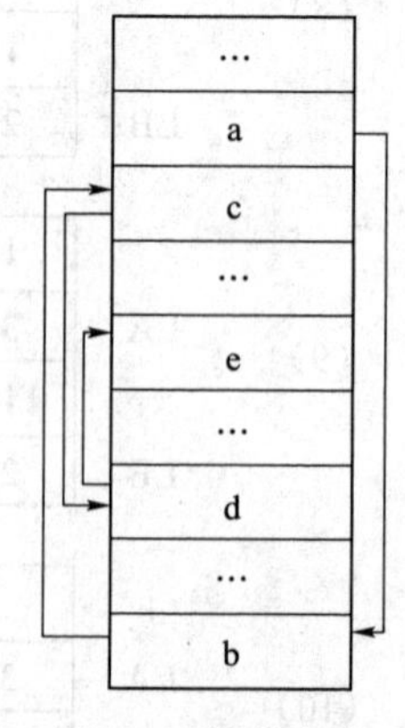

图 2.4　线性表的链式存储示意图

通过 2.2 节的学习，我们知道线性表的顺序存储结构是使用连续存储单位存储数据元素，因此物理结构（存储结构）和逻辑结构是一致的。对线性表的链式存储结构来说，为了反映数据元素之间的逻辑关系，在存储每个数据元素的同时，还必须存储反映数据元素之间逻辑关系的地址（或位置）信息，这个地址（或位置）信息称为指针（nextp）。这两部分信息组成了元素的存储映象，称为结点，它包括两个域：

elem	nextp

其中：elem 域是数据域，用来存放结点的值（数据元素）；nextp 是指针域，用来存放结点的直接后继的地址（或位置）。

在一个结点中可以只包含一个指针［图 2.5（a）］，如一个指向后继结点的指针；也可以只包含两个指针［图 2.5（b）］，如一个指向后继结点的指针和一个指向前驱结点的指针。理论上，还可以包含多个指针，只是在实际应用中，常用的是包含单个指针和两个指针的结点。图 2.5 显示了图示化的结点，在图示中常用“→”表示指针。

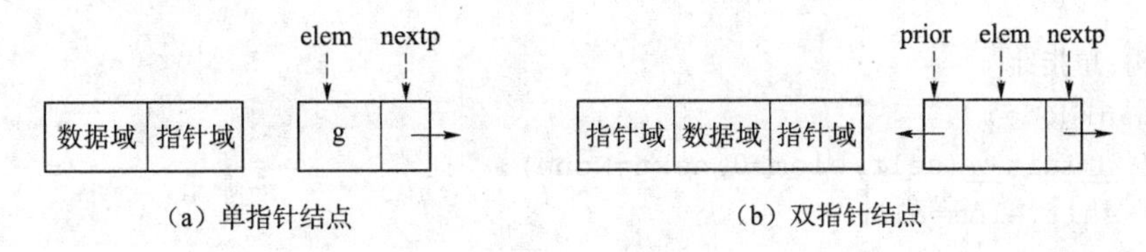

（a）单指针结点　　（b）双指针结点

图 2.5　结点示意图

引入结点概念后，一个线性表可以看作是结点序列。通常将由包含单个指针的结点构成的线性表称为单链表，由包含两个指针的结点构成的线性表称为双链表。

如图 2.6 所示是一个简短单链表的示意图。

在单链表的操作中有时出于方便，引入一个头结点。例如，图 2.6（a）的单链表中没有头结点，而图 2.6（b）的单链表中则有一个用斜线阴影表示的头结点。头结点的数据域可以不存储任何信息，也可以存储如线性表的长度等附加信息，头结点的指针域存储指向某结点（一般为第一个结点）的指针。由于最后一个结点没有直接后继结点，所以，它的指针域放入一个特殊的值 None。None 值在图示中常用“^”符号表示。

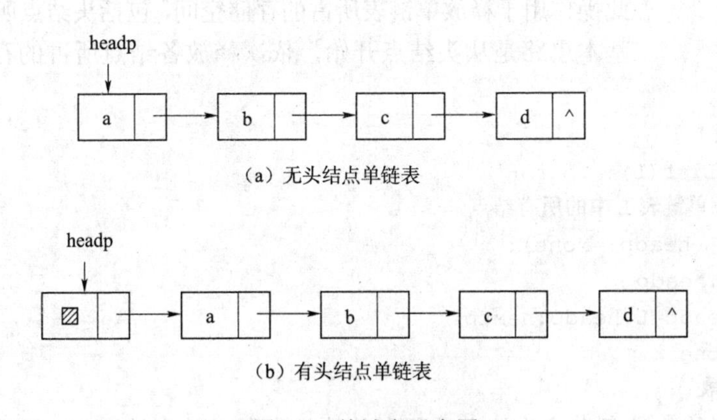

（a）无头结点单链表

（b）有头结点单链表

图 2.6　单链表示意图

对带头结点的单链表来说，若头结点的指针域为 None（^），则该表为空表。除非特别说明，以下单链表都带有头结点。

链式存储结构具有如下特点：

（1）线性表中的数据元素在存储单元中的存放顺序与逻辑顺序不一定一致。

（2）在对线性表操作时，只能通过头指针进入链表，并通过每个结点的指针域向后扫描其余结点，这样就会造成寻找第一个结点和寻找最后一个结点所花费的时间不等，具有这种特点的存取方式称为顺序存取方式。

2.3.2 单链表基本操作的实现

在 Python 中，实现线性表的链式存储结构的类型定义如下：

```
#L.head 指向头结点
class LinkTable:
    def __init__(self,headp=None):
        self.headp=headp

#结点结构:单指针
class LinkNode:
    def __init__(self,elem=0,next=None):
        self.elem=elem
        self.nextp=nextp
```

1. 初始化单链表

此操作用于初始化单链表，实际上是生成一个带头结点的空表，如图 2.7 所示。

此算法实现的基本思路是向系统申请头结点所需的空间，若满足，则让头结点的指针域为 None；否则，申请失败，初始化不成功。

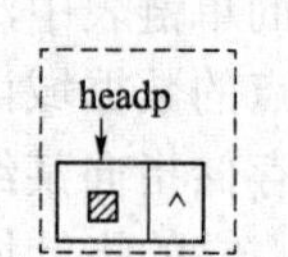

图 2.7　只有头结点的单链表

算法如下：

```
#1.初始化单链表 L:仅有一个头结点
def initList(L):
    L.headp=LinkNode()
```

2. 销毁单链表

此操作用于释放单链表所占的存储空间，包括头结点所占的存储空间。基本思路是从头结点开始，依次释放各结点所占的存储空间。

算法如下：

```
#2.销毁单链表 L
def destoryList(L):
    #依次删除单链表 L 中的所有结点
    while (L.headp!=None):
        p=L.headp
        L.headp=L.headp.nextp
        p=None
```

3. 清空单链表

此操作用于释放单链表中除头结点外所有其他结点所占的存储空间，清空后单链表变成只有一个头结点的空表。

基本思路是从第一个结点（即头结点的直接后继结点）开始，依次释放各结点所占的存储空间。

算法如下：

```
#3. 清空单链表 L
def clearList(L):
```

```
    while (L.headp.nextp!=None):
        p=L.headp.nextp;
        #p 指向单链表 L 中头结点后面的第一个结点
        L.headp.nextp=p.nextp;
        p=None #释放 p 结点所占的存储空间
```

4. 求单链表的长度

此操作用于统计单链表包含数据元素的结点的个数。

基本思路是从第一个结点（即头结点的直接后继结点）开始，依次遍历单链表中所有包含数据元素的结点，每遍历一个结点计数器就增加 1。

算法如下：

```
#4. 求单链表 L 的长度
def getLen(L):
    len0=0
    p=L.headp
    while (p.nextp!=None):
        p=p.nextp
        len0=len0+1
    return len0
```

5. 判断单链表是否为空

此操作用于单链表所包含数据元素的结点的个数是否为 0。

基本思路是若头结点的直接后继结点为 None，则单链表为空表。

算法如下：

```
#5.判断单链表 L 是否为空
def isEmpty(L):
    if (L.headp.nextp==None):
        return True
    else:
        return False
```

6. 返回单链表中第 i 个数据元素的内容

此操作用于返回单链表中第 i 个数据元素的内容。

基本思路是从第一个结点（即头结点的直接后继结点）开始，依次遍历单链表中所有包含数据元素的结点，每遍历一个结点计数器就增加 1，当计数器为 i 时遍历结束。在具体实现时，还要判断 i 是否在有效范围［1，getLen（L）］内。

算法如下：

```
#6. 返回单链表 L 中的第 i 个数据元素
#返回值为 None 时表示不存在
def getElem(L,i):
    if (i<1 or i>getLen(L)): return None
    #i 不在有效范围内,则直接退出,返回失败
    p=L.headp
    j=0
    while(j!=i):
```

```
        p=p.nextp
        j=j+1
    return p
    #p为None表示没找到,否则p为对应结点的指针
```

7. 在单链表中检索值为e的数据元素

此操作用于在单链表中检索值为e的数据元素的位置。

基本思路是从第一个结点（即头结点的直接后继结点）开始，依次遍历单链表中所有包含数据元素的结点，每遍历一个结点时比较该结点的数据元素是否为 e，一直遍历到找到或者指针为None结束为止。

算法如下：

```
#7. 在单链表L中检索值为e的数据元素
def locateElem(L,e):
    p=L.headp.nextp
    while (p!=None and p.elem!=e):
        p=p.nextp
    return p
    #p为None表示没找到,否则p为对应结点的指针
```

8. 返回单链表中结点e的直接前驱结点

此操作用于在单链表中检索结点e的前驱结点。

基本思路是从第一个结点（即头结点的直接后继结点）开始，依次遍历单链表中所有包含数据元素的结点，直到找到结点e为止，在遍历中采用一定技术保留前驱结点的指针。

具体实现时要考虑结点e为单链表的第一个结点和结点e不存在的情形。

算法如下：

```
#8. 返回单链表L中结点e的直接前驱结点
def priorElem(L, e):
    if(L.headp.nextp==e): return None
    #检测第一个结点
    p=L.headp
    while (p.nextp!=None and p.nextp!=e):
        p=p.nextp
    if (p.nextp==e):
        return p
    else:
        return None
```

9. 返回单链表中结点e的直接后继结点

此操作用于在单链表中检索结点e的前驱结点。

基本思路是从第一个结点（即头结点的直接后继结点）开始，依次遍历单链表中所有包含数据元素的结点，直到找到结点e为止。

具体实现时要考虑结点e为单链表的最后一个结点和结点e不存在的情形。

算法如下：

```
#9. 返回单链表L中结点e的直接后继结点
```

```
def nextpElem(L,e):
    p=L.headp.nextp
    while(p!=None and p!=e):
        p=p.nextp
    if (p!=None): p=p.nextp
    return p
```

10. 在单链表中插入数据元素

此操作用于在单链表第 i 个结点之前插入数据元素 e。

基本思路是从头结点开始，依次遍历单链表中的所有结点，直到遍历到第 i–1 个结点为止，此时假定 p 为指向第 i–1 个结点的指针，假定 s 为指向包含数据元素 e 的指针，那么插入操作分两个步骤实现。

第一步：s.nextp=p.nextp。

第二步：p.nextp=s。

注意以上两个步骤的先后次序不可颠倒，否则会出现错误。

图 2.8 显示了在单链表中插入元素 e 对应结点的过程。

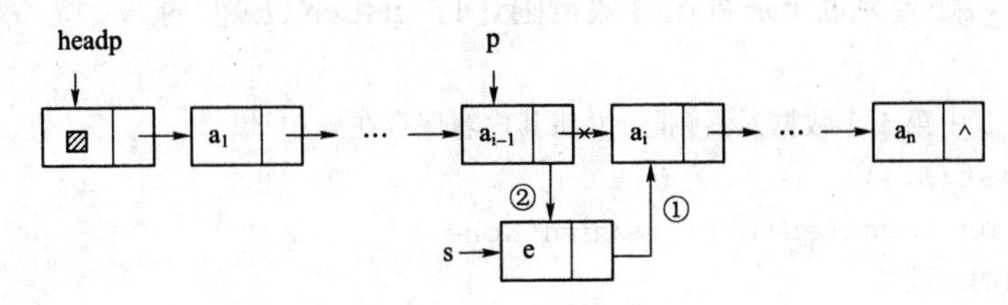

图 2.8　单链表插入

在具体实现时，还要判断 i 是否在有效范围［1，getLen（L）+1］内。

算法如下：

```
#10. 在单链表 L 中第 i 个数据元素之前插入数据元素 e
def insertList(L,i,e):
    if (i<1 or i>getLen(L)+1): return False
    s=LinkNode(0)
    if (s==None): return False
    s.elem=e
    j=0
    p=L.headp
    while(p.nextp!=None and j<i-1):
        p=p.nextp
        j=j+1
    #寻找第 i-1 个结点
    s.nextp=p.nextp
    p.nextp=s #将 s 结点插入
    return True
```

11. 删除单链表中第 i 个数据元素

此操作用于删除单链表第 i 个结点，并将其内容保存在 e 中。

基本思路是从头结点开始，依次遍历单链表中的所有结点，直到遍历到第 i–1 个结点为止，此时假定 p 为指向第 i–1 个结点的指针，假定 s 为指向待删除结点的指针，那么删除操作分三个步骤实现。

第一步：s=p.nextp。

第二步：p.nextp=s.nextp。

第三步：free(s)。

注意以上三个步骤的先后次序不可颠倒，否则会出现错误。

图 2.9 显示了在单链表中删除元素 a_i 对应结点的过程。

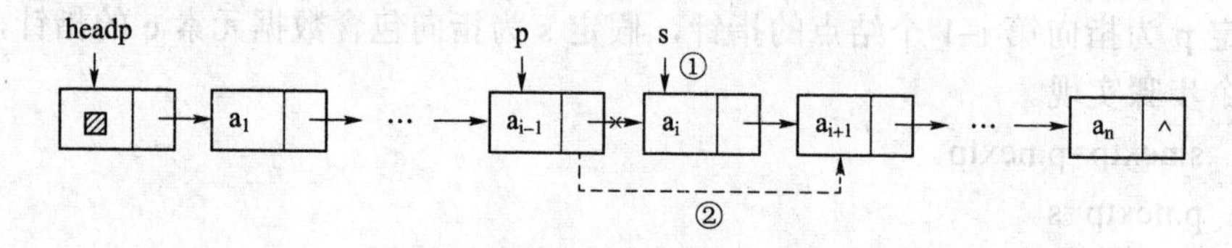

图 2.9　删除单链表

在具体实现时，还要判断 i 是否在有效范围［1，getLen（L）］内。

算法如下：

```
#11. 将单链表 L 中第 i 个数据元素删除,并将其内容保存在 e 中
def deleteList(L,i):
    if (i<1 or i>getLen(L)): return None
    #检查 i 值的合理性
    p=L.headp
    j=0
    while(j<i-1):
        p=p.nextp
        j=j+1
    #寻找第 i-1 个结点
    s=p.nextp              #用 s 指向将要删除的结点
    p.nextp=s.nextp        #删除 s 指针所指向的结点
    return s
```

2.3.3　循环链表的表示和基本操作的实现

循环链表是表中最后一个结点的指针指向头结点，使链表构成环状特点：从表中任一结点出发均可找到表中其他结点，提高了查找的效率。

图 2.10 显示了线性表（a,b,c）对应的循环单链表。

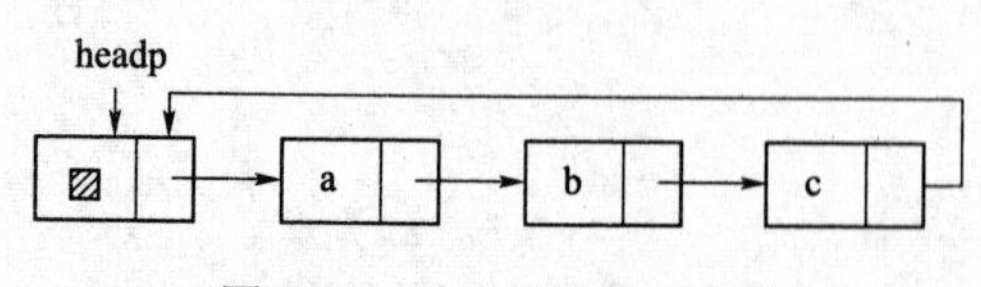

图 2.10　循环单链表示意图

循环单链表操作与单链表基本一致，只是循环条件有所不同。

在单链表通过比较 p.nextp=None 来判断指针是否指向最后一个结点，而在循环链表则通过 p.nextp=L.Head 来判断指针是否指向最后一个结点。

下面列出几个稍微有点差异的操作，其他操作同单链表。

1. *初始化循环单链表*

此操作用于初始化循环单链表，实际上是生成一个带头结点的空表，如图 2.11 所示。

此算法实现的基本思路是向系统申请头结点所需的空间，若满足，则让头结点的指针域指向 L.Head；否则，申请失败，初始化不成功。

算法如下：

```
#1.初始化循环单链表 L:仅有一个头结点
def initList(L):
    L.headp=LinkNode()
    L.headp.nextp=L.headp
```

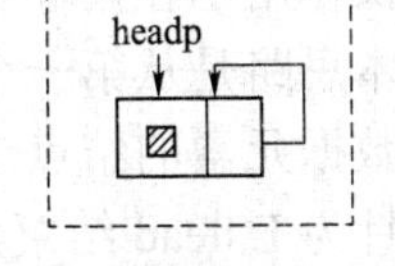

图 2.11　只有头结点的循环单链表

2. *销毁循环单链表*

此操作用于释放循环单链表所占的存储空间，包括头结点所占的存储空间。

基本思路是从第一个元素结点开始，依次释放各结点所占的存储空间，最后释放头结点所占的存储空间。

算法如下：

```
#2.销毁循环单链表 L
def destoryList(L):
    #依次删除循环单链表 L 中的所有结点
    p=L.headp.nextp
    while (p!=L.headp):
        q=p
        p=p.nextp
        q=None
    L.headp=None
```

3. *求循环单链表的长度*

此操作用于统计循环单链表包含数据元素的结点的个数。

基本思路是从第一个结点（即头结点的直接后继结点）开始，依次遍历循环单链表中所有包含数据元素的结点，每遍历一个结点计数器就增加 1。

算法如下：

```
#3. 求循环单链表 L 的长度
def getLen(L):
    len0=0
    p=L.headp
    while (p.nextp!=L.headp):
        p=p.nextp
        len0=len0+1
    return len0
```

4. *判断循环单链表是否为空*

此操作用于循环单链表所包含数据元素的结点的个数是否为 0。

基本思路是若头结点的直接后继结点为 L.head，则单链表为空表。

算法如下：

```
#4. 判断循环单链表 L 是否为空
def isEmpty(L):
    if (L.headp.nextp==L.headp): return True
    else: return False
```

5. 在循环单链表中检索值为 e 的数据元素

此操作用于在循环单链表中检索值为 e 的数据元素的位置。

基本思路是从第一个结点（即头结点的直接后继结点）开始，依次遍历循环单链表中所有包含数据元素的结点，每遍历一个结点比较该结点的数据元素是否为 e，一直遍历到找到或者指针为 L.head 结束为止。

算法如下：

```
#5. 在循环单链表 L 中检索值为 e 的数据元素
def locateElem(L,e):
    p=L.headp.nextp
    while (p!=L.headp and p.elem!=e):
        p=p.nextp
    if (p==L.headp): return None
    else: return p
    #p 为 None 表示没找到,否则 p 为对应结点的指针
```

6. 返回循环链表中结点 e 的直接前驱结点

此操作用于在循环单链表中检索结点 e 的前驱结点。

基本思路是从第一个结点（即头结点的直接后继结点）开始，依次遍历循环单链表中所有包含数据元素的结点，直到找到结点 e 为止，在遍历中采用一定技术保留前驱结点的指针。

具体实现时要考虑结点 e 为循环单链表的第一个结点和结点 e 不存在的情形。

算法如下：

```
#6. 返回循环单链表 L 中结点 e 的直接前驱结点
def priorElem(L, e):
    if(L.headp.nextp==e): return None
    #检测第一个结点
    p=L.headp
    while (p.nextp!=L.headp and p.nextp!=e):
        p=p.nextp
    if (p.nextp==e):return p
    else:return None
```

7. 返回循环链表中结点 e 的直接后继结点

此操作用于在循环单链表中检索结点 e 的前驱结点。

基本思路是从第一个结点（即头结点的直接后继结点）开始，依次遍历循环单链表中所有包含数据元素的结点，直到找到结点 e 为止。

具体实现时要考虑结点 e 为循环单链表的最后一个结点和结点 e 不存在的情形。

算法如下：

```
#7. 返回循环链表 L 中结点 e 的直接后继结点
def nextpElem(L,e):
    p=L.headp.nextp
    while(p!=L.headp and p!=e):
        p=p.nextp
    if (p!=L.headp): p=p.nextp
    return p
```

2.3.4 双向链表的表示和基本操作的实现

前面所讲的链表存储结构的结点中只包含一个指向直接后继的指针，在这种情况下，从某结点出发只能顺着指针方向寻找其他结点。若要寻找某结点的直接前驱，则必须从头结点开始遍历链表。因此单链表（包括循环单链表）并不适用于经常访问前驱结点的情况。

当在实际应用中需要频繁地同时访问前驱结点和后继结点的时候，应使用双向链表。

双向链表就是每个结点有两个指针域，一个指向后继结点，另一个指向前驱结点，如图2.12 所示。

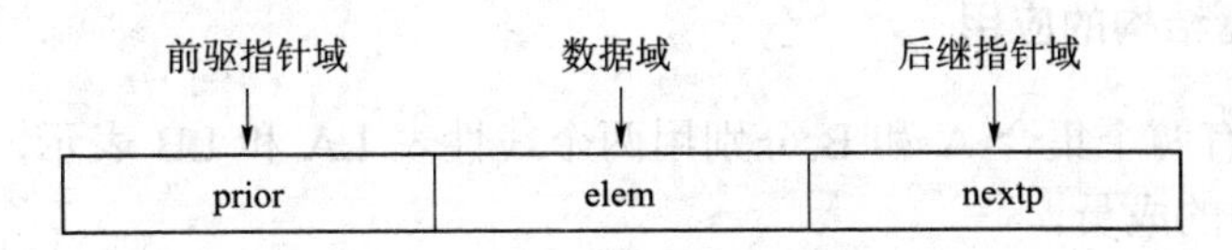

图 2.12 双向链表的结点结构

图 2.13 显示了线性表（a,b,c）对应的双向循环链表。

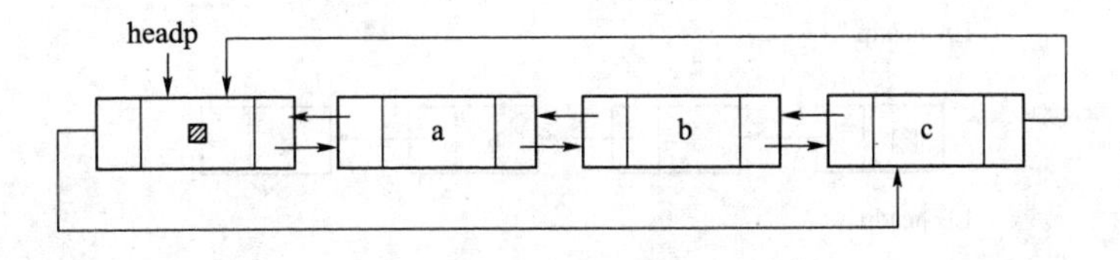

图 2.13 双向循环链表

在 Python 中，实现双向循环链表的类型定义如下：

```
#结点结构:双指针
class LinkNode2:
    def __init__(self,elem=0,prior=None,nextp=None):
        self.elem=elem
        self.nextp=nextp
        self.prior=prior
```

双向循环链表的基本操作的实现和循环单链表操作的实现基本类似。以下仅说明双向循环链表的插入操作和删除操作。

假定指针 s 为指向待插入结点，指针 p 指向插入位置，即 s 指向结点插入到 p 所指向的结点后，作为其直接后继结点，如图 2.14 所示。

第一步：s.nextp=p.nextp。

第二步：s.prior=p。

第三步：p.nextp. prior =s。

第四步：p.next=s。

假定指针 p 为指向待删除的结点，如图 2.15 所示。

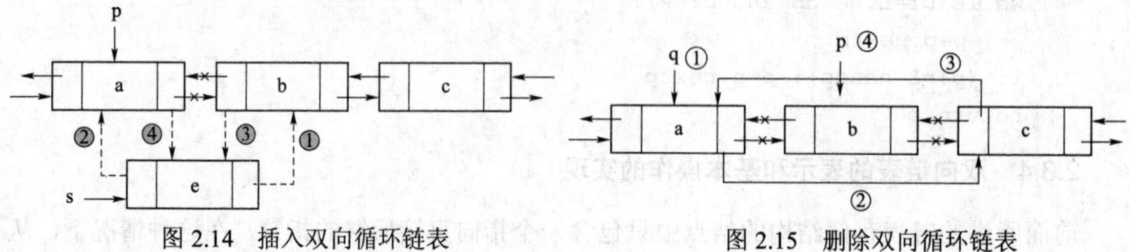

图 2.14　插入双向循环链表　　图 2.15　删除双向循环链表

第一步：q=p.prior。

第二步：q.nextp=p.nextp。

第三步：p.nextp. prior =q。

第四步：free（p）。

2.3.5　链式存储结构的应用

【例 2.2】 假设有两个集合 A 和 B 分别用两个线性表 LA 和 LB 表示，即：线性表中的数据元素即为集合中的成员。

现要求一个新的集合 A=A∪B。

例如假定 A={a,b,c}，B=A={b,d}，则 A=A∪B={a,b,c,d}

现使用单链表来存储集合，则集合 A、B、A∪B 对应的单链表示意图如图 2.16 所示。

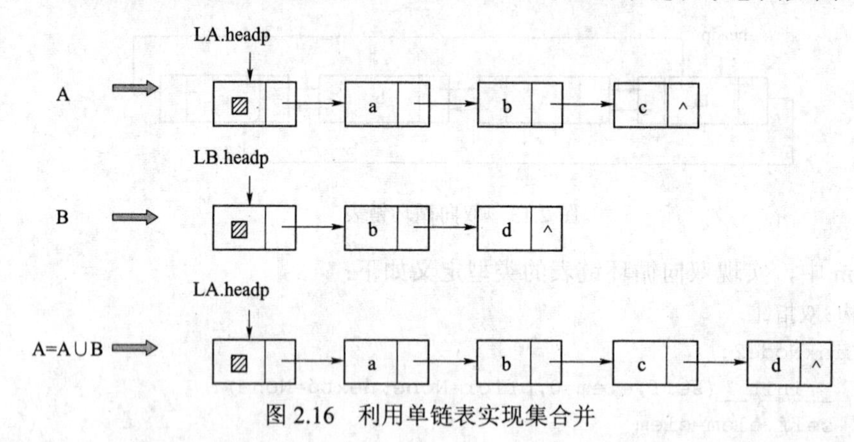

图 2.16　利用单链表实现集合并

基本思路：依次从线性表 LB 取结点，判断所取结点对应元素在线性表 LA 中是否存在，若不存在则插入到线性表 LA 中。

算法如下：

```
#并集
def union(LA, LB):
    len1 = getLen(LA) #求线性表的长度
    len2 = getLen(LB)
    i=1
```

```
    while(i <= len2):
        p=getElem(LB, i)
        #取线性表 LB 中第 i 个数据元素赋给 e
        if (locateElem(LA, p.elem)!=None ):
            insertList(LA, ++ len1, p.elem);
            #线性表 LA 中不存在和 e 相同的数据元素,则插入之
        i=i+1
        #destroyList(LB)
```

【例 2.3】 利用线性表的基本运算实现清除线性 L 中多余的重复结点。

例如，假定线性表 L 初始时有 4 个结点，其中有 2 个结点对应的元素相等，需要删除 1 个，删除重复结点后线性 L 中只有 3 个结点，如图 2.17 所示。

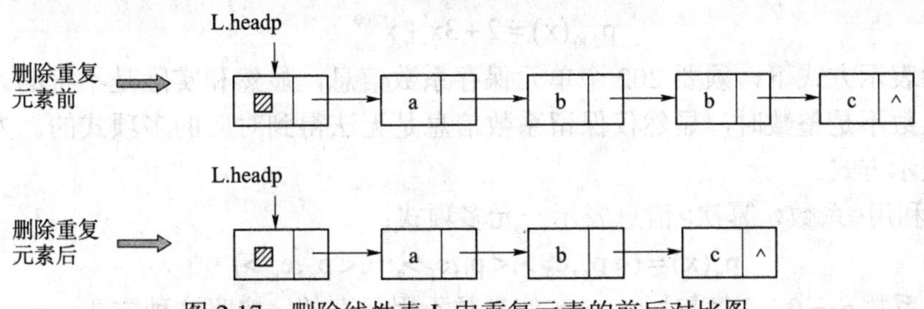

图 2.17　删除线性表 L 中重复元素的前后对比图

基本思路：依次选取线性表 L 中的每个元素（记为 e1），然后逐个选取元素 e1 后面的元素（记为 e2），如果 e1=e2，则删除 e2 对应的结点。

```
#删除重复元素
def purge(L):
    i=1
    while (i<getLen(L)):
        p=getElem(L, i)
        j=i+1
        while (j<= getLen(L)):
            q=getElem(L,j)
            if (p.elem==q.elem):
                deleteList(L,j)
            else:
                j=j+1
        i=i+1
```

【例 2.4】 一元多项式相加。

例如：一元多项式 p(x) 和 q(x) 相加

$$p(x)=1+2x+5x^2+7x^5$$

$$q(x)=2+3x+x^{32}$$

$$p(x)+q(x)=3+5x+5x^2+x^3+7x^5$$

在计算机中实现两个一元多项式相加，首先必须解决的问题是如何表示多项式。

方式 1：利用系数信息表示一元多项式

如果多项式幂次都是整数，即两个一元多项式为下面的形式：

$$p_n(x)=p_0+p_1x+p_2x^2+\cdots+p_nx^n$$

$$q_n(x)=q_0+q_1x+q_2x^2+\cdots+q_nx^n$$

在这种情况下，仅需要保留系数信息就可以得到对应的多项式。

$$p_n(x)=(p_0,p_1,p_2,\cdots,p_n)$$

$$q_n(x)=(q_0,q_1,q_2,\cdots,q_n)$$

$$p_n(x)+q_n(x)=(p_0+q_0,p_1+q_1,p_2+q_2,\cdots,p_n+q_n)$$

显然，两个一元多项式相加实际上就是对应的系数相加。

$$p_n(x)+q_n(x)=(p_0+q_0,p_1+q_1,p_2+q_2,\cdots,p_n+q_n)$$

但是当系数 n 很大，系数 p 或 q 中有许多为 0，这种方式必然会造成空间的浪费。例如：

$$p_{200}(x)=2+3x+x^{200}$$

那么，在这种表示方式下，须要 202 个单元保存系数信息，显然和实际是不符的。

此外当系数不是整数时，显然仅保留系数信息是无法得到对应的多项式的。为此，应采用另外一种表示方式。

方式 2：利用<系数，幂次>信息表示一元多项式：

$$p_n(x)=(<p_0,e_0>,<p_1,e_1>,\cdots,<p_n,e_n>)$$

显然，当系数 $p_i=0$，序列对 $<p_i,e_i>$ 信息是不用保存的。按照这种方式，$p_{200}(x)$ 对应的计算机表示为

$$p_{200}(x)=(<2,0>,<3,1>,<1,200>)$$

下面探讨方式 2 下一元多项式相加的算法。

约定如下：

- 多项式 LA 和多项式 LB 使用单链表存储。
- 多项式 LA 和多项式 LB 相加保存到多项式 LA。
- pa、pb 分别指向多项式 LA 和多项式 LB 中当前比较的结点。
- 初始时，pa、pb 分别指向多项式 LA 和多项式 LB 中的第 1 个结点。

在 Python 中，实现一元多项式的链式存储结构的类型定义如下：

```
class LinkNode:
    def __init__(self,expn=0,coef=0,next=None):
        self.expn=expn
        self.coef=coef
        self.next=next
```

基本思路如下：

（1）pa.expn=pb.expn 时

若 pa.coef+pb.coef=0，则

qa=pa

pa=pa.next

pb=pb.next

删除 qa 所对应的结点。

否则，合并同类项

pa.coef=pa.coef+pb.coef

pa=pa.next

（2）pa.expn>pb.expn 时，获取 pb 对应的结点内容 e，将 e 插入多项式 LA 中 pa 前面。

pb=pb.next

（3）pa.expn<pb.expn 时，

pa=pa.next

（4）重复（1）～（3）直至 pa 或 pb=None 为止。

如果 pa=None 而 pb<>None，则将多项式 LB 中自 pb 开始直至最后的所有结点对应的内容插入多项式 LA 的尾部。

（5）如果必要，销毁多项式 LB。

注意由于前面所介绍插入或删除都是通过序号来确定结点，因此为了利用那些算法，可引入计数器来记忆结点的位置。

算法如下：

```
#两个多项式相加
def addPoly(LA,LB):
    pa=LA.headp.nextp
    i=0
    pb=LB.headp.nextp
    j=0
    while (pa!=None and pb!=None):
        # pa 的系数等于 pb 的系数
        if (pa.expn==pb.expn):
            # pa 的系数与 pb 的系数之和等于 0
            if(pa.coef+pb.coef==0):
                pb=pb.nextp
                j=j+1
                pa=pa.nextp
                deleteList(LA,i,e)
            #pa 的系数与 pb 的系数之和不等于 0
            else:
                    pa.coef=pa.coef+pb.coef
                    j=j+1
                    pb=pb.nextp
                    i=i+1
                    pa=pa.nextp;
        elif (pa.expn>pb.expn): #pa 的幂次大于 pb 的幂次
            p=getElem(LB,j)
            insertList(LA,i,p.elem)
            j=j+1
            pb=pb.nextp
            i=i+1
```

```
            pa=pa.nextp
        else: #pa 的幂次小于 pb 的幂次
            i=i+1
            pa=pa.nextp

    while(pb!=None):
        p=getElem(LB,j)
        insertList(LA,i,p.elem)
        j=j+1
        pb=pb.nextp
        i=i+1
        pa=pa.nextp
    destroyList(LB)
```

2.4 习　　题

1. 填空题

（1）当线性表的元素总数基本稳定，且很少进行插入和删除操作，但要求以最快的速度存取线性表中的元素时，应采用________存储结构。

（2）线性表 L=($a_1,a_2,\cdots,a_n$)用数组表示，假定删除表中任一元素的概率相同，则删除一个元素平均需要移动元素的个数是________。

（3）在双向循环链表中，向指针 p 所指的结点之后插入指针 q 所指的结点，其操作是________、________、________、________。

（4）在双向链表结构中，若要求在指针 p 所指的结点之前插入指针为 s 所指的结点，则需执行下列语句：

s.next:=p; s.prior:=_______;p.prior:=s;_______:=s;

（5）顺序存储结构是通过____表示元素之间的关系；链式存储结构是通过________表示元素之间的关系。

（6）已知指针 p 指向带头结点的单链表 L 中的某结点，则删除其后继结点的语句是：________。

（7）在头结点的单链表 L 中，指针 p 所指结点有后继结点的条件是：________。

（8）带头结点的双循环链表 L 中只有一个元素结点的条件是：________。

（9）带头结点的双循环链表 L 为空表的条件是：________。

2. 简答题

（1）线性表的存储结构可分为顺序存储结构和链式存储结构。试问：

1）如果有 n 个线性表同时并存，并且在处理过程中各表的长度会动态变化，线性表的总数也会自动地改变。在此情况下，应选用哪种存储结构？为什么？

2）若线性表的总数基本稳定，且很少进行插入和删除操作，但要求以最快的速度存取线性表中的元素，那么应采用哪种存储结构？为什么？

（2）线性表的顺序存储结构的弱点是什么？线性表的链式存储结构是否一定都能够克服

这些弱点，试讨论。

3. 编程题

（1）编写程序将一个单向链表变成一个与原来链接方向相反的单向链表。

（2）设有线性表 L=(a_1,a_2,…,a_n)，采用带头结点的单链表存储，每个结点中存放线性表中的一个元素，现查找某个元素值等于 e 的结点。分别写出下面三种情况的查找语句，要求时间尽量少。

1）线性表中元素无序。

2）线性表中元素按递增有序。

3）线性表中元素按递减有序。

（3）设有两个无头结点的单链表 LA 和单链表 LB，每个结点包含数据域 elem 和指针域 next，两链表的数据都按递增顺序存放，现要求将 LB 表归到 LA 表中，且归并后 LA 表仍递增序，归并中 LA 表中已有的数据若 LB 表中也有，则 LB 表中的数据不归并到 LA 表中，LB 表在算法中不允许破坏。

（4）设有非空单链表 LA，每个结点包含数据域 elem 和指针域 next。请写一算法，将链表中数据域值最小的那个结点移到链表的最前面。要求：不得额外申请新的结点。

第3章 栈和队列

- 了解栈和队列的抽象数据类型的定义。
- 掌握栈和队列的表示方法。
- 掌握栈和队列的常用操作的算法实现。
- 学会使用栈和队列解决实际问题。

3.1 栈

3.1.1 栈的定义及 ADT 描述

1. 栈的定义

栈（stack）是一种操作受限的线性表，它只允许在一端进行插入和删除数据元素。通常，将栈中只允许进行插入和删除的一端称为栈顶（top），而将另一端称为栈底（bottom），如图 3.1 所示。

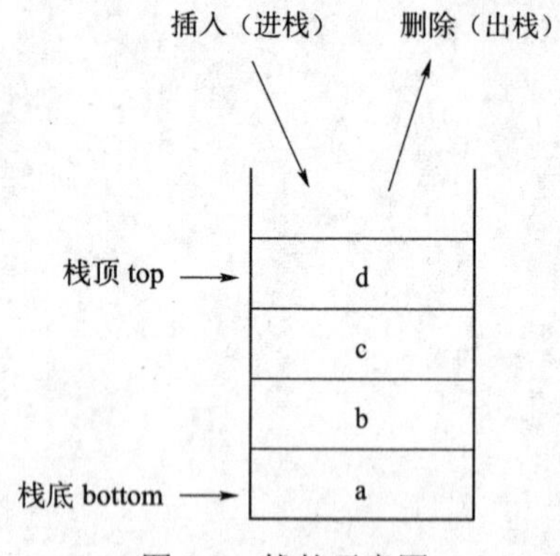

图 3.1 栈的示意图

将往栈中插入数据元素的操作称为入栈（push），而从栈中删除数据元素的操作称为出栈（pop）。当栈中无数据元素时，称为空栈。

根据栈的定义可知，栈顶元素总是最后入栈，最先出栈；栈底元素总是最先入栈，最后出栈。因此，栈是按照后进先出（last in first out，LIFO）的原则组织数据的，是一种“后进先出”的线性表。

在现实生活中，很多现象具有栈的特点。例如，在建筑工地上，工人师傅从底往上一层一层地堆放砖，在使用时，将从最上往下一层一层地拿取。

栈在计算机语言中有着非常广泛的用途，例如子例程的调用和返回序列都服从栈协议，算术表达式的求值都是通过对栈的操作序列来实现的，很多手持计算器都是用栈方式来操作的。

2. 栈的 ADT 描述

栈的基本操作及命令如下：

（1）初始化栈：initStack（S）。

（2）入栈：push（S，data）。

（3）出栈：pop（S，data）。

（4）获取栈顶元素内容：getTop（S，data）。

（5）判断栈是否为空：isEmpty（S）。

栈的 ADT 描述如下：

```
ADT Stack{
    数据对象:D={ai|ai∈ElemSet,i=1,2,…,n,n>=0}
    数据关系:R={<ai-1, ai >| ai-1, ai∈D, i=2,3,…,n }
            约定 an 端为栈顶,a1 端为栈底。
    基本操作:
    void initStack(STACK *S)
        操作结果:构造了一个空栈 S。
    int push(STACK *S,ElemType data)
        初始条件:栈 S 已存在。
        操作结果:若栈满,则返回 FALSE;
                否则,在栈 S 的顶部插入元素 data,返回 TRUE。
    int pop(STACK*S, ElemType *data)
        初始条件:栈 S 已存在。
        操作结果:若栈 S 不空,则删除栈顶元素,保存到 data,返回 TRUE;
                否则,返回 FALSE。
    int getTop(STACK *S,ElemType *data)
        初始条件:栈 S 已存在。
        操作结果:若栈 S 不空,则获取栈顶元素到 data,返回 TRUE;
                否则,返回 FALSE。
    int isEmpty(STACK *S)
        初始条件:栈 S 已存在。
        操作结果:若栈 S 不空,则返回 TRUE;否则,返回 FALSE。
}ADT Stack
```

3.1.2 栈的顺序存储结构

栈的顺序存储结构是用一组连续的存储单元依次存放栈中的每个数据元素，并用起始端作为栈底，如图 3.2 所示。通常称用顺序存储结构存储的栈为顺序栈。

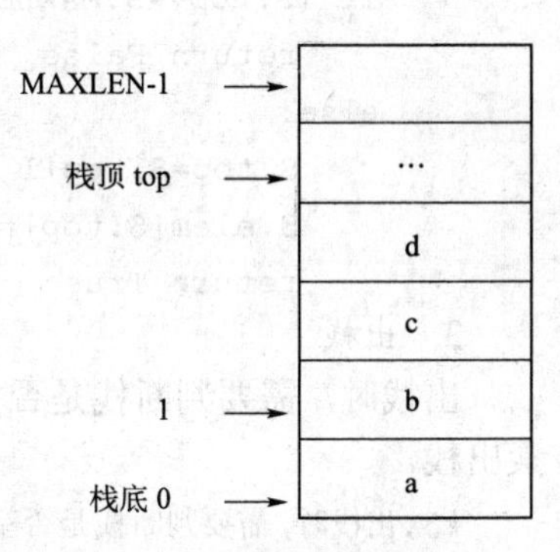

图 3.2 栈的顺序存储结构

图 3.3 给出了顺序栈中数据元素与栈顶指针的变化，其中，图 3.3（a）显示的是栈为空的状态，top=−1；图 3.3（b）显示的是 a、b、c 依次入栈后栈的状态，top=2；图 3.3（c）显示的是 c 出栈、d 入栈后栈的状态，top=2；图 3.3（d）显示的是 d、e 依次出栈后栈的状态，top=0。

在 Python 中，实现栈的顺序存储结构的类型定义如下：

```
#顺序栈
class ListStack:
    def __init__(self,maxn=0,realn=0,elem=None):
        self.elem=elem
```

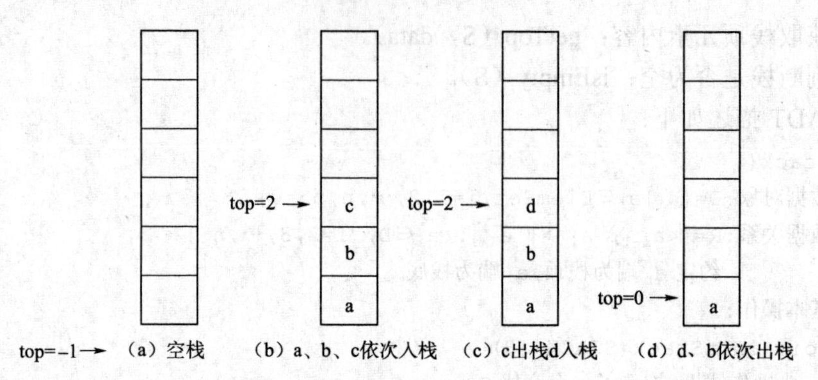

图 3.3　栈的顺序存储结构

```
        self.MAXLEN=maxn
        self.top=realnum
```

主要操作的算法实现如下。

1. 栈的初始化

```
#1.初始化栈
def initStack(S,maxn,v0):
    S.elem=[]
    for i in range(0,maxn):
        S.elem.append(v0)
    S.MAXLEN=maxn
    S.top=-1
```

2. 入栈

入栈时，需要判断栈是否满，若是则返回栈满信息；否则，可以往栈中加入元素。

```
#2.入栈时,需要判断栈是否满,若是则返回栈满信息
#否则,可以往栈中加入元素
def push(S,elem):
    if (S.top==S.MAXLEN-1):
        return False  #栈已满
    else:
        S.top=S.top+1
        S.elem[S.top]=elem
        return True
```

3. 出栈

出栈时，需要判断栈是否空，当栈为空时，不可能有元素出栈；只有栈非空时，才有元素出栈。

```
#3.出栈时,需要判断栈是否空
#只有栈非空时,才有元素出栈
def pop(S):
    if (isEmpty(S)):
        return None  #栈为空
```

```
    else:
        S.top=S.top-1
        return S.elem[S.top+1]
```

4. 判断栈S是否为空

```
#4.top指针为-1时栈为空
def isEmpty(S):
    if (S.top==-1): return True
    else: return False
```

5. 获取栈顶元素内容

```
#5.top指针指向栈顶
def  getTop(S):
    if (isEmpty(S)): return None  #栈为空
    else:return S.elem[S.top]
```

由上可知，用顺序存储结构表示的栈不存在插入或删除操作时需要移动数据元素的问题，但这种存储结构下栈的容量难以扩充。

3.1.3　栈的链式存储结构

栈的链式存储结构是用一组不一定连续的存储单元来存放栈中的数据元素。当栈中数据元素的数目变化较大或不确定时，使用链式存储结构作为栈的存储结构是比较合适的。人们将用链式存储结构表示的栈称作“链栈”。链栈通常用一个无头结点的单链表表示，如图3.4所示。

由于栈的插入或删除操作只能在一端进行，而对于单链表来说，在首端进行插入或删除操作要比尾端相对地容易一些，因此在实际应用中通常将单链表的首端作为栈顶端，即将单链表的头指针作为栈顶指针。

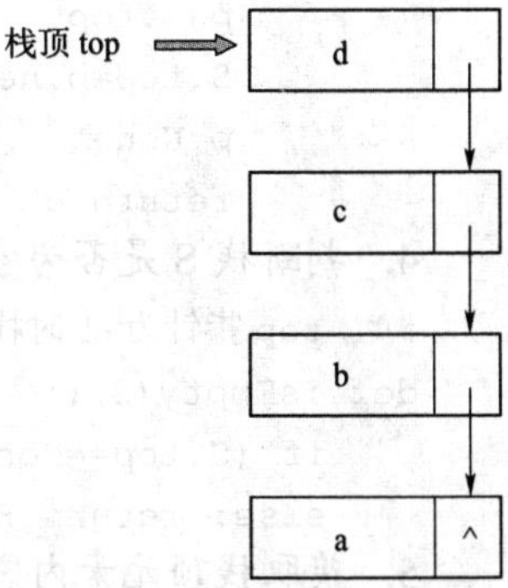

栈顶 top → d → c → b → a ^

图3.4　栈的链式存储结构

在Python中，实现栈的链式存储结构的类型定义如下：

```
#链式栈
class LinkStack:
    def __init__(self,top=None):
        self.top=top

#结点结构:单指针
class  LinkNode:
    def __init__(self,elem=0,nextp=None):
        self.elem=elem
        self.nextp=nextp
```

主要操作的算法实现如下。

1. 栈的初始化

```
#1. 初始化栈
def initStack (S):
    S.top=None
```

2. 入栈

入栈操作实际上就是往单链表首端插入一个元素。注意在插入前，首先要申请空间来存储结点，若申请成功，继续进行插入操作；否则，返回错位信息。

```
#2. 入栈
def push(S,elem):
    p=LinkNode()
    if (p==None):
        return False
    else:
        p.elem=elem
        p.nextp=S.top
        S.top=p
        return True
```

3. 出栈

出栈操作实际上就是删除 top 指针指向的结点，栈为空时，删除操作是无意义的。

```
#3. 出栈
def pop(S):
    if (isEmpty(S)):
        return None  #栈为空
    else:
        q=S.top.elem
        p=S.top
        S.top=p.nextp
        p=None
        return q
```

4. 判断栈 S 是否为空

```
#4. top 指针为-1 时栈为空
def isEmpty(S):
    if (S.top==None): return True
    else: return False
```

5. 获取栈顶元素内容

```
#5. top 指针指向栈顶
def getTop(S):
    if (isEmpty(S)): return None #栈为空
    else: return S.top.elem
```

3.1.4　栈的应用

【例 3.1】 若入栈序列为 ABC 时，写出可能的全部出栈序列。

解：如果入栈出栈次序为：A 入栈，B 入栈，C 入栈，C 出栈，B 出栈，A 出栈，此时得到出栈序列为 CBA，如图 3.5 所示。

如果入栈出栈次序为：A 入栈，B 入栈，B 出栈，C 入栈，C 出栈，A 出栈，此时得到出栈序列为 BCA，如图 3.6 所示。

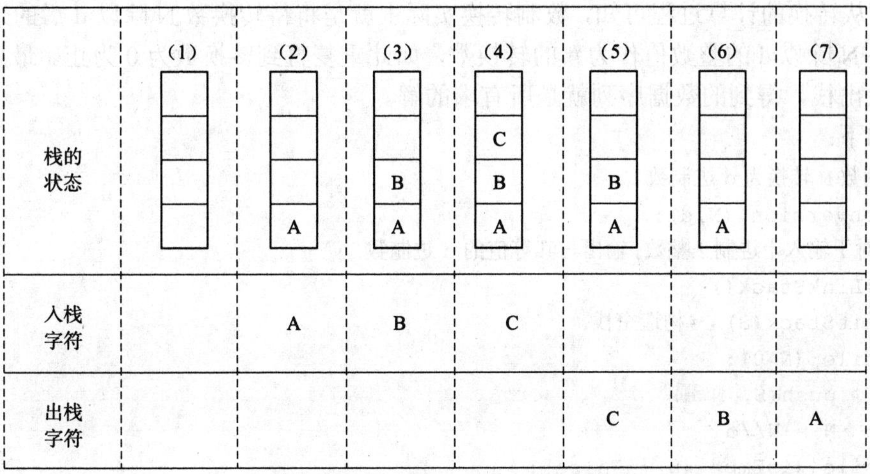

	(1)	(2)	(3)	(4)	(5)	(6)	(7)
栈的状态		A	B A	C B A	B A	A	
入栈字符		A	B	C			
出栈字符					C	B	A

图 3.5 栈的状态变化（一）

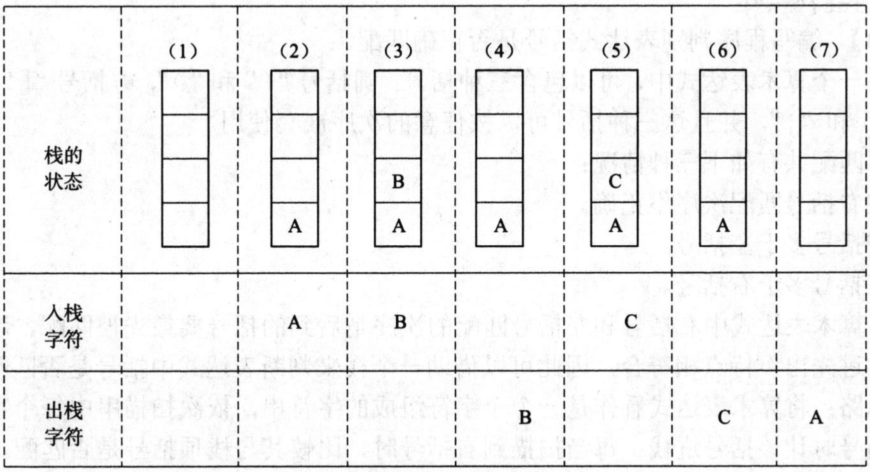

	(1)	(2)	(3)	(4)	(5)	(6)	(7)
栈的状态		A	B A	A	C A	A	
入栈字符		A	B		C		
出栈字符				B		C	A

图 3.6 栈的状态变化（二）

类似可以得到以下几种出栈序列：ACB、BAC、ABC。

【例 3.2】 将十进制数 N 转换为 d 进制数。

分析：数制转换的一个简单算法基于以下原理：

$$N=(N/d)d+N\%d$$

例如，将十进制数 1570 转换为八进制数的过程如下：

N	N/8	N%8
1570	196	2
196	24	4
24	3	0
3	0	3

$$(1570)_{10}=(3042)_8$$

实现：从转换的计算过程可知，数制转换实际上就是将待转换数 N 除以 d 后的余数压入栈中，并将 N 除以 d 的整数值作为新的转换数，如此重复直到转换数为 0 为止。最后，将栈中元素依次出栈，得到的数据序列就是所有求的解。

算法如下：

```
#十进制数N转换为d进制数
def conversion (N,d):
    #对于输入十进制正整数,输出与其等值的d进制数
    S=LinkStack()
    initStack(S)  #构造空栈
    while (N>0):
        push(S, N%d)
        N = N//d
    while (isEmpty(S)==False):
        e=pop(S)
        print ( e,end="")
    print("\n")
```

【例 3.3】 编写程序判别表达式括号是否正确匹配。

假设在一个算术表达式中，可以包含三种括号：圆括号“(”和“)”，方括号“[”和“]”、花括号“{”和“}”，并且这三种括号可以按任意的次序嵌套使用。

括号不匹配共有如下三种情况：

（1）左右括号匹配次序不正确。

（2）右括号多于左括号。

（3）左括号多于右括号。

分析：算术表达式中右括号和左括号匹配的次序是后到的括号要最先被匹配，这点正好与栈的“后进先出”特点相符合，因此可以借助一个栈来判断表达式中括号是否匹配。

基本思路：将算术表达式看作是一个个字符组成的字符串，依次扫描串中每个字符，每当遇到左括号时让该括号进栈；每当扫描到右括号时，比较其与栈顶括号是否匹配，若匹配则将栈顶括号（左括号）出栈继续进行扫描；若栈顶括号（左括号）与当前扫描的括号（右括号）不匹配，则表明左右括号匹配次序不正确，返回不匹配信息；若栈已空，则表明右括号多于左括号，返回不匹配信息。字符串循环扫描结束时，若栈非空，则表明左括号多于右括号，返回不匹配信息；否则，左右括号匹配正确，返回匹配信息。

算法如下：

```
#检查表达式中括号是否匹配
#字符串以“#”结尾
def isMatch(expstr):
    #expstr为表达式对应的字符串
    #不匹配的情形有以下三种
    #情形1:左右括号匹配次序不正确
    #情形2:右括号多于左括号
    #情形3:左括号多于右括号
    i=0
```

```
    S=LinkStack()
    initStack(S)  #初始化栈 S
    while (expstr[i]!="#") :
        ch=expstr[i]
        if(ch in ("(","[","{")): push(S,ch)
        if(ch in (")","]",ch=="}")):
            if (ch==")"):  ch1="("
            elif (ch== "]") :ch1="["
            else: ch1="{"
            if (isEmpty(S)):
                return False  #情形 2
            else:
                ch=pop(S)
                if (ch!= ch1): return False  #情形 1
        i=i+1

    if (isEmpty(S)): return True
    else: return False  #情形 3
```

3.2 队 列

3.2.1 队列的定义及 ADT 描述

1. 队列的定义

队列（queue）也是一种操作受限的线性表，它只允许在一端进行插入和在另一端删除的线性表。在队列中只允许进行插入的一端称为队尾（rear），只允许进行删除的一端称为队头（front），如图 3.7 所示。

通常将往队列中插入数据元素的操作称为入队（enQueue），而从队列中删除数据元素的操作称为出队（deQueue）。当队列中无数据元素时，称为空队列。

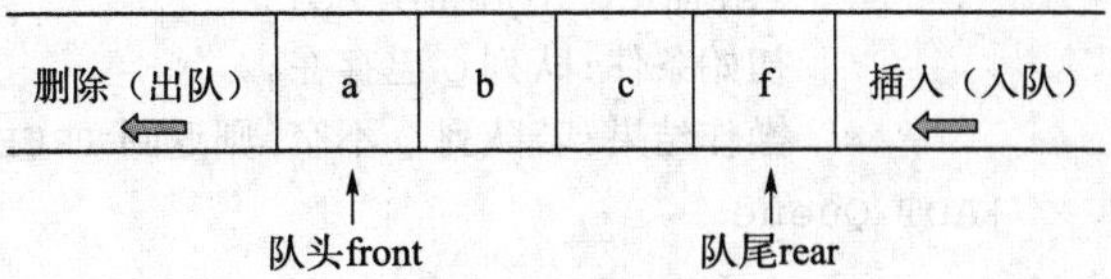

删除（出队） a b c f 插入（入队）
队头front 队尾rear

图 3.7 队列

从队列的定义可知，队列头部元素总是最先入队，最先出队；队列尾部元素总是最后入队，最后出队。因此，队列是按照先进先出（first in first out，FIFO）的原则组织数据的，是一种“先进先出”的线性表。

在现实生活中，很多现象具有队列的特点。例如，在银行等待服务或在电影院门口等待买票的一队人，在红灯前等待通行的一长串汽车，都是队列的例子。

队列在计算机语言中有着非常重要的用途，例如，在多用户分时操作系统中，等待访问磁盘驱动器的多个输入/输出（I/O）请求就可能是一个队列。等待在计算机中运行的作业也形成一个队列，计算机将按照作业和 I/O 请求到达的先后次序进行服务，也就是按先进先出的次序服务。

2. 队列的 ADT 描述

队列的基本操作及命令如下：

（1）初始化队列：initQueue（Q）。

（2）入队：enQueue（Q，item）。

（3）出队：deQueue（Q，item）。

（4）获取队头元素内容：getFront（Q，item）。

（5）判断队列是否为空：isEmpty（Q）。

队列的 ADT 描述如下：

```
ADT Queue{
    数据对象:D={ai|ai∈ElemSet,i=1,2,…,n,n>=0}
    数据关系:R={<ai-1,ai>|ai-1,ai∈D, i=2,3,…,n}
            约定 an 端为队尾,a1 端为对头。
    基本操作:
    void initQueue (QUEUE *Q)
        操作结果:构造了一个空队列 Q。
    int enQueue (QUEUE *Q,ElemType data)
        初始条件:队列 Q 已存在。
        操作结果:若队列满,则返回 FALSE;
                否则,在队列 Q 的尾部插入元素 data,返回 TRUE。
    int deQueue (QUEUE*Q, ElemType *data)
        初始条件:队列 Q 已存在。
        操作结果:若队列 Q 不空,则删除队头元素,保存到 data,返回 TRUE;
                否则,返回 FALSE。
    int getFront (QUEUE *Q,ElemType *data)
        初始条件:队列 Q 已存在。
        操作结果:若队列 Q 不空,则获取队头元素到 data,返回 TRUE;
                否则返回 FALSE。
    int isEmpty (QUEUE *Q)
        初始条件:队列 Q 已存在。
        操作结果:若队列 Q 不空,则返回 TRUE;否则,返回 FALSE。
}ADT Queue
```

3.2.2 队列的顺序存储结构

队列的顺序存储结构是用一组连续的存储单元依次存放队列中的每个数据元素，如图 3.8 所示。通常将使用顺序结构存储的队列称为顺序队列。

在 Python 中，实现队列的顺序存储结构的类型定义如下。

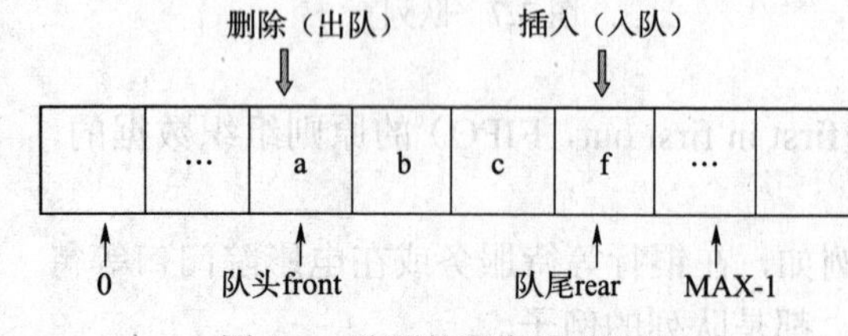

图 3.8　队列的顺序存储结构

```
#顺序队列
class ListQueue:
```

```
    def __init__(self,maxn=0,front=0,rear=0,elem=None):
        self.elem=elem
        self.MAXLEN=maxn
        self.front=front
        self.rear=rear
```

下面分析队列的各种操作实现及实现中存在的问题与解决方法。

初始化操作实现的关键语句如下：

Q.rear= Q. front= −1

元素插入操作实现的关键语句如下：

当 Q.rear< MAX_ QUEUE −1 时

Q.rear=Q. rear +1

Q. data[Q.rear]=e

元素删除操作实现的关键语句如下：

当 Q.rear>−1 时

*e=Q. data[Q.front]

Q.front=Q.front+1

基于以上操作，下面举例说明顺序队列中数据元素插入和删除时队尾指针 rear 和队头指针 front 的变化，借此引出存在的问题。假定 MAX_ QUEUE =6。

如图 3.9 所示显示了顺序队列中插入和删除数据元素时队尾指针 rear 和队头指针 front 的变化。

图 3.9（a）对应队列的初始状态，队列为空，此时 rear=front= −1。

图 3.9（b）对应往队列插入 a、b、c、d 四个数据元素，此时 front=0，rear=3。

图 3.9（c）显示从队列中删除 a、b 元素，插入 e、f 元素后的队列状态，此时 front=2，rear=5。

这时如果想往队列中插入元素 g，可以发现队尾指针 rear=5 已到了队尾，插入似乎不可能了。但此时队列中还存在空单元，此时就出现了“假溢出”。

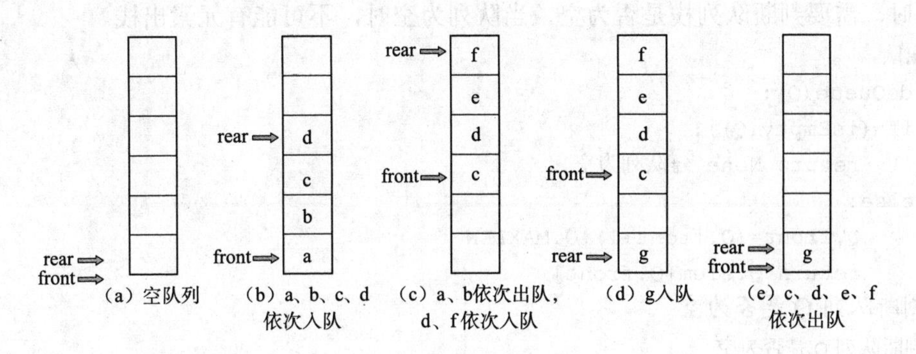

图 3.9 队列的顺序存储结构

解决“假溢出”的一个方法是，将上述队列看作是一个环（即循环队列）。每当 rear 或 front 到达 MAX_ QUEUE−1 处时，此时如果 rear 或 front 需要增加 1，则让其从 0 开始。基于此，对上述插入和删除规则做如下修改。

元素插入操作修改如下：

Q.rear=(Q. rear+1)%MAX_ QUEUE

Q.data[Q.rear]=e

元素删除操作修改如下：

*e=Q.data[Q.front]

Q.front=(Q.front+1)%MAX_ QUEUE

主要操作的完整算法如下。

1. 队列初始化

```
#1.初始化队列
def initQueue(Q,maxn,v0):
    Q.elem=[]
    for i in range(0,maxn):
        Q.elem.append(v0)
    Q.MAXLEN=maxn
    Q.front=0
    Q.rear=0
```

2. 入队

入队时，需要判断队列栈是否满，若是则返回队列满信息；否则，可以往队列中加入元素。

```
#2.入队
def enQueue(Q,elem):
    if ((Q.rear+1)%Q.MAXLEN==Q.front):return False  #队列为满
    else:
        Q.rear=(Q.rear+1)%Q.MAXLEN
        Q.elem[Q.rear]=elem;
        return True
```

3. 出队

出队时，需要判断队列栈是否为空，当队列为空时，不可能有元素出栈。

```
#3.出队
def deQueue(Q):
    if (isEmpty(Q)):
        return None  #队列为空
    else:
        Q.front=(Q.front+1)%Q.MAXLEN
        return Q.elem[Q.front]
```

4. 判断队列 Q 是否为空

```
#4.判断队列 Q 是否为空
def isEmpty(Q):
    if (Q.front==Q.rear): return True
    else: return False
```

5. 获取队头元素内容

```
#5.获取队头元素内容
```

```
def getFront(Q):
    if (isEmpty(Q)): return None  #队列为空
    else: return Q.elem[(Q.front+1)%Q.MAXLEN]
```

3.2.3 队列的链式存储结构

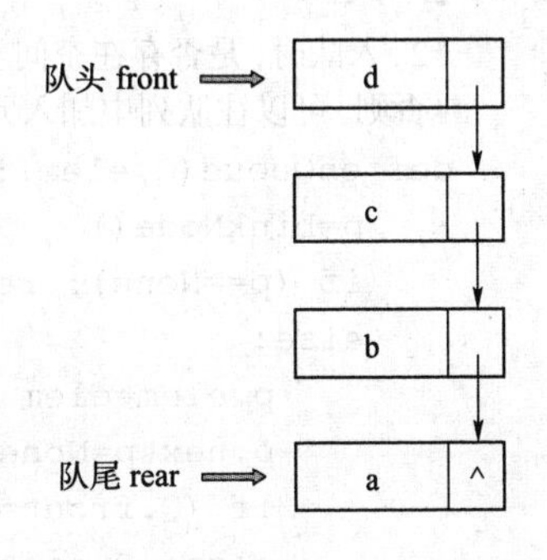

图 3.10 队列的链式存储结构

队列的链式存储结构是用一组不一定连续的存储单元依次存放队列中的每个数据元素，这种结构依靠指针来反映元素之间的逻辑关系，如图 3.10 所示。通常将使用链式结构存储的队列称为链式队列。

链式队列队头指针 front 和队尾指针 rear 分别指向队列头元素和队列尾元素所在的结点。

在 Python 中，实现队列的顺序存储结构的类型定义如下：

```
#链式队列
class LinkQueue:
    def __init__(self,front=None,rear=None):
        self.front=front
        self.rear=rear

#结点结构:单指针
class  LinkNode:
    def __init__(self,elem=0,nextp=None):
        self.elem=elem
        self.nextp=nextp
```

图 3.11 显示了在上述类型定义下队列的可能状态，其中，图 3.11（a）对应空队列，此时 Q.front=Q.rear=None；图 3.11（b）对应只有一个结点的队列，此时 Q.front=Q.rear，Q.front=None；图 3.11（c）对应多结点的队列，此时 Q.front≠Q.rear，Q. rear=None。

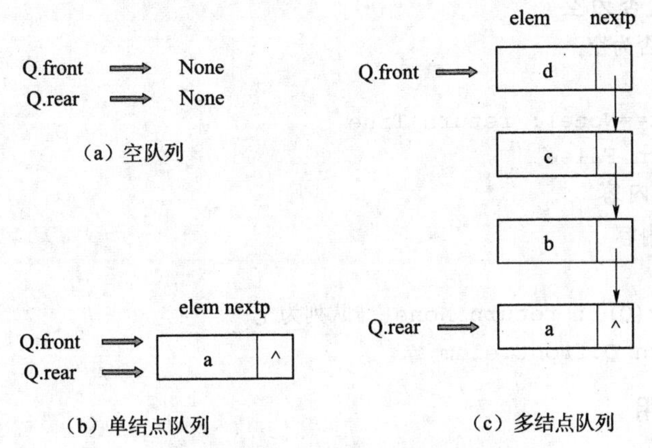

图 3.11 队列的链式存储结构

主要操作的算法实现如下。

1. 队列初始化

```
#1.初始化队列
```

```
def initQueue(Q):
    Q.front=None
    Q.rear=None
```

2. 入队

```
#2.入队时,是否存在空间
#否则,可以往队列中加入元素
def enQueue(Q,elem):
    p=LinkNode()
    if (p==None): return False
    else:
        p.elem=elem
        p.nextp=None
        if (Q.front==None): Q.front=p
        else: Q.rear.nextp=p
        Q.rear=p
        return True
```

3. 出队

```
#3.出队时,需要判断队列栈是否为空,当队列为空时,不可能有元素出栈
def deQueue(Q):
    if (isEmpty(Q)):
        return None  #队列为空
    else:
        e=Q.front.elem
        p=Q.front
        Q.front=Q.front.nextp
        if (Q.front==None):  Q.rear=None
        p=None
        return e
```

4. 判断队列 Q 是否为空

```
#4. 判断队列 Q 是否为空
def isEmpty(Q):
    if (Q.front==None): return True
    else: return False
```

5. 获取队头元素内容

```
#5. 获取队头元素内容
def getFront(Q):
    if (isEmpty(Q)): return None  #队列为空
    else: return Q.front.elem
```

3.2.4 队列的应用

队列在优先级队列、离散事件模拟、图的广度优先遍历、基数排序、子集划分、二项式系数打印等方面有着广泛的用途。现举例说明其中三种应用。

【例 3.4】 划分子集问题。

<a_i,a_j>表示 a_i 与 a_j 间存在冲突关系。要求将 A 划分成互不相交的子集 $A_1,A_2,\cdots,A_k$，使任

何子集中的元素均无冲突关系，同时要求分子集个数尽可能少。

例如：

A={1,2,3,4,5,6,7,8,9}

R={<2,1>,<2,5>,<2,8>,<2,9>,<3,7>,<5,4>,<5,6>,<5,9>,<6,2>,<6,3>,<7,5>,<7,6>,<9,4>}

可行的子集划分如下：

A_1={1,3,4,8}

A_2={2,7}

A_3={5}

A_4={6,9}

算法思想：利用循环筛选。从第一个元素开始，凡与第一个元素无冲突的元素划归一组；再将剩下的元素重新找出互不冲突的划归第二组；直到所有元素进组。

在具体实现时，可以利用矩阵来描述冲突关系。假定关系$<a_i,a_j>$与矩阵 R 中的元素 r[i][j]对应。则冲突关系可定义如下：

r[i][j]=1，　a_i 与 a_j 有冲突

r[i][j]=0，　a_i 与 a_j 无冲突

前述例子中 A 集合中的冲突关系对应的矩阵详见表 3.1。

表 3.1 冲突关系矩阵

行＼列	1	2	3	4	5	6	7	8	9
1	0	1	0	0	0	0	0	0	0
2	1	0	0	0	1	1	0	1	1
3	0	0	0	0	0	1	1	0	0
4	0	0	0	0	1	0	0	0	1
5	0	1	0	1	0	1	1	0	1
6	0	1	1	0	1	0	1	0	0
7	0	0	1	0	1	1	0	0	0
8	0	1	0	0	0	0	0	0	0
9	0	1	0	1	1	0	0	0	0

下面借助循环队列 Q 来实现划分。记数组 groupno[n]存放每个元素分组号，工作数组 temparr[n]为临时数组。

实现的基本思路如下：

初始状态为 A 中的元素放于 Q 中，groupno 和 temparr 数组清零，组号 group=1。

第一个元素出队，将 R 矩阵中第一行的“1”拷入 temparr 中对应位置，这样，凡与第一个元素有冲突的元素在 temparr 中对应位置处均为“1”；

下一个元素出队，若其在 temparr 中对应位置为“1”，有冲突，重新插入 Q 队尾，参加下一次分组；若其在 temparr 中对应位置为“0”，无冲突，可划归本组；再将 R 矩阵中该元素对应行中的“1”拷入 temparr 中。

如此反复，直到元素序号首次出现降序为止，此时 temparr 中为“0”的单元对应的元素构成第 1 组，将组号 group 值“1”写入 groupno 对应的单元中。

若栈非空，则 group++，temparr 清零，对队列 Q 中的元素重复上述操作；直到队列 Q 为空，运算结束。

```
int A[]={1, 2, 3, 4, 5, 6, 7, 8, 9};
R[][]={0, 1, 0, 0, 0, 0, 0, 0, 0;
       1, 0, 0, 0, 1, 1, 0, 1, 1;
       0, 0, 0, 0, 0, 1, 1, 0, 0;
       0, 0, 0, 0, 1, 0, 0, 0, 1;
       0, 1, 0, 1, 0, 1, 1, 0, 1;
       0, 1, 1, 0, 1, 0, 1, 0, 0;
       0, 0, 1, 0, 1, 1, 0, 0, 0;
       0, 1, 0, 0, 0, 0, 0, 0, 0;
       0, 1, 0, 1, 1, 0, 0, 0, 0;}
```

算法如下：

```
#应用:集合划分
def division(R):
    Q=LinkQueue()
    initQueue(Q)
    N=N=R.shape[0]
    for i in range(0,N): enQueue(Q,i+1)
    arr=np.zeros(N)
    groupno=np.zeros(N)
    gno=1
    pre=0
    while (isEmpty(Q)==False):
        k=deQueue(Q)
        if(k<pre):
            gno=gno+1
            groupno[k-1]=gno
            for i in range(0,N): arr[i]=R[k-1][i]
        elif(arr[k-1]!=0):
            enQueue(Q,k)
        else:
            groupno[k-1]=gno
            for i in range(0,N):
                if (R[k-1][i]==1): arr[i]=1
        pre=k
    return groupno
```

【例 3.5】 模拟患者到医院看病。

患者到医院看病的顺序是：先排队等候，再看病治疗。在排队过程中主要重复两件事情：一是患者到达诊室时，将病历给护士，排到等候队列中候诊；二是护士从等候队列中取出下一个患者的病历，该患者进入诊室就诊。

下面设计一个算法模拟病人等候就诊的过程。约定“病人到达”用命令A或a表示，“护士让下一位患者就诊”用命令N或n表示，“不再接受病人排队”用命令Q或q表示。本算法采用链式队列Q存放患者的病历号。基本思路如下：

（1）当有“病人到达”命令时，即入队。

（2）当有“护士让下一位患者就诊”命令时，即出队。

（3）当有“不再接受病人排队”命令时，即队列中所有元素出队，并且程序终止。

算法如下：

```
#应用:医院看病
def seeDoctor():
    que=LinkQueue()
    initQueue(que)
    flag=1
    while(flag==1):
        ch= input("输入命令[a,n,q]:" )
        if(ch=="a" or ch=="A"):
            pno=input("病历号[xxxx]:" )
            enQueue(que,pno)
        elif(ch=="n" or ch=="N"):
            pno1=deQueue(que)
            if (pno1!=None):
                print("病历号:",pno1,"的病人就诊")
            else:
                print("没有病人等候就诊!")
        elif(ch=="q" or ch=="Q"):
            print("下列病人依次就诊:")
            while(isEmpty(que)==False):
                pno1=deQueue(que)
                print("病历号:",pno1)
            print("今天不再接收病人排队!")
            flag=0
        else:
            print("输入命令不合法")
```

【例3.6】 打印二项展开式$(a+b)^n$的系数。

二项式$(a+b)^n$展开后其系数构成杨辉三角形，如图3.12所示。

杨辉三角形每行元素具有以下特点：

（1）每行两端元素为1，i=0时，两端重叠。

（2）第i行中非端点元素等于第i–1行对应的“肩头”元素之和。

基于上述特点，可以利用循环队列来打印杨辉三角形。

```
                    1                     i=0
                 1     1                  i=1
              1     2     1               i=2
           1     3     3     1            i=3
        1     4     6     4     1         i=4
     1     5    10    10     5     1      i=5
```

图3.12 杨辉三角形

基本思路：在循环队列中依次存放第 i–1 行数据元素，然后逐个输出，同时生成第 i 行对应的数据元素并入队。

图 3.13 显示了在输出杨辉三角数过程中队列的状态。

图 3.13　队列状态

算法如下：

```
#应用:打印二项展开式的系数
def printBipoly(n):
    Q=LinkQueue()
    initQueue(Q)
    enQueue(Q,1)
    enQueue(Q,1)
    print(end=" ")
    k=0
    sf="%3d"
    e2=0
    for k in range(0,2*n+1):
        print(end=" ")
    print("%3d"%(1))
    for i in range(1,n+1):
        print(end=" ")
        for k in range(0,2*n-i):
            print(end=" ")
        enQueue(Q,0)
        for k in range(1,i+3):
            e1=deQueue(Q)
            enQueue(Q,e1+e2)
            e2=e1
```

```
        if(k!=(i+2)): print("%3d"%(e2),end="")
    print("\n")
```

3.3 习　　题

1. 填空题

（1）栈的特点是________，队列的特点是________。

A．先进先出　　　　B．先进后出

（2）栈和队列的共同特点是________。

A．都是先进后出　　　　B．都是先进先出

C．只允许在端点处插入和删除元素　　　　D．没有共同点

（3）一个栈的进栈序列是a，b，c，d，e，则栈不可能的输出序列是________。

A．edcba　　　　B．decba

C．dceab　　　　D．abcde

（4）若已知一个栈的进栈序列是p_1，p_2，p_3，…，p_n。其输出序列为1，2，3，…，n，若p_3=1，则p_1为________。

A．可能是2　　　　B．一定是2

C．不可能是2　　　　D．不可能是3

（5）一个队列的入对序列若是1，2，3，4，则队列的输出序列是________。

A．4，3，2，1　　　　B．1，2，3，4

C．1，4，3，2　　　　D．3，2，4，1

（6）一个栈的输入序列为123…n，若输出序列的第一个元素是n，输出第i（1≤i≤n）个元素是________。

A．不确定　　　　B．n–i+1

C．i　　　　D．n–i

2. 简答题

（1）说明线性表、栈与队的异同点。

（2）设有编号为1、2、3、4的四辆列车，顺序进入一个栈式结构的车站，具体写出这四辆列车开出车站的所有可能的顺序。

（3）顺序队的“假溢出”是怎样产生的？如何知道循环队列是空还是满？

（4）设循环队列的容量为40（序号为0～39），现经过一系列的入队和出队运算后，有① front=11，rear=19；② front=19，rear=11；问在这两种情况下，循环队列中各有元素多少个？

3. 阅读程序

（1）写出下列程序段的输出结果。

```
def main( ):
    initStack(S);
    X='c'
    y='k'
```

```
        push(S,x)
        d=pop(S)
        print (d)
        push(S,'a')
        push(S,y)
        d=pop(S);
        print(d)
        d=pop(S)
        print(d)
    main()
```

（2）写出下列程序段的输出结果。

```
    def main( ):
        initQueue (Q)
        x='e'
        y='c'
        enQueue (Q,'h')
        enQueue (Q,'r')
        enQueue (Q,'y')
        x=deQueue (Q)
        enQueue (Q,x)
        x=deQueue (Q,x)
        enQueue (Q,'a');
        while(!isEmpty(Q)):
            y=deQueue (Q)
            print(y)
        printf(x);
    main()
```

（3）简述以下算法的功能（栈和队列的元素类型均为 int）。

```
    def fun3(Q):
        initStack(S);
        while(!isEmpty(Q)):
            d=deQueue (Q)
            push(S,d);
        while(!isEmpty(S)):
            d=pop(S)
            enQueue (Q,d)
```

4. 程序设计

（1）假设正读和反读都相同的字符序列为“回文”，例如，“abba”和“abcba”是回文，“abcde”和“ababab”则不是回文。试写一个算法，判别读入的一个以“#”为结束符的字符序列是否是“回文”。

（2）设计一个利用队列模拟银行服务的算法。

（3）设计一个程序借助栈来实现单链表的逆置运算。

第4章 串 和 数 组

- 了解串的定义及ADT描述。
- 掌握串的存储方式及基本操作的算法实现。
- 学会利用串的基本操作解决实际问题。
- 了解数组的定义及ADT描述。
- 掌握数组的存储方式及基本操作的算法实现。
- 学会利用数组的基本操作解决实际问题。

4.1 串

4.1.1 串的定义及ADT描述

1. 串的定义

串是字符串的简称，是由n（n≥0）个字符组成的有限序列，是一种以字符作为数据元素的线性表。通常记为

$$S=“a_1a_2\cdots a_n”（n\geq 0）$$

其中，S表示串名（也称“串变量”），一对引号括起来的字符序列称为串值，a_i可以是字母、数字或其他允许的字符。引号本身不属于串，它的作用只是为了避免与变量名或数的常量混淆。n为串的长度，长度为0的串称为空串。空串和以空格作为字符的串是有区别的，下面举例说明。

例如：

s1= “”

s2= “ ”

s1中没有字符，是一个空串；而s2中有两个空格字符，它的长度等于2，它是由空格字符组成的串（即空格串）。

2. 相关概念

串中任意连续的字符组成的子序列称为串的子串，相应地称包含子串的串为主串。

例如，有a、b、c、d四个串，其值分别为

a= “Welcome to Beijing”

b= “Welcome”

c= “Bei”

d= “welcometo”

串 b 和串 c 是串 a 的子串，串 a 是串 b 和串 c 的主串。串 d 既不是串 a 的子串，也不是串 b 的主串，原因在于大小字符是有区别的，空格也算字符。

子串在主串中第一次出现的第一个字符的位置称为子串的位置。

例如，子串 b 在主串 a 中的位置为 1，子串 c 在主串 a 中的位置为 12。

一般约定，当一个串不是另一个串的子串时，该串在另一个串中的位置为 0。因此串 d 在串 a 中的位置为 0。

两个串相等的充要条件是两个串的长度相等，并且各个对应的字符也都相同。

例如，有 s1、s2、s3、s4 四个串，其值分别为

s1= “program”

s2= “Program”

s3= “pro”

s4= “program”

这四个串中任何两个串都不相等，串 s1 和串 s2 尽管长度相等，但第一个字符不相等，串 s1 与串 s3（或串 s4）长度不等，串 s2 与串 s3（或串 s4）长度也不等。

3. 串的 ADT 描述

串的 ADT 描述如下：

```
ADT String{
    数据对象:D={a_i|∈CharacterSet,i=1,2,…,n,n≥0}
    数据关系:R1={< a_i-1, a_i >| a_i-1, a_i∈D, i=2,3,…,n }
    基本操作:
    int assign(STRING *s,char *str0)
        初始条件:str0 是字符串常量
        操作结果:若申请空间成功,生成一个其值等于 str0 的串 s,返回 TRUE;
                 否则返回 FALSE。
    int isEmpty(STRING *s,)
        初始条件:串 s 存在
        操作结果:若串 s 为空,则返回 TRUE;否则返回 FALSE。
    int getLength (STRING *s,)
        初始条件:串 s 存在
        操作结果:返回串 s 中的字符个数。
    int concat(STRING *s1, STRING *s2)
        初始条件:串 s1 和串 s2 存在
        操作结果:若申请空间成功,则返回串 s1 和串 s2 连接生成的串 s1,返回 TRUE;
                 否则返回 FALSE。
    int subStr(STRING *s1, STRING *s2,int start,int len)
        初始条件:串 s2 存在
        操作结果:用串 s1 返回串 s2 中在 start 开始长度为 len 的子串。
    int index( (STRING *s1, STRING *s2)
        初始条件:串 s1 和串 s2 存在
        操作结果:若串 s2 是串 s1 的子串,则返回串 s2 在串 s1 中的位置;否则返回 0。
}ADT String
```

4.1.2　串的存储结构

1. 顺序存储结构

串的顺序存储结构与线性表的顺序存储结构类似，用一组连续的存储单元依次存储串中的字符序列。通常称采用顺序结构存储的串为顺序串。顺序串有两种实现方式：定长的顺序存储结构和堆分配存储结构。

（1）定长的顺序存储结构。在串的定长顺序存储结构中，按照预定义的大小，为每个定义的串变量分配一个固定长度的存储区，如图4.1所示。

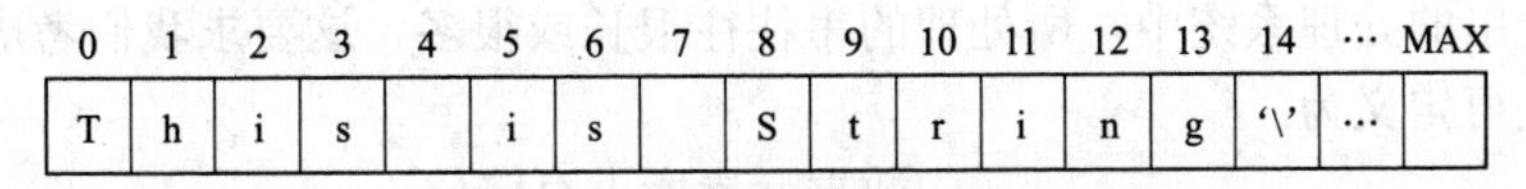

图4.1　串的定长顺序存储结构

串的实际长度不能超过预先定义的长度范围，超过预定义长度的值将被舍去，一般称这种舍去操作为“截断”。

此外，如果在操作中出现串值序列的长度超过上界MAX时，超过部分将被截断。这种情况不仅在串连接操作中可能发生，在插入、置换等其他操作中也可能发生。截断操作有可能丢失一些重要信息。为了克服这个问题，可采用以下动态分配串的存储空间方式，不限定串长的最大长度。

（2）堆分配存储结构。在堆分配存储结构中，程序执行过程时，利用标准函数malloc和free动态地分配或释放存储字符串的存储单元，并以一个特殊的字符（在C语言中，这种特殊字符为'\0'）作为字符串的结束标志，如图4.2所示。因此，在这种存储结构下，可以根据实际需要，灵活地申请存储空间，从而提高存储资源的利用率。

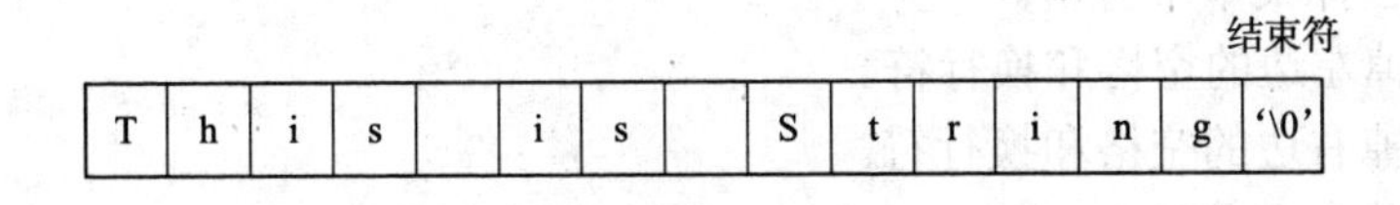

图4.2　串的堆分配存储结构

不同存储结构下，串的基本操作的实现基本类似。以下给出堆分配存储结构下串的几个基本操作的算法。

2. 链式存储结构

与顺序表一样，对顺序串进行插入和删除操作不是很方便，需要移动大量的字符，可以用单链表方式来存储串值。通常称采用链式结构存储的串为链串。图4.3显示了串“abcd”所对应的链式存储结构。

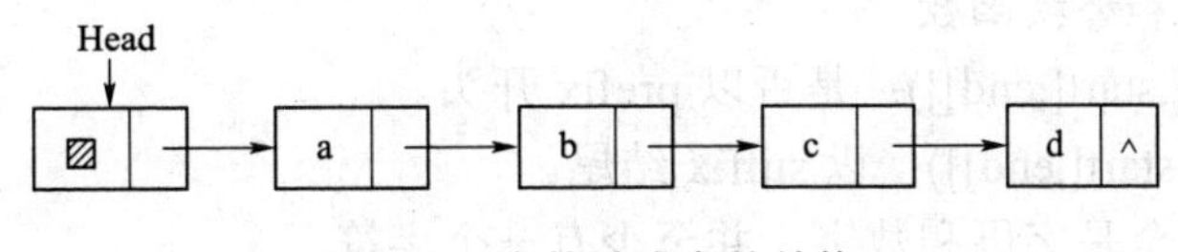

图4.3　串的链式存储结构

链式存储结构便于进行插入和删除操作，但总的来说不如顺序存储结构灵活，它占用存储量大且操作复杂。

为了提高存储密度，可使每个结点存放多个字符。图 4.4 中，每个结点存放三个字符。通常将结点数据域存放的字符个数定义为结点的大小，显然，当结点大小大于 1 时，串的长度不一定正好是结点的整数倍，此时需要用特殊字符（如“#”）来填充最后一个结点，以表示串的终结。

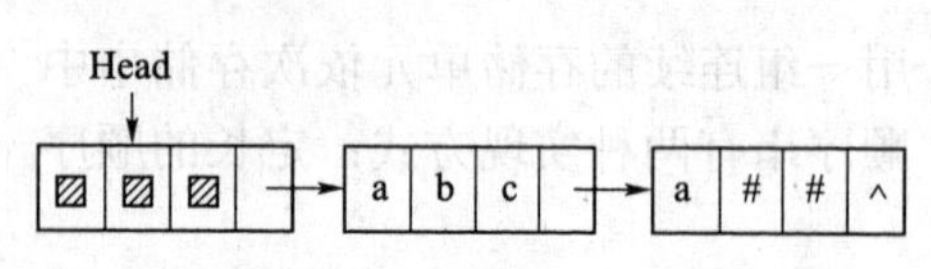

图 4.4　串的链式存储结构

在链式存储结构中，结点大小的选择和顺序存储方式的格式选择一样都很重要，它直接影响着串处理的效率。在各种串的处理系统中，所处理的串往往很长或很多，这要求我们考虑串值的存储密度。存储密度可定义为

$$存储密度=\frac{数据元素所占存储位}{实际分配的存储位}$$

显然，当存储密度小（如结点大小为 1）时，串的各种运算处理方便，但是，存储占用量大。此外，如果在串处理过程中需要进行内存、外存交换的话，则会因为内存、外存交换操作过多而影响处理的总效率。

实际应用时，可以根据问题所需来设置结点的大小。例如：在编辑系统中，整个文本编辑区可以看成是一个串，每一行是一个子串，构成一个结点。即：同一行的串用定长结构（80 个字符），行和行之间用指针相连接。

4.1.3　Python 字符串的常见函数及方法

1. 去掉空格和特殊符号

s.strip()：去掉空格和换行符。

s.strip('xx')：去掉某个字符串。

s.lstrip()：去掉左边的空格和换行符。

s.rstrip()：去掉右边的空格和换行符。

2. 字符串的搜索和替换

s.count('x')：查找某个字符在字符串中出现的次数。

s.capitalize()：首字母大写。

s.center(n,'-')：把字符串放中间，两边用“-”补齐。

s.find('x')：返回第一个字符对应的下标，不存在时返回–1。

s.index('x')：返回第一个字符对应的下标，不存在时报错。

s.replace(oldstr,newstr)：字符串替换。

s.format()：字符串格式化。

3. 字符串的测试和替换函数

s.startswith(prefix[,start[,end]])：是否以 prefix 开头。

s.endswith(suffix[,start[,end]])：以 suffix 结尾。

s.isalnum()：是否全是字母和数字，并至少有一个字符。

s.isalpha()：是否全是字母，并至少有一个字符。

s.isdigit()：是否全是数字，并至少有一个字符。

s.isspace()：是否全是空白字符，并至少有一个字符。

s.islower()：s中的字母是否全是小写。

s.isupper()：s中的字母是否全是大写。

s.istitle()：s是否是首字母大写的。

4. 字符串分割

s.split()：默认是按照空格分割。

s.split(splitter)：按照splitter分割。

5. 字符串连接

joiner.join(slit)：使用连接字符串joiner将slit中的元素连接成一个字符串，slit可以是字符串列表、字典（可迭代的对象）。int类型不能被连接。

6. 截取字符串（切片）

s='0123456789'

prints[0:3]：截取第一位到第三位的字符。

prints[:]：截取字符串的全部字符。

prints[6:]：截取第七个字符到结尾。

prints[:-3]：截取从头开始到倒数第三个字符之前的字符。

prints[2]：截取第三个字符。

prints[-1]：截取倒数第一个字符。

prints[::-1]：创造一个与原字符串顺序相反的字符串。

prints[-3:-1]：截取倒数第三位与倒数第一位之前的字符。

prints[-3:]：截取倒数第三位到结尾的字符。

prints[:-5:-3]：逆序截取字符。

7. string模块

importstring

string.ascii_uppercase：所有大写字母。

string.ascii_lowercase：所有小写字母。

string.ascii_letters：所有字母。

string.digits：所有数字。

注意：对字符串的操作方法不会改变原来字符串的值。

4.1.4 串的应用举例

【例4.1】 字符串基本操作应用。

```
#程序名称:py04string1.py
#功能:字符串
#!/usr/bin/python
# -*- coding: UTF-8 -*-

def createStr():
    #1.字符串创建
    print("字符串创建.....................................")
```

```
    str1="12567"                                    #赋值生成一个集合
    str2=""                                         #空串
    list1=["Noah","Jordon","James","Kobe"]
    str3=str(list1)                                 #调用 str()方法由列表创建字符串
    tup1=("Noah","Jordon","James","Kobe")
    str4=str(tup1)                                  #调用 set()方法由元组创建字符串
    set1={"Noah","Jordon","James","Kobe"}
    str5=str(set1)                                  #调用 str()方法由集合创建字符串
    print("str1=",str1)
    print("str2=",str2)
    print("str3=",str3)
    print("str4=",str4)
    print("str5=",str5)

def  operateStr():
    #字符串运算
    #+:字符串连接
    print("+:字符串连接..............................................")
    str1="123"
    str2="abc"
    str3=str1+str2
    print("str1=",str1)
    print("str2=",str2)
    print("str3=",str3)

def  repeatStr():
    #*:重复输出字符串
    print("*:重复输出字符串..............................................")
    str1="abc"
    str2=str1*2
    print("str1=",str1)
    print("str2=",str2)

def  sliceStr():
    #[]:通过索引获取字符串中的字符
    #[:]:截取字符串中的一部分
    print("*索引与切片..............................................")
    str1="0123456789"
    print("str1[0:3]=",str1[0:3])    #截取第一位到第三位的字符
    print("str1[:]=",str1[:])        #截取字符串的全部字符
    print("str1[6:]=",str1[6:])      #截取第七个字符到结尾
    print("str1[:-3]=",str1[:-3])    #截取从头开始到倒数第三个字符之前的字符
    print("str1[2] =",str1[2])       #截取第三个字符
    print("str1[-1]=",str1[-1])      #截取倒数第一个字符
```

```
    print(" str1[::-1]=", str1[::-1])              #创造一个与原字符串顺序相反的字符串
    print("str1[-3:-1] =",str1[-3:-1] )            #截取倒数第三位与倒数第一位之前的字符
    print("str1[-3:]=",str1[-3:])                  #截取倒数第三位到结尾的字符
    print("str1[:-5:-3]=",str1[:-5:-3])            #逆序截取字符

def  inStr():
    #in:成员运算符,如果字符串中包含给定的字符返回 True
    print("in:成员运算符...................................")
    str1="abcdef"
    print("a 在字符串 str1 中否?", "a" in str1)
    print("cd 在字符串 str1 中否?", "a" in str1)
    print("g 在字符串 str1 中否?", "g" in str1)

def  othersStr():
    #字符串常见方法
    print("字符串常见方法......................................")
    #1.去掉空格和特殊符号
    #s.strip():去掉空格和换行符
    print("a bcd ef.strip()=","a bcd ef ".strip())
    #s.strip('xx'):去掉某个字符串
    str1="abcdabef"
    print(str1+".strip('ab')= ",str1.strip('ab'))
    #s.lstrip():去掉左边的空格和换行符
    #s.rstrip():去掉右边的空格和换行符
    #2.字符串的搜索和替换
    #s.count('x'):查找某个字符在字符串中出现的次数
    print(str1+".count('a')= ",str1.count('a'))
    #s.capitalize():首字母大写
    #s.center(n,'-'):把字符串放中间,两边用"-"补齐
    #s.find('x') :返回第一个字符对应的下标,不存在时返回-1
    print(str1+".find('c')= ",str1.find('c'))
    print(str1+".find('g')= ",str1.find('g'))
    #s.index('x'):返回第一个字符对应的下标,不存在时报错
    print(str1+".index('b')= ",str1.index('b'))
    #s.replace(oldstr, newstr):字符串替换
    print(str1+".replace('ab','Java')= ",str1.replace('ab','Java'))
    #3.字符串的测试和替换函数
    #s.startswith(prefix[,start[,end]]):是否以 prefix 开头
    #s.endswith(suffix[,start[,end]]):以 suffix 结尾
    #s.isalnum():是否全是字母和数字,并至少有一个字符
    #s.isalpha():是否全是字母,并至少有一个字符
    #s.isdigit():是否全是数字,并至少有一个字符
    #s.isspace():是否全是空白字符,并至少有一个字符
    #s.islower():s 中的字母是否全是小写
```

```
    #s.isupper():s 中的字母是否全是大写
    #s.istitle():s 是否是首字母大写的

def  splitStr():
    #4.字符串分割
    print("字符串分割.......................................")
    str2="Noah Jordon James Kobe"
    #s.split():默认是按照空格分割
    print(str2+".split()= ",str2.split())
    #s.split(','):按照逗号分割
    str2="Noah,Jordon,James,Kobe"
    print(str2+".split()= ",str2.split(','))
    str2="Noah*Jordon*James*Kobe"
    print(str2+".split()= ",str2.split('*'))
    str2="Noah*#Jordon*#James*#Kobe"
    print(str2+".split()= ",str2.split('*#'))

def  joinStr():
    #5.字符串连接
    print("字符串连接.......................................")
    list1=['This','is','Python']
    print("join= ",','.join(list1))
    print("join= ",'-'.join(list1))
    print("join= ",'*'.join(list1))
    print("join= ",'##'.join(list1))

def  showStringModule():
    #7.string 模块
    print("string模块应用.......................................")
    import string
    print("所有大写字母=",string.ascii_uppercase)    #所有大写字母
    print("所有小写字母=",string.ascii_lowercase)    #所有小写字母
    print("所有字母=",string.ascii_letters)          #所有字母
    print("所有数字=",string.digits)                 #所有数字

def main():
    createStr()
    operateStr()
    sliceStr()
    inStr()
    othersStr
    splitStr()
    joinStr()
    showStringModule()

main()
```

运行后的输出结果为：

```
字符串创建..............................................
str1= 12567
str2=
str3= ['Noah', 'Jordon', 'James', 'Kobe']
str4= ('Noah', 'Jordon', 'James', 'Kobe')
str5= {'James', 'Jordon', 'Kobe', 'Noah'}
+:字符串连接...............................................
str1= 123
str2= abc
str3= 123abc
*:重复输出字符串...................................................
str1= abc
str2= abcabc
*索引与切片.............................................
str1[0:3]= 012
str1[:]= 0123456789
str1[6:]= 6789
str1[:-3]= 0123456
str1[2] = 2
str1[-1]= 9
str1[::-1]= 9876543210
str1[-3:-1] = 78
str1[-3:]= 789
str1[:-5:-3]= 96
in:成员运算符..............................................
a在字符串str1中否? True
cd在字符串str1中否? True
g在字符串str1中否? False
字符串常见方法..............................................
a bcd ef.strip()= a bcd ef
abcdabef.strip('ab')=  cdabef
abcdabef.count('a')=  2
abcdabef.find('c')=  2
abcdabef.find('g')=  -1
abcdabef.index('b')=  1
abcdabef.replace('ab','Java')=  JavacdJavaef
字符串分割...........................................
Noah Jordon James Kobe.split()=  ['Noah', 'Jordon', 'James', 'Kobe']
Noah,Jordon,James,Kobe.split()=  ['Noah', 'Jordon', 'James', 'Kobe']
Noah*Jordon*James*Kobe.split()= ['Noah', 'Jordon', 'James', 'Kobe']
Noah*#Jordon*#James*#Kobe.split()=  ['Noah', 'Jordon', 'James', 'Kobe']
字符串连接...........................................
join=  This,is,Python
```

```
join=  This-is-Python
join=  This*is*Python
join=  This##is##Python
string 模块应用.........................................
所有大写字母= ABCDEFGHIJKLMNOPQRSTUVWXYZ
所有小写字母= abcdefghijklmnopqrstuvwxyz
所有字母= abcdefghijklmnopqrstuvwxyzABCDEFGHIJKLMNOPQRSTUVWXYZ
所有数字= 0123456789
```

【例 4.2】 利用字符串函数实现特定功能。

（1）将串 s2 插入到串 s1 的第 i 个字符后面。

分析：如图 4.5 所示，最终的串 s1 可以看作是由“$a_1a_2\cdots a_i$”（记为串 s3）、“$b_1b_2\cdots b_m$”（串 s2）和“$a_{i+1}a_{i+2}\cdots a_n$”（记为串 s4）连接而成。因此可先将串 s1 分成串 s3（=“$a_1a_2\cdots a_i$”）和串 s4（=“$a_{i+1}a_{i+2}\cdots a_n$”）两部分，然后将串 s3 和串 s2 连接成新的串 s3，最后新串 s3 与串 s4 连接成最终的串 s1。

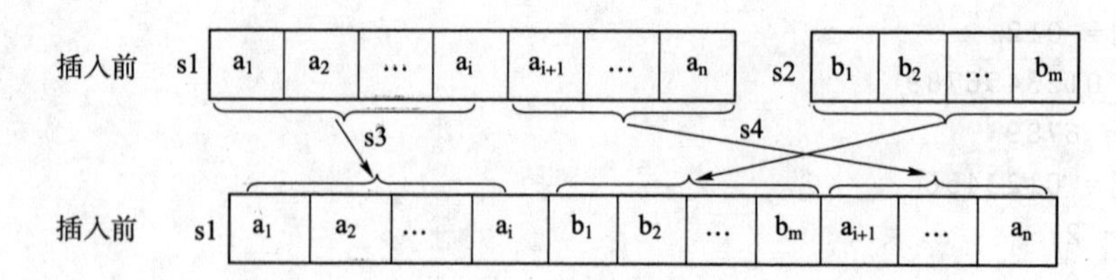

图 4.5　将串 s2 插入到串 s1 的第 i 个字符后面

算法如下：

```
#将串 s2 插入到串 s1 的第 i 个字符后面。
def insertStr(s1,s2, i):
    return s1[0:,i]+s2+s1[i:len(s1)]
```

（2）删除串 s 中第 i 个字符开始的连续 j 个字符。

分析：如图 4.6 所示，删除前串 s 可以看作是由“$a_1a_2\cdots a_{i-1}$”（记为串 s1）、“$a_ia_{i+1}\cdots a_{i+j-1}$”（记为串 s2）和“$a_{i+j}\cdots a_n$”（记为串 s3）连接而成。删除后串 s 可以看作是由串 s1 和串 s3 连接而成。

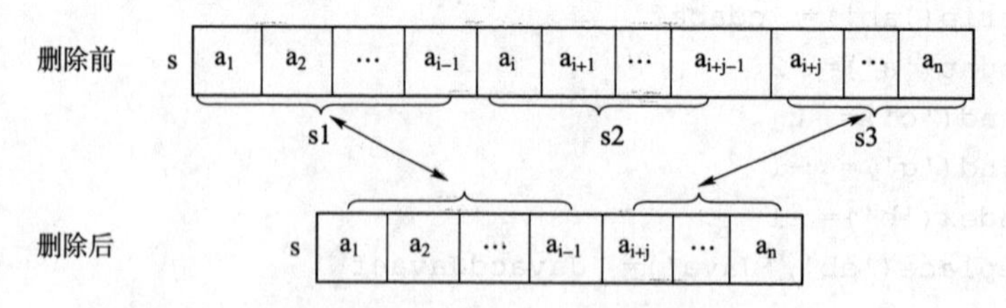

图 4.6　删除串 s 中第 i 个字符开始的连续 j 个字符

算法如下：

```
#删除串 s 中第 i 个字符开始的连续 j 个字符。
def deleteStr(s,i,j):
    return s[0:i-1]+s[i+j-1:len(s)]
```

（3）从串 s1 中删除所有和串 s2 相同的子串。

s1="abcabefabgha"

s2="ab"

则从串 s1 中删除所有和串 s2 相同的子串后，s1="cefgha"，如图 4.7 所示。

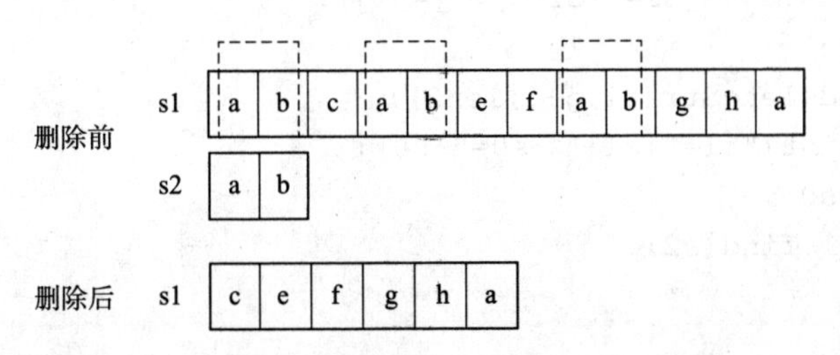

图 4.7　从串 s1 中删除所有和串 s2 相同的子串

分析：利用 index 算法可以找到串 s2 在串 s1 中的位置，而利用 StrDelete 算法可以删除串 s1 中从某位置删除的若干连续字符。对删除字符后的串循环使用 index 算法和 StrDelete 算法便可从串 s1 中删除所有和串 s2 相同的子串。

算法如下：

```
#从串 s1 中删除所有和串 s2 相同的子串
def deleteStrAll(s1,s2):
    s0=""
    len2=len(s2)
    j=s1.find(s2);
    #print("s1="+s1+"  s2="+s2+ "  j="+j);
    while(j>=0):
            s0=deleteStr(s1,j+1,len2);
            #print("s1="+s1+"  s0="+s0);
            s1=s0
            j=s1.find(s2)
    return s0
```

可以按照以下程序来上机验证。

```
#程序名称:py04string2.py
#功能:字符串应用二
#!/usr/bin/python
# -*- coding: UTF-8 -*-

#将串 s2 插入到串 s1 的第 i 个字符后面
def insertStr(s1,s2,i):
    return s1[0:,i]+s2+s1[i:len(s1)]
#删除串 s 中第 i 个字符开始的连续 j 个字符
def deleteStr(s,i,j):
    return s[0:i-1]+s[i+j-1:len(s)]

#从串 s1 中删除所有和串 s2 相同的子串
```

```
def deleteStrAll(s1,s2):
    s0=""
    len2=len(s2)
    j=s1.find(s2);
    #print("s1="+s1+"  s2="+s2+ "  j="+j);
    while(j>=0):
            s0=deleteStr(s1,j+1,len2);
            #print("s1="+s1+"  s0="+s0);
            s1=s0
            j=s1.find(s2)
    return s0

def main():
    str1="abcabefabgha"
    str2="ab"
    print("str1=",str1)
    print("str2=",str2)
    print("deleteStrAll(str1,str2)=",deleteStrAll(str1,str2))

main()
```

4.2　数　　组

4.2.1　数组的定义及 ADT 描述

1．数组的定义

简单地说，数组是有限个同类型数据元素组成的有序序列。数组的逻辑结构是一种线性表结构。在数组中，数据元素可以是非结构的数据元素（如整数、字符等），此时称为一维数组；也可以是结构元素（如一维数组），若一维数组中的数据元素又是一维数组结构，则称为二维数组；依次类推，若二维数组中的元素又是一个一维数组结构，则称作三维数组。以下是一个二维数组：

$$A_{m\times n}=\begin{bmatrix} a_{0,0} & \cdots & a_{0,n-1} \\ \vdots & \ddots & \vdots \\ a_{m-1,0} & \cdots & a_{m-1,n-1} \end{bmatrix}$$

其中，A 是数组结构的名称，整个数组元素可以看成是由 m 个行向量和 n 个列向量组成，其元素总数为 m×n。在程序设计语言中，二维数组中的数据元素可以表示成 a［表达式 1］［表达式 2］，表达式 1 和表达式 2 被称为下标表达式，如 a[i][j]。

数组结构在创建时就确定了组成该结构的行向量数目和列向量数目，因此，在数组结构中不存在插入、删除元素的操作。

2．数组的 ADT 描述

多维数组的 ADT 描述如下：

```
ADT Array {
    数据对象:D ={a_{j1,j2,…,jn}|ji=0,…,bi-1,j=1,2,…,n}
    数据关系:R={R1,R2,…,Rn}
            Ri={<a_{j1,…,ji,…,jn},a_{j1,…,ji+1,…,jn}>|
            0≤jk≤bk-1,1≤k≤n,k≠i
            0≤ji≤bi-2,i=2,…,n
            a_{j1,…,ji,…,jn},a_{j1,…,ji+1,…,jn} ∈D
    基本操作:
    initArray(&A, n, bound1, …, boundn)
    操作结果:若维数 n 和各维长度合法,则构造相应的数组 A,
            并返回 TURE,否则返回 FASLE。
    destroyArray(&A)
    操作结果:销毁数组 A。
    getValue(A, &e, i1,…,in)
    初始条件:A 是 n 维数组,e 为元素变量,随后是 n 个下标值。
    操作结果:若各下标不超界,则以元素 e 返回数组 A 中给定下标处的元素值,
            并返回 TURE,否则返回 FASLE。
    setValue(&A, e, i1,…,in)
    初始条件:A 是 n 维数组,e 为元素变量,随后是 n 个下标值。
    操作结果:若下标不超界,则将元素 e 的值赋给数组 A 中给定下标处的元素,
            并返回 TURE,否则返回 FASLE。
}ADT Array
```

对一维数组来说，其 ADT 描述如下：

```
ADT Array {
    数据对象:D={ai|0≤i≤n-1,ai∈ dataset}
    数据关系:R={ROW}
            ROW={<ai,ai+1>|0≤i≤n-2,ai,ai+1∈ D}
    基本操作:
    《略》
}ADT Array
```

n 是一维数组维数。

对二维数组来说，其 ADT 描述如下：

```
ADT Array {
    数据对象: D={ai,j|0≤i≤m-1,0≤j≤n-1,ai,j∈ dataset}
    数据关系:R={ROW,COL}
            ROW={<ai,j,ai+1,j>|0≤i≤m-2,0≤j≤n-1,ai,j,ai+1,j∈ D}
            COL={<ai,j,ai,j+1>|0≤i≤m-1,0≤j≤n-2,ai,j,ai,j+1∈ D}
    基本操作:
    《略》
}ADT Array
```

m 和 n 分别是二维数组行维数和列维数。

4.2.2 数组的存储结构

由于数组一般不进行插入、删除元素的操作，因此数组的存储结构一般使用顺序存储结

构，而不使用链式存储结构。

对数组来说，只要确定了维数和各维的上下界，就可以确定为它们分配的存储空间，换句话说，只要给定了数组元素的下标值，就可以计算出其存储位置。下面介绍一维数组和二维数组的顺序存储结构。对多维数组的存储结构，可在此基础上推广得到。

假定数组中每个元素所占的存储单位为 L。

对一维数组来说，任意元素 a_i 的地址 $Loc(a_i)$ 与第一个元素 a_0 的地址 $Loc(a_0)$（起始地址）之间存在如下关系：

$$Loc(a_i) = Loc(a_0) + iL(0 \leqslant i \leqslant n-1)$$

对二维数组来说，由于存储数据元素的内存单元地址是一维的，因此，需要解决将二维关系映射到一维关系的问题。二维数组可采用两种方式来存放数组元素：一种是以行为主的存储方法，另一种是以列为主的存储方法。以行为主的存储方法的特点如下：

（1）同一行元素从左到右依次存储。

（2）前一行的最后一个元素的存储位置与下一行第一个元素的存储位置紧密相邻。

C 语言采用以行为主的存储方式。

以列为主的存储方法的特点如下：

（1）同一列元素从上到下依次存储。

（2）前一列的最后一个元素的存储位置与下一列第一个元素的存储位置紧密相邻，FORTRAN 语言采用以列为主的存储方式。

已知一个 m 行 n 列的二维数组 A 如下：

$$A_{m\times n} = \begin{bmatrix} a_{0,0} & a_{0,1} & \cdots & a_{0,n-1} \\ a_{1,0} & a_{1,1} & \cdots & a_{1,n-1} \\ \vdots & \vdots & \vdots & \vdots \\ a_{m-1,0} & a_{m-1,1} & \cdots & a_{m-1,n-1} \end{bmatrix}$$

若按照以行为主的存储方式，则二维数组 A 对应的一维存储映像如图 4.8（a）所示；若按照以列为主的存储方式，则二维数组 A 对应的一维存储映像如图 4.8（b）所示。

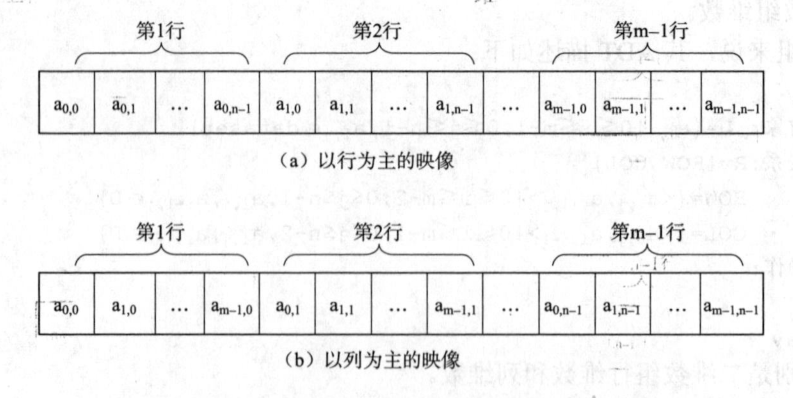

图 4.8　从二维数组到一维数组的存储映像示意图

下面具体举例说明。假定一个 3×4 数组 A 为

$$A_{3\times4}=\begin{bmatrix} a & b & c & 1 \\ d & e & f & 2 \\ g & h & i & 3 \end{bmatrix}$$

则数组 $A_{3\times4}$ 对应的存储映像图如图 4.9 所示。

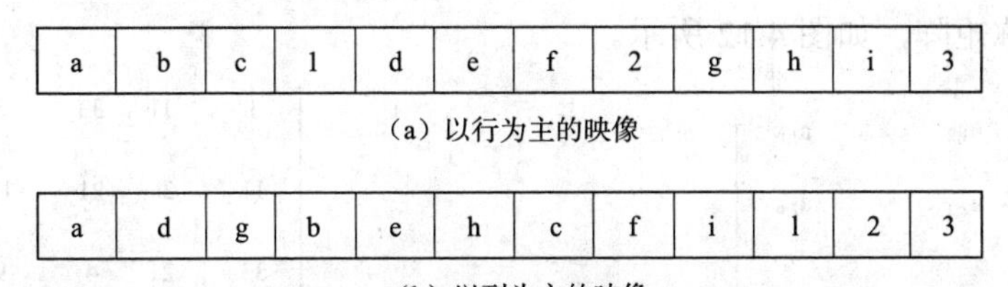

图 4.9　数组 $A_{3\times4}$ 对应的存储映像图

下面推导二维数组中任意元素 $a_{i,j}$ 的地址 $Loc(a_{i,j})$ 与第一个元素 $a_{0,0}$ 的地址 $Loc(a_{0,0})$（起始地址）之间的关系。

如图 4.10 所示是二维数组中任意元素 $a_{i,j}$ 的位置示意图。

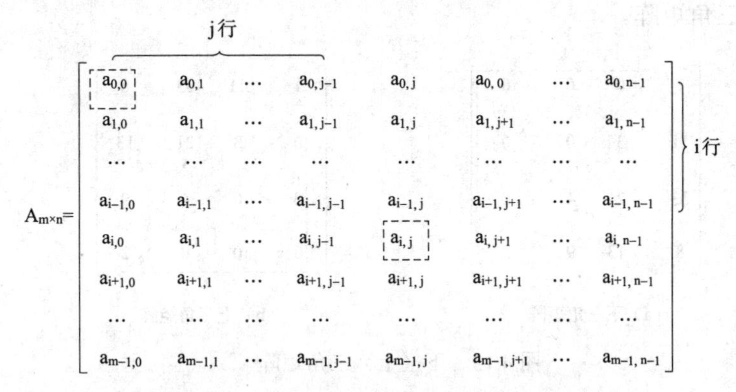

图 4.10　数组中任意元素 $a_{i,j}$ 的位置示意图

以行为主时：

$$Loc(a_{i,j})=Loc(a_{0,0})+(i\times n+j)\times L(0\leqslant i\leqslant m-1,0\leqslant j\leqslant n-1)$$

例如，假定数组 A 的元素 $a_{0,0}$ 的地址 $Loc(a_{0,0})$=100，L=3，则 $a_{3,4}$ 对应的地址为

$$Loc(a_{i,j})=100+(3\times4+4)\times3$$

以列为主时：

$$Loc(a_{i,j})=Loc(a_{0,0})+(j\times m+i)\times L(0\leqslant i\leqslant m-1,0\leqslant j\leqslant n-1)$$

由于本书算法均使用 C 语言编写，因此后文不做特别说明均采用以行为主的存储方法。

4.2.3　矩阵的压缩存储

1. 相关概念

矩阵是在很多科学与工程计算中遇到的数学模型。在数学上，矩阵是这样定义的：它是一个由 m×n 个元素排成的 m 行（横向）n 列（纵向）的表。如图 4.11 所示是一个矩阵。

所谓特殊矩阵就是元素值的排列具有一定规律的矩阵。常见的这类矩阵有对称矩阵、下（上）三角矩阵、对角矩阵等。

（1）对称矩阵。若一个 n 阶矩阵 A 的元素满足性质

$$a_{ij}=a_{ji}, 1 \leqslant i,j \leqslant n$$

则称 A 为 n 阶对称矩阵，如图 4.12 所示。

图 4.11　矩阵　　　图 4.12　对称矩阵

（2）下（上）三角矩阵。下（上）三角矩阵是以主对角线为界的上（下）半部分是一个固定的值（如 0，以下通称为零元素），下（上）半部分的元素值没有任何规律。如图 4.13 所示是下（上）三角矩阵。

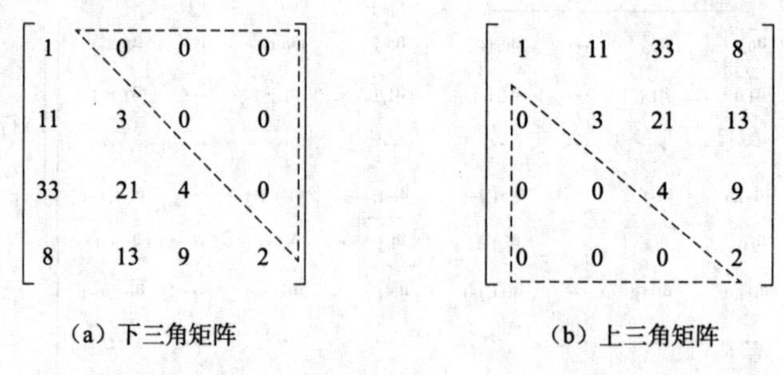

（a）下三角矩阵　　　（b）上三角矩阵

图 4.13　下（上）三角矩阵

（3）对角矩阵。对角矩阵是所有的非零元素（有意义的元素）都集中在以主对角线为中心的带状区域中，如图 4.14 所示。图 4.14（a）是半带宽为 b 的 n 阶对角矩阵，图 4.14（b）是半带宽为 1 的 6 阶对角矩阵。带状区域主对角线上下各 b 条含非零元素的对角线，b 称为对角矩阵的半带宽，对角矩阵的带宽为 2b+1。在对角矩阵中，|i−j|＞0 时，$a_{ij}=0$。因此半带宽为 b 的 n 阶对角矩阵共有(2b+1)n−(b+1)b 个非零元素。

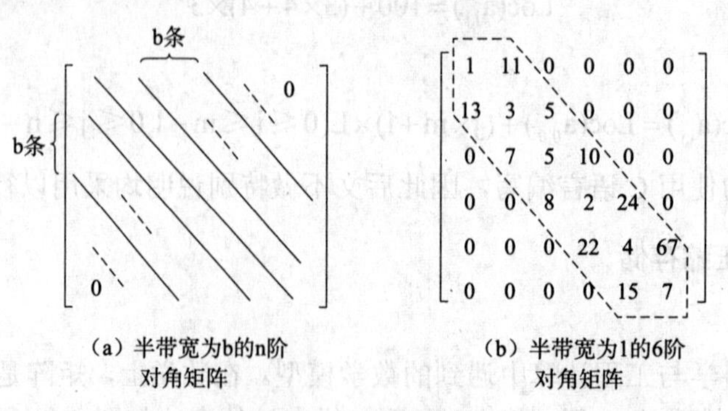

（a）半带宽为b的n阶对角矩阵　　　（b）半带宽为1的6阶对角矩阵

图 4.14　对角矩阵

（4）稀疏矩阵。假设 m 行 n 列的矩阵含 t 个非零元素，则称

$$\delta=\frac{t}{m\times n}$$

为稀疏因子。

通常认为δ小于某一特定值（如 0.05）的矩阵为稀疏矩阵。

图 4.15 所示是稀疏矩阵，该稀疏矩阵共包含 36 个元素，其中只有 4 个非 0 元素。

$$M=\begin{bmatrix} 0 & 1 & 0 & 0 & 0 & 0 \\ 3 & 0 & 0 & 0 & 0 & 0 \\ 0 & 0 & 0 & 0 & 0 & 0 \\ 0 & 0 & 0 & 0 & 24 & 0 \\ 0 & 0 & 0 & 0 & 0 & 0 \\ 0 & 0 & 0 & 0 & 0 & 7 \end{bmatrix}$$

图 4.15　稀疏矩阵

对于这些特殊矩阵或稀疏矩阵，应充分利用元素值的分布规律，将其进行压缩存储。所谓压缩存储是指为多个值相同的元素，或者位置分布有规律的元素分配尽可能少的存储空间，而对零元素一般情况下不分配存储空间。

选择压缩存储的方法应遵循如下原则：

（1）尽可能少存或不存零元素。

（2）尽可能减少没有实际意义的运算。

（3）压缩后仍然可以比较容易地进行各项基本操作。如可以尽可能快地找到与下标值（i，j）对应的元素，尽可能快地找到同一行或同一列的非零元素。

2. 特殊矩阵的压缩存储

下面介绍三种特殊矩阵的压缩方法。

（1）下（上）三角矩阵。下（上）三角矩阵是一个 n×n 的方阵，共有 n^2 个元素，其中下（上）三角部分为固定值，其他位置的值非固定。

压缩的方法是首先将二维关系映射成一维关系，固定值存储在 0 单元，下三角和主对角上的元素从 1 号单元以行为优先依次存放，并只存储其中必要的 n(n+1)/2+1 元素内容，如图 4.16 所示。

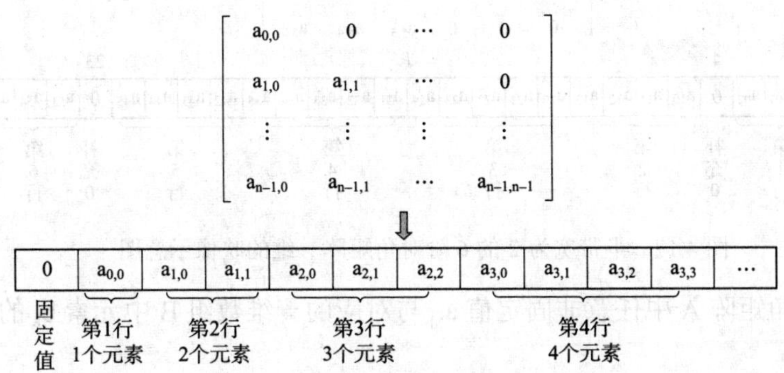

图 4.16　下三角矩阵一维的映像示意图

图 4.16 中第 1 行只需存储 1 个元素，第 1 行只需存储 2 个元素，…，第 i 行存储 i 个元素，因此对于下（上）三角矩阵 A 中任意非固定值 a_{ij} 与对应的一维数组 B 中元素 b_k 的下标之间存在以下关系：

$$k=\begin{cases}\dfrac{(i+1)i}{2}+j+1, j\leqslant i\\ 0, j>i\end{cases}$$

（2）对称矩阵。对称矩阵是一个 n×n 的方阵，共有 n^2 个元素，由于 $a_{ij}=a_{ji}$，因此在对称矩阵中有 n(n–1)/2 个元素可以通过其他元素获得。

对称矩阵压缩的方法和三角矩阵类似，将二维关系映射成一维关系。对于对称矩阵 A 中任意元素 $a_{i,j}$ 与对应的一维数组 B 中元素 b_k 的下标之间存在以下关系：

$$k=\begin{cases}\dfrac{(i+1)i}{2}+j, j\leqslant i\\ \dfrac{(j+1)j}{2}+i, j>i\end{cases}$$

（3）对角矩阵。对于对角矩阵，压缩存储的主要思路是只存储非零元素。在对角矩阵中，|i–j|＞0 时，$a_{ij}=0$，半带宽为 b 的 n 阶对角矩阵共有(2b+1)n–(b+1)b 个非零元素。这些非零元素按以行为优先的顺序，从下标为 1 的位置开始依次存放在一维数组中，而 0 位置存放数值 0。

为了方便计算非零元素的存储地址，除了第一行和最后一行之外，每行都按照（2b+1）个非零元素来计算，即将对角矩阵中非零元素以行为主存储到长度为（2b+1）n–2b+1 的一维数组中（0 位置存放数值 0）。这比对角矩阵非零元素多出（b–1）b 个存储单元，多出部分用零补充，如图 4.17 所示。如图 4.17 所示的对角矩阵需补充 2 个 0 元素，分别在位置 4 和 23 处。

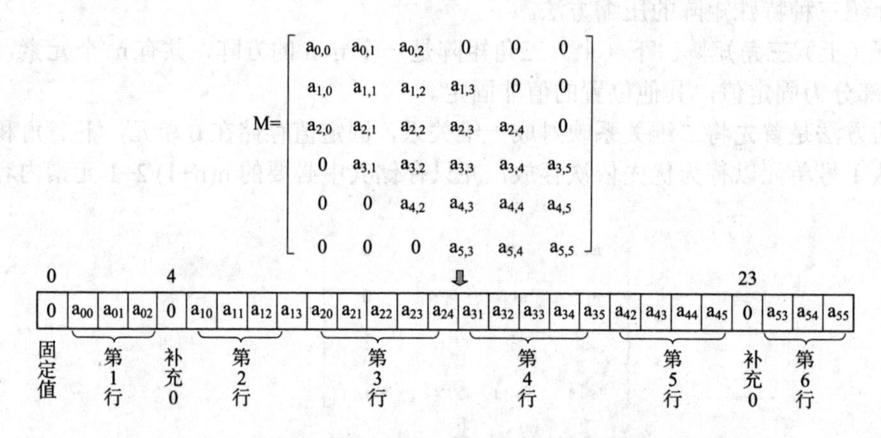

图 4.17　半带宽为 2 的 6 阶对角矩阵一维的映像示意图

对于 n 阶对角矩阵 A 中任意非固定值 $a_{i,j}$ 与对应的一维数组 B 中元素 b_k 的下标之间存在以下关系：

$$k=\begin{cases}(2b+1)i+j-i+1, |j-i|\leqslant b\\ 0, 其他\end{cases}$$

3．稀疏矩阵的压缩存储

对稀疏矩阵来说，若以二维数组存储则会产生以下问题：

（1）零元素占了很大空间。

（2）计算中进行了很多和零值的运算，遇除法，还需判别除数是否为 0。

因此，稀疏矩阵一般要采取压缩方法存取。稀疏矩阵的压缩存储方法有三元组表示法和十字链表表示法等。这里只介绍三元组表示法。对其他压缩方法感兴趣的读者可以参考书后参考文献所列书籍。

由于矩阵中的每个元素都是由行号和列号唯一确定的，因此，稀疏矩阵中每个非零元素可以用三项内容（称为“三元组”）表示，形式为

（i,j,value）

其中，i 表示行号，j 表示列号，value 表示非零元素的值。

三元组表示法就是用三元组（i，j，value）表示稀疏矩阵中的所有非零元素，并将它们按以行为优先的顺序存放在一个一维数组中。如图 4.18 所示是稀疏矩阵及对应的三元组。

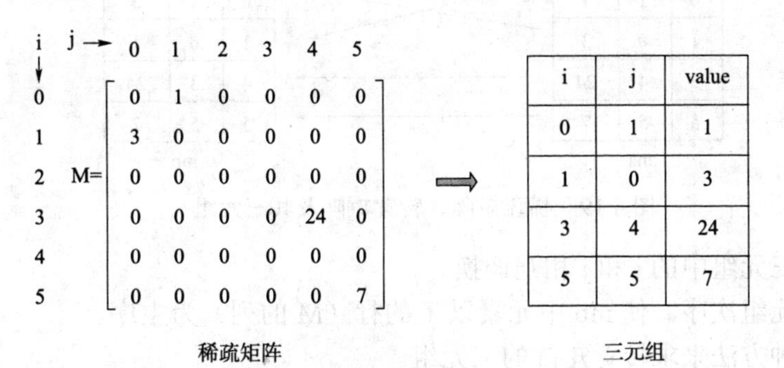

i	j	value
0	1	1
1	0	3
3	4	24
5	5	7

图 4.18　稀疏矩阵对应的三元组

在 C 语言中，三元组的类型定义如下：

```
#三元组结点
class Node:                            #结点类
    def __init__(self,i=0,j=0,v=1):
        self.i=i
        self.j=j
        self.v=v
#三元组
class TriTuple:
    def __init__(self,elem=None,nx=0,ny=0,tu=0):
        self.elem=elem                 #存储元素的列表
        self.nx=nx                     #行数
        self.ny=ny                     #列数
        self.tu=tu                     #非零元素的个数
```

4.2.4　矩阵转置

下面探讨用三元组表示的稀疏矩阵的转置问题，即求该矩阵的转置矩阵对应的三元组表。

记 M 表示稀疏矩阵，ma 表示 M 对应的三元组，T 表示转置矩阵，mb 表示 T 对应的三元组。如图 4.19 所示是稀疏矩阵、转置矩阵及它们对应的三元组。

解决思路：

（1）将矩阵行、列维数互换。

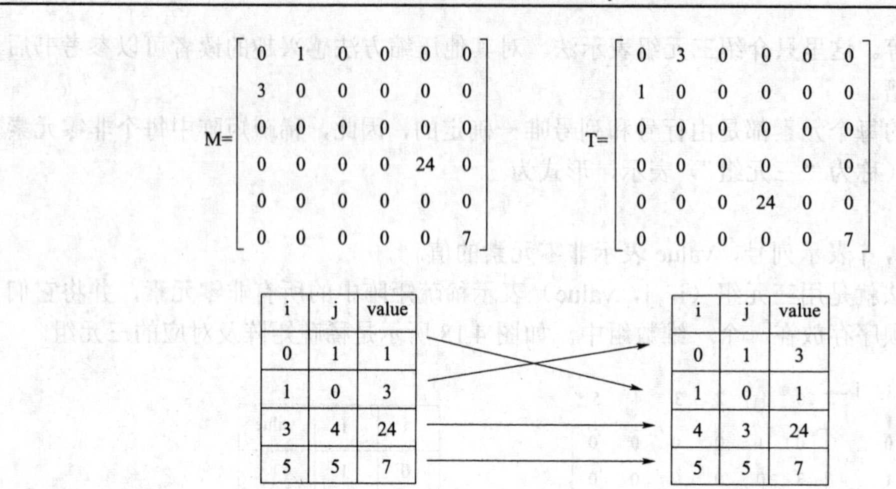

图 4.19　稀疏矩阵、转置矩阵及其三元组

（2）将每个三元组中的 i 和 j 相互调换。

（3）重排三元组次序，使 mb 中元素以 T 的行（M 的列）为主序。

下面采用两种方法来求转置矩阵的三元组。

方法 1：按 M 的列序转置。

由于 T 中的行序是 M 中的列序，因此，按 M 的列序转置，所得到的转置矩阵 T 对应的三元组 mb 必定是按行优先存放的。

具体实现时，对 M 中的每一列 col（0≤col≤n−1），通过从头至尾扫描三元组 ma.data，找到与 col 相等的所有列号对应的三元组，将它们的行号和列号交换后依次放入 mb.data 中，这样便可得到 T 的按行优先的三元组表示。

```
#转置 M-->T
def transMatrix(M):
    if (M.tu==0): return None
    T=TriTuple()
    T.nx=M.ny; T.ny=M.nx; T.tu=M.tu
    initTriTuple(T,M.tu)
    q=0
    for col in range(0,M.ny):
        for p in range(0,M.tu):
            if(M.elem[p].j==col):
                T.elem[q].i=M.elem[p].j;
                T.elem[q].j=M.elem[p].i
                T.elem[q].v=M.elem[p].v
                q=q+1
    return T
```

本算法的时间复杂度为 O（nu*tu），即与矩阵的列数和非零元的个数的乘积成正比。

当非零元素的个数 tu 和 m*n 同数量级时，算法 transMatrix1 的时间复杂度为 O（$m*n^2$）。显然在这种情况下，按照算法 transMatrix1 尽管节省了存储空间，但时间复杂度比一般矩阵转置的算法还要复杂。因此，此算法 transMatrix1 仅适用于 tu 小于 m*n 的情况。

方法 2：快速转置。

按照 ma.data 中三元组的次序进行转置，并将转置后的三元组置入 mb.data 中的恰当位置。如果能求得 M 中每一列非零元素的个数，就可计算出每一列的第一个非零元素在 mb.data 中应有的位置，那么在对 ma.data 中的三元组转置时，便可直接放到 mb.data 中的相应位置。

因此实现过程需要附设 num 和 cpot 两个数组。num[col]记录矩阵 M 中第 col 列中非零元素的个数；cpot[col]记录 M 中第 col 列第一个非零元素在 mb 中的位置。

```
cpot[0]=0;
cpot[col]=cpot[col-1]+num[col-1];   (1≤col≤a.nu-1)
```

如图 4.20 所示是稀疏矩阵及其对应的 num[.]和 cpot[.]值。

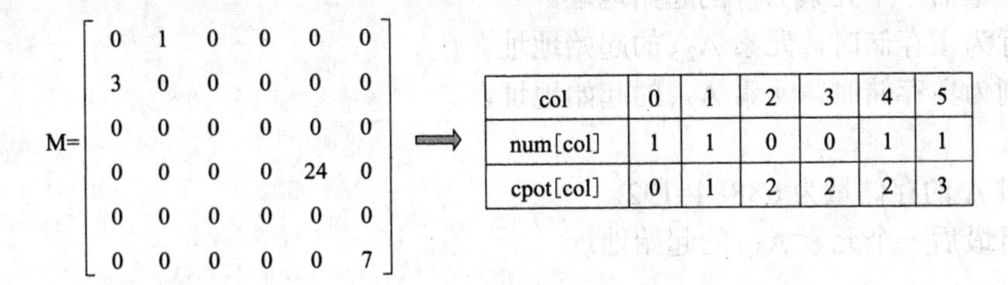

$$M=\begin{bmatrix} 0 & 1 & 0 & 0 & 0 & 0 \\ 3 & 0 & 0 & 0 & 0 & 0 \\ 0 & 0 & 0 & 0 & 0 & 0 \\ 0 & 0 & 0 & 0 & 24 & 0 \\ 0 & 0 & 0 & 0 & 0 & 0 \\ 0 & 0 & 0 & 0 & 0 & 7 \end{bmatrix}$$

col	0	1	2	3	4	5
num[col]	1	1	0	0	1	1
cpot[col]	0	1	2	2	2	3

图 4.20　稀疏矩阵 M 对应的 num 和 cpot

具体算法如下：

```
#快速转置
def fastTransMatrix(M):
    if (M.tu==0): return None
    num=np.zeros(M.ny,dtype="int16")
    cpot=np.zeros(M.ny,dtype="int16")
    T=TriTuple()
    T.nx=M.ny; T.ny=M.nx; T.tu=M.tu
    initTriTuple(T,M.tu)
    col=0;t=0
    for  col in range(0,M.ny): num[col]=0
    for  t in range(0,M.tu):
        num[M.elem[t].j]=num[M.elem[t].j]+1
    #求 M 中每一列非零元素的个数
    cpot[0]=0;#第 0 个非零元素在 mb.elem 中的序号
    print("num=",num)
    for  col in range(1,M.ny):
        cpot[col]=cpot[col-1]+num[col-1]
    print("cpot=",cpot)
    for  p in range(0,M.tu):
        col=M.elem[p].j
        q=cpot[col]
        T.elem[q].i=M.elem[p].j
        T.elem[q].j=M.elem[p].i
```

```
        T.elem[q].v=M.elem[p].v
        cpot[col]=cpot[col]+1
    return T
```

本算法时间复杂度为 O（M.nu+M.tu）。在 M 的非零元素个数 tu 和 mu×nu 等数量级时，其时间复杂度为 O（mu×nu），和前面算法的时间复杂度相同。

4.2.5 数组的应用举例

【例 4.3】 设有一个二维数组 $A_{6,8}$，每个数据元素占 4 个字节，元素 $A_{0,0}$ 的起始地址为 100，计算：

（1）数组 A 的存储量。

（2）数组最后一个元素 $A_{5,7}$ 的起始地址。

（3）以行为主存储时，元素 $A_{2,5}$ 的起始地址。

（4）以列为主存储时，元素 $A_{2,5}$ 的起始地址。

解：

（1）数组 A 的存储量为 6×8×4=192。

（2）数组最后一个元素 $A_{5,7}$ 的起始地址

$$\mathrm{Loc}(A_{i,j})=\mathrm{Loc}(A_{0,0})+(in+j)L=100+(5\times8+7)\times4=288$$

（3）以行为主存储时，元素 $A_{2,5}$ 的起始地址

$$\mathrm{Loc}(A_{i,j})=\mathrm{Loc}(A_{0,0})+(in+j)L=100+(2\times8+5)\times4=184$$

（4）以列为主存储时，元素 $A_{2,5}$ 的起始地址

$$\mathrm{Loc}(A_{i,j})=\mathrm{Loc}(A_{0,0})+(jm+i)L=100+(5\times6+2)\times4=228$$

【例 4.4】 设有一个稀疏矩阵 M 如图 4.21 所示。

要求：

（1）写出稀疏矩阵 M 的转置矩阵 T。

（2）写出 M 和 T 对应的三元组表。

（3）写出 FastTransMatrix 算法下数组 num 和数组 cpot 的结果。

解：

（1）稀疏矩阵 M 的转置矩阵 T 如图 4.22 所示。

$$M=\begin{bmatrix}0&1&0&0&0&0\\3&0&0&0&0&0\\0&0&0&0&5&0\\0&0&6&0&0&0\\0&0&0&0&0&0\\0&0&0&0&0&7\end{bmatrix}$$

图 4.21　稀疏矩阵 M

$$T=\begin{bmatrix}0&3&0&0&0&0\\1&0&0&0&0&0\\0&0&0&6&0&0\\0&0&0&0&0&0\\0&0&5&0&0&0\\0&0&0&0&0&7\end{bmatrix}$$

图 4.22　稀疏矩阵 M 的转置矩阵 T

（2）M 和 T 对应的三元组表如图 4.23 所示。

（3）FastTransMatrix 算法下数组 num 和数组 cpot 的结果如图 4.24 所示。

i	j	value
0	1	1
1	0	3
2	4	5
3	2	6
5	5	7

（a）M的三元组

i	j	value
0	1	3
1	0	1
2	3	6
4	2	5
5	5	7

（b）T的三元组

图 4.23 M 和 T 对应的三元组表

【例 4.5】 已知稀疏矩阵 A 和 B 均采用三元组表示，试编写矩阵相加的算法，结果保存在三元组 C 中。

col	0	1	2	3	4	5
num[col]	1	1	1	0	1	1
cpot[col]	0	1	2	3	3	4

图 4.24 稀疏矩阵 M

分析：

首先举例说明稀疏矩阵 A 和矩阵 B 相加得到矩阵 C 所对应的矩阵及三元组，如图 4.25 所示。图中 MA、MB 和 MC 分别是稀疏矩阵 A、B 和 C 对应的三元组。

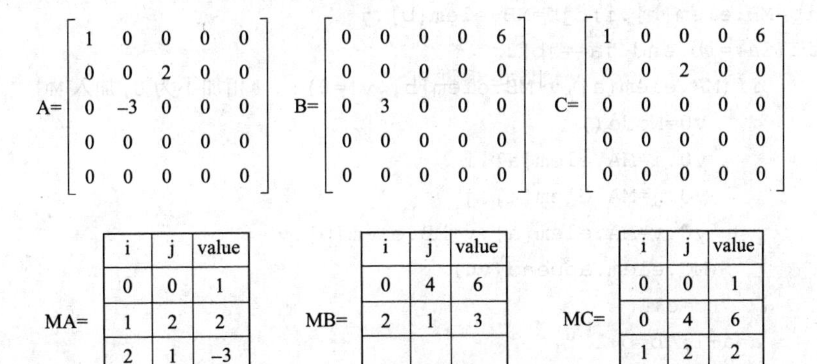

$$A=\begin{bmatrix}1&0&0&0&0\\0&0&2&0&0\\0&-3&0&0&0\\0&0&0&0&0\\0&0&0&0&0\end{bmatrix}\quad B=\begin{bmatrix}0&0&0&0&6\\0&0&0&0&0\\0&3&0&0&0\\0&0&0&0&0\\0&0&0&0&0\end{bmatrix}\quad C=\begin{bmatrix}1&0&0&0&6\\0&0&2&0&0\\0&0&0&0&0\\0&0&0&0&0\\0&0&0&0&0\end{bmatrix}$$

MA=

i	j	value
0	0	1
1	2	2
2	1	–3

MB=

i	j	value
0	4	6
2	1	3

MC=

i	j	value
0	0	1
0	4	6
1	2	2

图 4.25 稀疏矩阵 A 和矩阵 B 相加得到矩阵 C

从图 4.21 可知，矩阵相加就是将两个矩阵中同一位置的元素值相加。

基本思路如下：

（1）设置三个指针 a、b、c，分别指向三元组 MA、MB、MC，初始值均为 0。

（2）比较 MA->data[a].i 与 MA->data[b].i，MA->data[a].j 与 MA->data[b].j。为了讨论便利，记 ia=MA->data[a].i，ib=MA->data[b].i，ja=MA->data[a].j，jb=MA->data[b].j。下面分三种情况讨论。

1）ia=ib，并且 ja=jb。

若 tt=MA->data[a].value+MA->data[b].value 不等于 0，则将三元组（ia，ja，tt）插入 MC，指针 c 增加 1。

2）ia==ib，并且 ja＜jb 或者 ia＜ib。

将 MA 中指针 a 对应的三元组插入 MC，指针 c 增加 1；指针 a 增加 1。

3）ia==ib，并且 ja>jb 或者 ia>ib。

将 MB 中指针 b 对应的三元组插入 MC，指针 c 增加 1；指针 b 增加 1。

重复这种比较直到指针 a 或指针 b 到达对应三元组表末为止。

最后，看 MB 或 MC 中是否存在没有加入 MC 中的三元组，若存在则加入。

具体算法如下：

```
#三元组相加 MC=MA+MB
def addTriTuple(MA,MB):
    if (MA.nx!=MB.nx or MB.ny!=MB.ny): return None
    #相加矩阵的行列须对应相等
    MC=TriTuple()
    MC.elem=[]
    MC.nx=MA.nx                          #矩阵行数
    MC.ny=MA.ny                          #矩阵列数
    a=0; b=0; c=0
    while (a<MA.tu and b<MB.tu):
        #print("a=",a,"b=",b,"c=",c)
        ia=MA.elem[a].i; ja=MA.elem[a].j
        ib=MB.elem[b].i; jb=MB.elem[b].j
        if(ia==ib and ja==jb):
            if(MA.elem[a].v+MB.elem[b].v!=0):  #相加不为 0,加入 MC
                v0=Node()
                v0.i=MA.elem[a].i
                v0.j=MA.elem[a].j
                v0.v=MA.elem[a].v+MB.elem[b].v
                MC.elem.append(v0)
                c=c+1
            a=a+1; b=b+1
        if((ia==ib and ja<jb) or (ia<ib)):
            #将 MA 中的三元组加入 MC
            append1(MC,MA.elem[a])
            a=a+1;c=c+1
        if((ia==ib and ja>jb) or(ia>ib)):
            #将 MB 中的三元组加入 MC
            append1(MC,MB.elem[b])
            b=b+1;c=c+1
    while (a<MA.tu):  #将 MA 中的剩余三元组加入 MC
            append1(MC,MA.elem[a])
            a=a+1;c=c+1
    while (b<MB.tu):  #将 MB 中的剩余三元组加入 MC
            append1(MC,MB.elem[b])
            b=b+1;c=c+1
    MC.tu=c  #三元组的长度
    return MC
```

4.3 习　题

1. 选择题

（1）若串 S=“software”，其子串的数目是________。

A. 8　　B. 37

C. 36　　D. 9

（2）串的长度是指________。

A. 串中所含不同字母的个数　　B. 串中所含字符的个数

C. 串中所含不同字符的个数　　D. 串中所含非空格字符的个数

（3）一维数组和线性表的区别是________。

A. 前者长度固定，后者长度可变　　B. 后者长度固定，前者长度可变

C. 两者长度均固定　　D. 两者长度均可变

（4）数组 $A_{8\times10}$ 中每个元素 A 的长度为 3 个字节，下标从 1 开始，首地址为 A_0，则按行存放时，元素 A[8][5]的起始地址为________。

A. A_0+141　　B. A_0+144

C. A_0+222　　D. A_0+225

（5）设有一个 10 阶的对称矩阵，采用压缩存储方式，以行序为主存储，a[1][1]为第一个元素，其存储地址为 1，每个元素占 1 个地址空间，则 a[8][5]的地址为________。

A. 13　　B. 33

C. 18　　D. 40

2. 计算题

（1）设有一个二维数组 A[0:6,0:7]，每个数组元素占 6 个字节空间，假定数组元素 A[0,0]的首地址是 0，试计算：

1）数组所占总的存储空间。

2）存储数组 A 的最后一个元素的地址。

3）若按行存储，则 A[2,4]的第一个字节的地址。

4）若按列存储，则 A[5,7]的第一个字节的地址。

（2）设有三维数组 A[–2:4,0:3,–5:1]按列序存放，数组的起始地址为 1210，试求 A（1,3,–2）所在的地址。

（3）设矩阵

$$A=\begin{bmatrix}2&0&0&3\\0&0&5&0\\0&5&0&0\\3&0&0&0\end{bmatrix}$$

若将 A 视为对称矩阵，画出对其压缩存储的映像图，并讨论如何存取 A 中元素 a_{ij}（$0\leqslant i, j<4$）；

若将 A 视为稀疏矩阵，画出 A 的三元组及对应的 num 和 cpot 数组的值。

（4）设矩阵

$$A=\begin{bmatrix} a_{1,1} & 0 & \cdots & 0 & \cdots & 0 & a_{1,n} \\ 0 & a_{2,2} & \cdots & & & a_{2,n-1} & 0 \\ \cdots & \cdots & \cdots & \cdots & \cdots & 0 & \cdots \\ 0 & \cdots & \cdots & a_{\frac{n+1}{2},\frac{n+1}{2}} & & \cdots & 0 \\ \cdots & \cdots & \cdots & \cdots & \cdots & \cdots & \cdots \\ 0 & 0 & \cdots & \cdots & \cdots & a_{n-1,n-1} & 0 \\ a_{n,1} & 0 & \cdots & \cdots & \cdots & 0 & a_{n,n} \end{bmatrix}$$

如果用一维数组 B 按行主次序存储 A 的非零元素，问：

1）A 中非零元素的行下标与列下标的关系。

2）给出 A 中非零元素 a_{ij} 的下标（i，j）与 B 中的下标 R 的关系。

3）假定矩阵中每个元素占一个存储单元且 B 的起始地址为 A_0，给出利用 a_{ij} 的下标（i，j）定位在 B 中的位置公式。

3．编程题

编写程序判断字符串 s 是否对称，对称则返回 1，否则返回 0。如“abba”为对称串，“abab”为非对称串。

第5章 树和二叉树

- 理解树的概念及 ADT 描述。
- 掌握树的存储结构。
- 理解二叉树的概念及 ADT 描述。
- 理解二叉树的性质。
- 掌握二叉树的存储结构。
- 掌握二叉树的遍历及应用。
- 掌握树、森林与二叉树的转换。
- 掌握树和森林的遍历及应用。
- 掌握哈夫曼树的含义及应用。

5.1 树

5.1.1 树的概念及 ADT 描述

1. 树的定义

树是一种常用的非线性结构。通常采用递归方式来定义树，定义如下：

（1）树是 n（n≥0）个结点的有限集合。

（2）若 n=0，则称为空树。

（3）如果 n>0，n 个结点中有且仅有一个特定的结点作为树的根结点（简称为根），当 n>1 时，其余结点被分成 m（m>0）个互不相交的子集 $T_1,T_2,\cdots,T_m$，每个子集本身又是符合本定义的一棵树。

2. 树的表示方法

常见的树的表示方法有树形表示法、文氏图表示法和括号表示法等。其中，树形表示法是最常用的表示法。

（1）树形表示法。这是树的最基本的表示，使用一棵倒置的树表示树结构。这种表示方法非常直观和形象。图 5.1（a）就是一种采用这种表示法表示的树。

（2）文氏图表示法。使用集合以及集合的包含关系描述树结构。图 5.1（b）就是与图 5.1（a）所示树对应的文氏图。

（3）括号表示法。将树的根结点写在括号的左边，除根结点之外的其余结点写在括号中并用逗号间隔来描述树结构。如图 5.1（a）所示的树使用括号表示法可表示如下：

a(b(e(h),f),c,d(g))

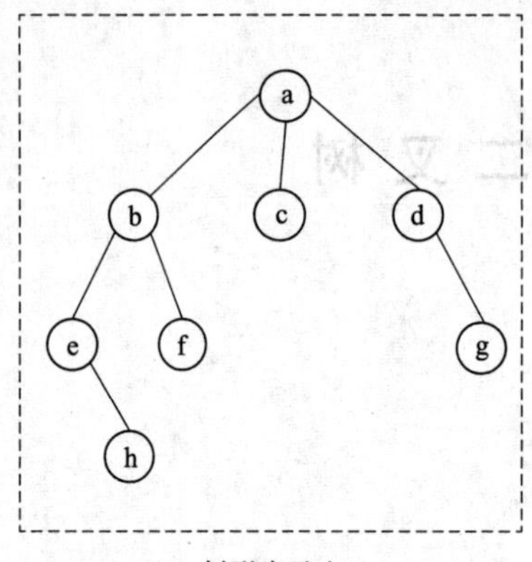

（a）树形表示法

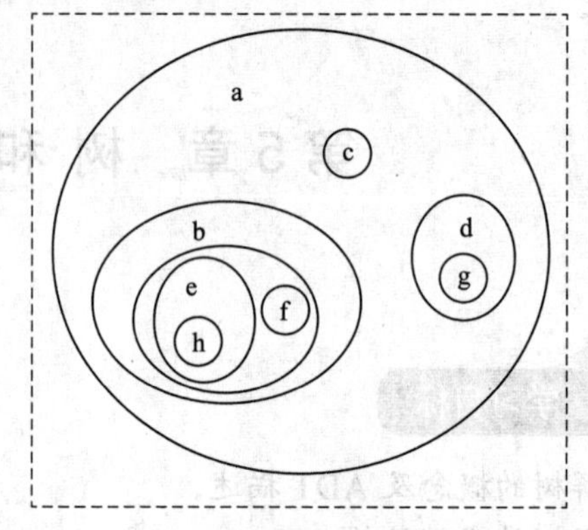

（b）文氏图表示法

a(b(e(h),f),c,d(g))

（c）括号表示法

图 5.1　树的表示法

3. 基本概念

（1）结点：表示树中的元素，包括数据项及若干指向其子树的分支。

（2）结点的度：结点的分支数（子树数）。

（3）终端结点（叶子）：度为 0 的结点。

（4）非终端结点：度不为 0 的结点。

（5）树的度：树中所有结点度的最大值。通常将度为 m 的树称为 m 次树。

（6）结点的层次：树中根结点的层次为 1，根结点子树的根为第 2 层，以此类推。

（7）树的深度：树中所有结点的层次的最大值。

（8）有序树和无序树：如果树中每棵子树从左向右的排列拥有一定的顺序，不得互换，则称为有序树，否则称为无序树。

（9）森林：是 m（m≥0）棵互不相交的树的集合。

在树结构中，结点之间的关系又可以用家族关系描述，定义如下：

（1）孩子、双亲结点：一个结点的子树的根称为这个结点的孩子，而这个结点又被称为孩子的双亲。

（2）子孙：以某结点为根的子树中的所有结点都被称为是该结点的子孙。

（3）祖先：从根结点到一个结点的路径上的所有结点称为该结点的祖先。

（4）兄弟：同一个双亲的孩子之间互为兄弟。

（5）堂兄弟：双亲在同一层的结点互为堂兄弟，即互为兄弟的结点的孩子。

（6）路径与路径长度：对于任意两个结点 k_i 和 k_j，若树中存在一个结点序列 $k_i–k_{i1}–k_{i2}–\cdots–k_{in}–k_j$，使得序列中除 k_i（或 k_j）结点都是其在序列中的前一个结点的后继（或前驱），则称该结点序列为由 k_i 到 k_j 的一条路径。通常用路径所通过的结点序列（$k_i–k_{i1}–k_{i2}–\cdots–k_j$）表示这条路径。路径的长度是路径上的分支数目，等于路径所通过的结点数目减 1。

下面以图 5.1（a）所示的树来举例说明。

（1）树中有8个结点，即a、b、c、d、e、f、g、h。

（2）结点a的度为3，结点b的度为2，结点c和结点d的度为1，结点c、f、g、h的度均为0，这4个结点为叶子结点。

（3）树的度数为3；树的深度为4。

（4）结点a为树的根结点，结点b、c、d是其儿子，它们互为兄弟；结点b是结点e、f的双亲，结点e、f是结点b的孩子，它们互为兄弟；结点d是结点g的双亲，结点g是结点d的孩子；结点e或结点f与结点g互为堂兄弟。

（5）结点a和结点h之间的路径为a-b-e-h，路径长度为3；结点a和结点g之间的路径为a-d-g，路径长度为2；结点b和结点d之间不存在路径。

4．树的基本运算及ADT描述

树的基本操作如下：

（1）构造一个树createTree（T）。

（2）清空以T为根的树clearTree（T）。

（3）判断树是否为空isEmpty（T）。

（4）获取给定结点的第i个孩子getChild（T,node,i）。

（5）获取给定结点的双亲getParent（T,node）。

（6）遍历树traverse（T）。

树的ADT描述如下：

```
ADT Tree{
    数据对象D:D是具有相同特性的数据元素的集合。
    数据关系R:若D为空集,则称为空树。
```

若D仅含一个元素，则称R为空集，否则R={H}，H是如下二元关系：

（1）D中存在唯一的称为根的数据元素root，它在关系H下无前驱。

（2）若D-{root}≠Φ，则存在D-{root}的一个划分$D_1,D_2,\cdots,D_m$（m＞0），对任意j≠k（1≤j,k≤m）有$D_j \cap D_k=\Phi$，且对任意的i（1≤i≤m）存在唯一元素$x_i \in D_i$，有$<root,x_i> \in H$。

（3）若D-{root}划分，H-$\{<root,x_1>,<root,x_2>,\cdots,<root,x_m>\}$有唯一的一个划分$H_1,H_2,\cdots,H_m$，对任意j≠k（1≤j,k≤m）有$H_j \cap H_k=\Phi$，且对任意的i（1≤i≤m），$H_i$是$D_i$上的二元关系，$(D_i,\{H_i\})$是一棵符合本定义的树，称为根root的子树。

基本操作：

```
initTree(&T)
    操作结果：构造空树T
......
}ADT Tree
```

5.1.2 树的存储结构

1．双亲表示法

树的双亲表示法主要描述的是结点的双亲关系。这种存储结构是一种顺序存储结构，使用一组连续空间存储树的所有结点，每个结点包含结点内容信息和指示其双亲结点的位置的信息。按照这种表示法，图5.1（a）所示的树对应的结果如图5.2所示。

这种存储方法的优点是寻找双亲结点很容易，不足之处是寻找孩子结点比较困难。

2. 孩子表示法

孩子表示法主要描述的是结点的孩子关系。由于每个结点的孩子个数不定，因此利用链式存储结构存在孩子信息比较适宜。按照这种表示法，如图 5.1（a）所示的树对应的结果如图 5.3 所示。

下标	info	parent
0	a	−1
1	b	0
2	c	0
3	d	0
4	e	1
5	f	1
6	g	3
7	h	4

图 5.2　树的双亲表示法

下标	info	firstchild
0	a	→ 1 → 2 → 3 ^
1	b	→ 4 → 5 ^
2	c	^
3	d	→ 6 ^
4	e	→ 7 ^
5	f	^
6	g	^
7	h	^

图 5.3　树的孩子表示法

与双亲表示法相反的是，这种存储结构的优点是寻找孩子结点比较容易，不足之处是寻找双亲结点比较困难。

在实际应用中，如果存在同时寻找孩子和双亲的需要时，可以将双亲表示法和孩子表示法结合起来，即在孩子表示法的基础上，在一维数组的元素结点中增加一个表示双亲结点的域 parent，用来指示结点的双亲在一维数组中的位置，如图 5.4 所示。

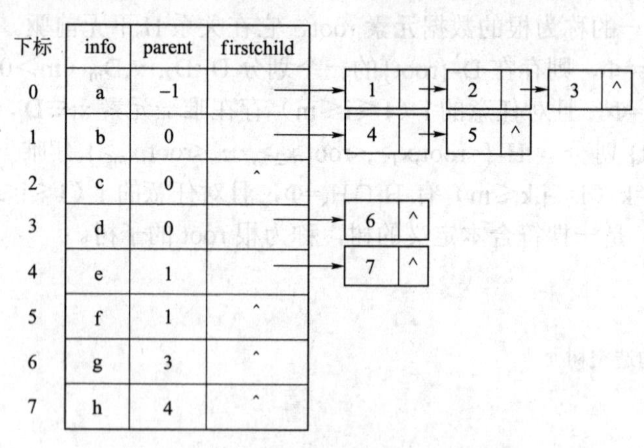

图 5.4　树的孩子表示法和双亲表示法

firstchild	data	nextsibling

图 5.5　树的孩子兄弟表示法的结点示意图

3. 孩子兄弟表示法

孩子兄弟表示法是一种链式存储结构。它通过描述每个结点的一个孩子和兄弟信息来反映结点之间的层次关系，其结点结构如图 5.5 所示。

其中，firstchild 为指向该结点第一个孩子的指针，nextsibling 为指向该结点的下一个兄弟，

data 是数据元素内容。按照这种表示法，如图 5.1（a）所示的树对应的结果如图 5.6 所示。

在这种表示方法下，通过指针 firstchild 可找到结点的第一个孩子，进而通过指针 nextsibling 可以找到第一个孩子的所有兄弟。

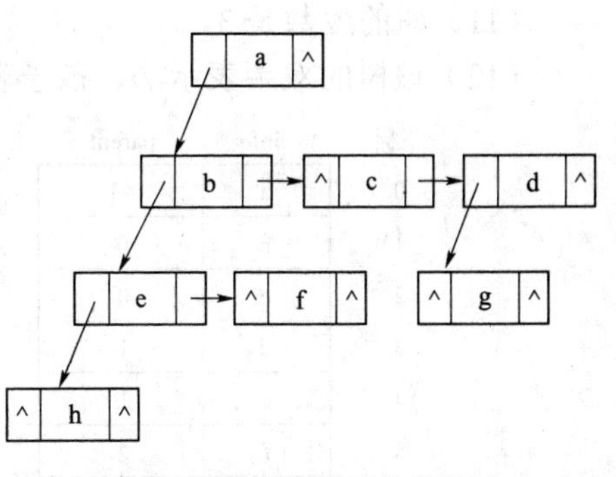

图 5.6 树的孩子兄弟表示法

5.1.3 综合应用举例

【例 5.1】 已知一棵树边的集合为{<e,i>,<b,e>,<b,d>,<a,b>,<g,j>,<g,k>,<c,g>,<c,f>,<c,h>,<a,c>}，画出这棵树，并回答下列问题：

（1）哪个是根结点？

（2）哪个是叶子结点？

（3）哪个是结点 g 的双亲？

（4）哪些是结点 g 的祖先？

（5）哪些是结点 g 的孩子？

（6）哪些是结点 b 的子孙？

（7）哪些是结点 e 的兄弟？哪些是结点 f 的兄弟？

（8）结点 b 和结点 i 的层次分别是什么？

（9）树的深度是多少？

（10）以结点 c 为根的子树的深度是多少？

（11）树的度数是多少？

（12）给出该树的双亲表示法、孩子表示法和孩子兄弟表示法。

注意：

（1）边<a，b>中 a 为父结点，b 为孩子结点。

（2）在画树时，兄弟结点按结点对应的字符顺序排列，即如果某结点的三个孩子对应的字符分别是 a，b，c，则 a 对应的结点为最左孩子，c 对应的结点为最右孩子，b 对应的结点为处在中间。

解： 依题意，树的表示如图 5.7 所示。

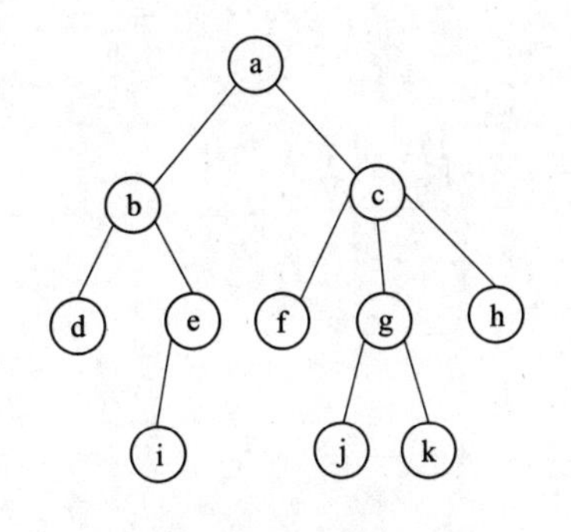

图 5.7 树

从图 5.7 可知：

（1）根结点是 a。

（2）叶子结点是 d、i、f、j、k、h。

（3）g 的双亲是 c。

（4）g 的祖先是 a、c。

（5）g 的孩子是 j、k。

（6）b 的子孙是 d、e、i。

（7）e 的兄弟是 d，f 的兄弟是 g、h。

（8）b 的层次是 2，i 的层次是 4。

（9）树的深度是 4。

（10）以结点 c 为根的子树的深度是 3。

（11）树的度数是 3。

（12）该树的双亲表示法、孩子表示法和孩子兄弟表示法分别如图 5.8～图 5.10 所示。

下标	info	parent
0	a	–1
1	b	0
2	c	0
3	d	1
4	e	1
5	f	2
6	g	2
7	h	2
8	i	4
9	j	6
10	k	6

图 5.8　树的双亲表示法

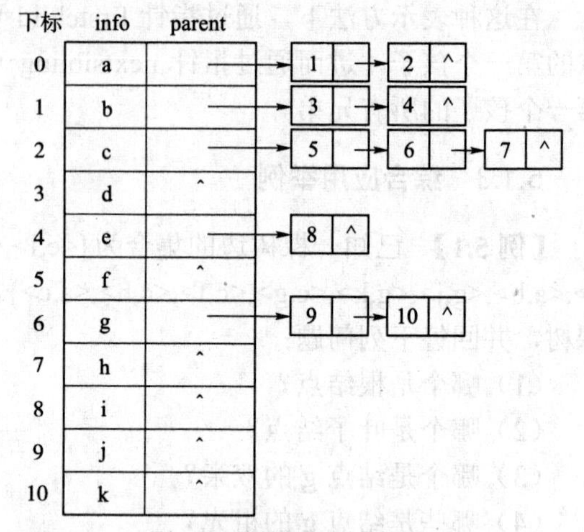

图 5.9　树的孩子表示法

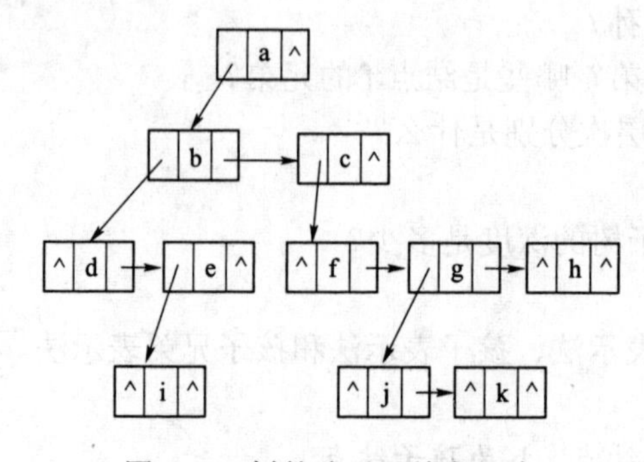

图 5.10　树的孩子兄弟表示法

5.2　二　叉　树

5.2.1　二叉树的概念及 ADT 描述

1. 定义

二叉树是一种特殊的树形结构。其特殊性表现如下：

（1）每个结点最多有两棵子树（分支）。

（2）子树有左右之分。

二叉树也可以用递归的形式定义，如下：

（1）二叉树是 n（n≥0）个结点的有限集合。

（2）当 n=0 时，称为空二叉树。

（3）当 n＞0 时，有且仅有一个结点为二叉树的根，其余结点被分成两个互不相交的子集，一个作为左子集，另一个作为右子集，每个子集又是一个二叉树。

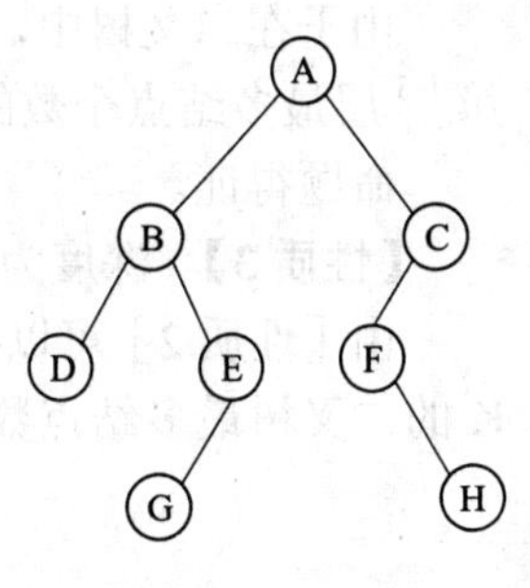

图 5.11 二叉树

图5.11给出了一个包含8个结点的二叉树。

树的基本概念对二叉树同样适用。下面以如图5.11所示的二叉树来说明相关概念。

（1）该二叉树包含8个结点，其中A为根结点，D、G、H为叶子结点；度为2的结点有A、B，度为1的结点有C、E、F。

（2）树的度为2，树的深度为4。

（3）结点B和结点C互为兄弟、结点D和结点E互为兄弟，结点D（或结点E）和结点F互为堂兄弟。

二叉树有5种基本形态，如图5.12所示。任何复杂的二叉树都是这5种基本形态的复合。

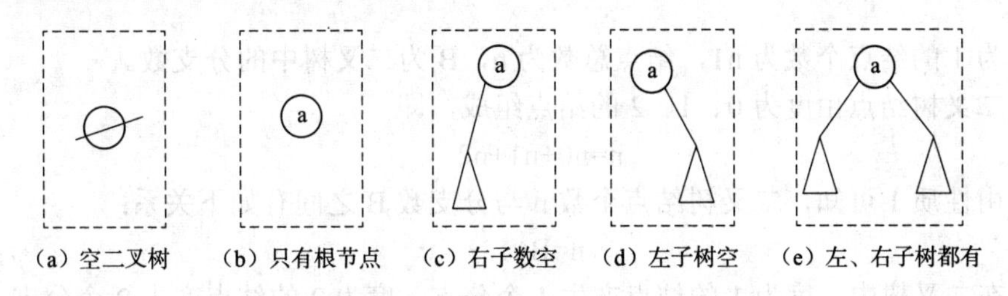

图 5.12 二叉树的5种形态

从定义看到，二叉树是一种特殊的树，其表示法也与树的表示法一样，有树形表示法、文氏图表示法和括号表示法等。

2. 二叉树的基本运算

（1）构造一棵二叉树：CreateBiTree（BT）。

（2）清空以BT为根的二叉树：ClearBiTree（BT）。

（3）判断二叉树是否为空：BiTreeEmpty（BT）。

（4）获取给定结点的左孩子和右孩子：LeftChild（BT，node），RightChild（BT，node）。

（5）获取给定结点的双亲：GetParent（BT，node）。

（6）遍历二叉树：Traverse（BT）。

5.2.2 二叉树的性质

二叉树具有下列6个重要的性质。

【性质1】 具有n个结点的非空二叉树共有n–1个分支。

证明：除了根结点以外，每个结点有且仅有一个双亲结点，且每个结点与其双亲结点之间仅有一个分支存在，因此，具有n个结点的非空二叉树的分支总数为n–1。

命题得证。

【性质2】 在二叉树的第i层上最多有2^{i-1}个结点（i≥1）。

证明：以下使用归纳法证明。

i=1时，第1层只有一个根结点，$2^{i-1}=2^{1-1}=1$成立。

假设对所有的j，1≤j<i成立，即第j层上最多有2^{j-1}个结点。

显然j=i–1时结论也成立，则第i–1层上最多有2^{i-2}个结点。

由于在二叉树中，每个结点的度最大为 2，因此可以推导出第 i 层最多的结点个数就是第 $^{i-1}$ 层最多结点个数的 2 倍，即 $2^{i-2}\times2=2^{i-1}$。

命题得证。

【性质 3】 深度为 K 的二叉树最多有 2^{K-1} 个结点（K≥1）。

由［性质 2］可以得出，在二叉树的第 i 层上最多有 2^{i-1} 个结点（1≤i≤K）。因此深度为 K 的二叉树最多结点数为

$$\sum_{i=1}^{K} 2^{i-1} = 2^{K} - 1$$

【性质 4】 对于任意一棵二叉树 BT，如果度为 0 的结点个数为 n0，度为 2 的结点个数为 n2，则 n0=n2+1。

证明：

假设度为 1 的结点个数为 n1，结点总数为 n，B 为二叉树中的分支数。

首先，二叉树结点由度为 0、1、2 的结点组成，即

$$n=n0+n1+n2 \tag{1}$$

其次，由性质 1 可知，二叉树结点个数 n 与分支数 B 之间有如下关系：

$$n=B+1 \tag{2}$$

再次，在二叉树中，度为 1 的结点产生 1 个分支，度为 2 的结点产生 2 个分支，因此分支数 B 可以表示为

$$B=n1+2\times n2 \tag{3}$$

由式（1）～式（3）得

$$n0=n2+1$$

命题得证。

下面引入两种特殊的二叉树——满二叉树和完全二叉树。

如果一个深度为 K 的二叉树拥有 $2^{K}-1$ 个结点，则称它为满二叉树。如图 5.13 所示的二叉树就是一棵满二叉树。

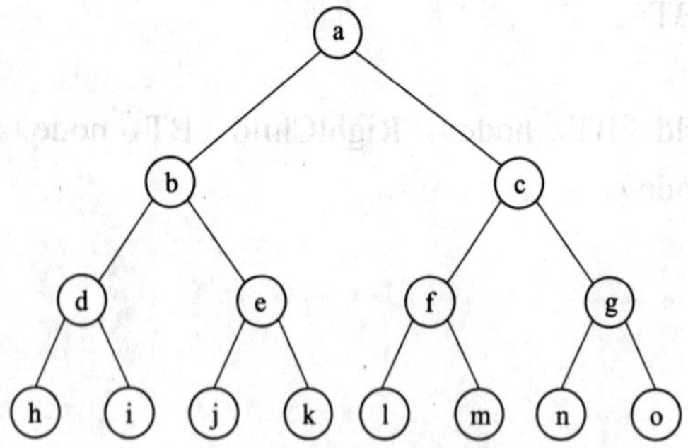

图 5.13　满二叉树

由满二叉树的定义可知其具有如下特点：二叉树中的结点，或者为叶子结点，或者具有两棵非空子树，并且叶子结点都集中在二叉树的最下面一层。

完全二叉树：有一棵深度为 K，具有 n 个结点的二叉树，若将它与一棵同深度的满二叉树中的所有结点按从上到下、从左到右的顺序分别进行编号后，该二叉树中的每个结点分别与满二叉树中编号为 1～n 的结点位置一一对应，则称这棵二叉树为完全二叉树。如图 5.14 所示的二叉树就是一棵完全二叉树。

如图 5.15 所示的二叉树则不是一棵完全二叉树。因为按照编号规则，结点 o 对应的编号为 15 不是 14。

由完全二叉树的定义可知其具有如下特点：在二叉树中只有最下面两层的结点的度可以小于 2，并且最下面一层的结点（叶子结点）都依次排列在该层从左至右的位置上。

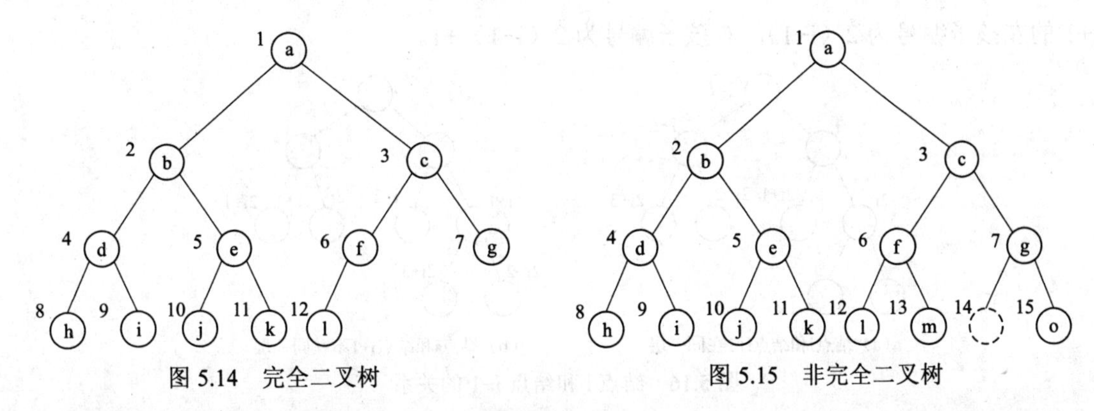

图 5.14　完全二叉树　　　图 5.15　非完全二叉树

【性质 5】 具有 n 个结点的完全二叉树的深度为 $\lfloor \log_2^n \rfloor+1$。其中，$\lfloor \log_2^n \rfloor$ 表示不大于 $\log_2^n$ 的最大整数。

证明：假设具有 n 个结点的完全二叉树的深度为 K，则根据［性质 3］可以得出

$$2^{K-1}-1<n\leqslant 2^{K}-1$$

由此可以推出

$$2^{K-1}\leqslant n<2^{K}$$

不等式两边取对数得到

$$K-1\leqslant \log_2^n \leqslant K$$

因此有

$$\lfloor \log_2^n \rfloor = K-1$$

即

$$K=\lfloor \log_2^n \rfloor+1$$

命题得证。

【性质 6】 如果对一棵有 n 个结点的完全二叉树的结点按从上到下、从左到右的层序编号，则对任一结点（$1\leqslant i\leqslant n$），都有：

（1）如果 i=1，则结点 i 是二叉树的根，无双亲；如果 i>1，则其双亲是 i/2。

（2）如果 2i>n，则结点 i 无左孩子；否则其左孩子是 2i。

（3）如果 2i+1>n，则结点 i 无右孩子；否则其右孩子是 2i+1。

证明：下面利用数学归纳法证明这个性质。

首先证明（2）和（3）。

当 i=1 时，若 n≥3，则根结点的左孩子和右孩子的编号分别是 2、3；若 n=3，则根结点没有右孩子；若 n=1，则根结点没有左孩子和右孩子；以上对于（2）和（3）均成立。

假设对于所有的 1≤j≤i 结论成立，即结点 j 的左孩子编号为 2j，右孩子编号为 2j+1。

由完全二叉树的结构可以看出：结点 i 或者与结点 i+1 同层且紧邻［图 5.16（a）］，或者结点 i 位于某层的最右端，结点 i+1 位于下一层的最左端［图 5.16（b）］。

从图 5.16（a）可以看出，当结点 i 或者与结点 i+1 同层且紧邻时，由于结点 i 的左孩子和右孩子编号分别为 2i、2i+1，因此结点 i+1 的左孩子和右孩子编号分别为 2i+2、2i+3，即结点

i+1 的左孩子编号为 2（i+1），右孩子编号为 2（i+1）+1。

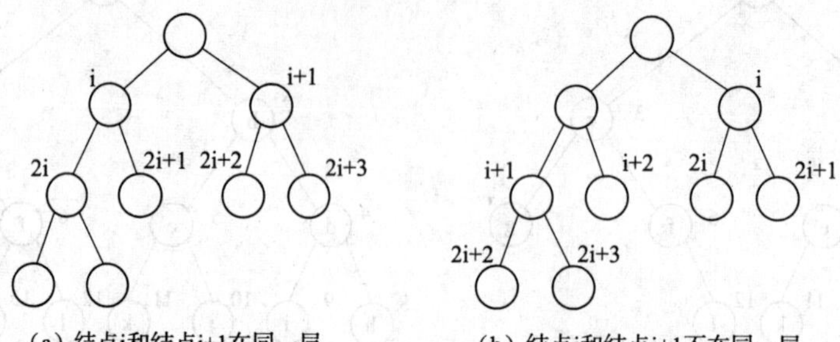

图 5.16　结点 i 和结点 i+1 的关系

从图 5.16（b）可以看出，当结点 i 位于某层的最右端，结点 i+1 位于下一层的最左端时，同样可以得到结点 i+1 的左孩子编号为 2（i+1），右孩子编号为 2（i+1）+1。

又因为二叉树由 n 个结点组成，所以，当 2（i+1）+1＞n，且 2（i+1）=n 时，结点 i+1 只有左孩子，没有右孩子；当 2（i+1）＞n，结点 i+1 既没有左孩子也没有右孩子。

以上证明得到（2）和（3）成立。

下面利用上面的结论证明（1）。

对于任意一个结点 i，若 2i≤n，则左孩子的编号为 2i，反过来结点 2i 的双亲就是 i，而 2i/2=i；若 2i+1≤n，则右孩子的编号为 2i+1，反过来结点 2i+1 的双亲就是 i，而（2i+1）/2=i，由此可以得出（1）成立。

命题得证。

5.2.3　二叉树的存储结构

二叉树也可以采用两种存储方式：顺序存储结构和链式存储结构。

1．顺序存储结构

顺序存储结构适用于完全二叉树。其存储形式为：用一组连续的存储单元按照完全二叉树的每个结点编号的顺序存放结点内容。图 5.17 给出了一棵二叉树及其相应的存储结构。

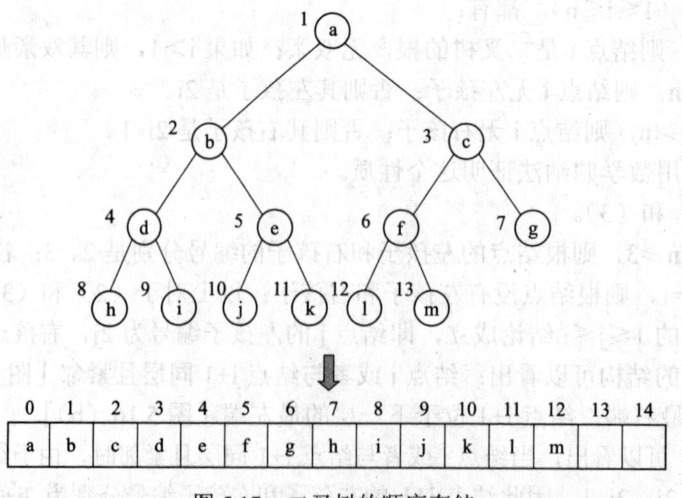

图 5.17　二叉树的顺序存储

对一般二叉树如果采用这种存储方法，则必须仿照完全二叉树那样存储，即在二叉树中“添加”一些并不存在的“虚结点”，使其在形式上成为一棵“完全二叉树”，然后按照完全二叉树的顺序存储结构的构造方法将所有结点的数据信息依次存放于数组中，如图 5.18 和图 5.19 所示的虚线圆圈结点即为“虚结点”。这样一来可能会浪费很多存储空间，尤其对单支树（退化二叉树）来说浪费极为严重。

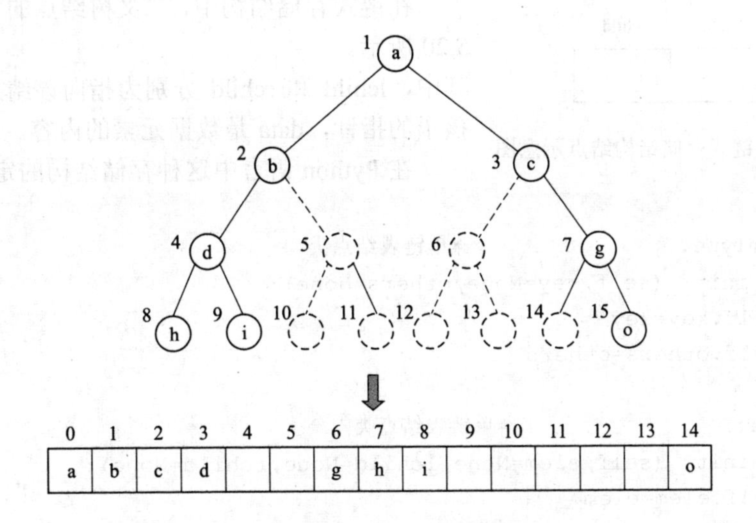

图 5.18 非完全二叉树的顺序存储

图 5.18 所示非完全二叉树的顺序存储中，分配空间为 15 单位，结点占用实际 8 单位，空间浪费率接近 50%。

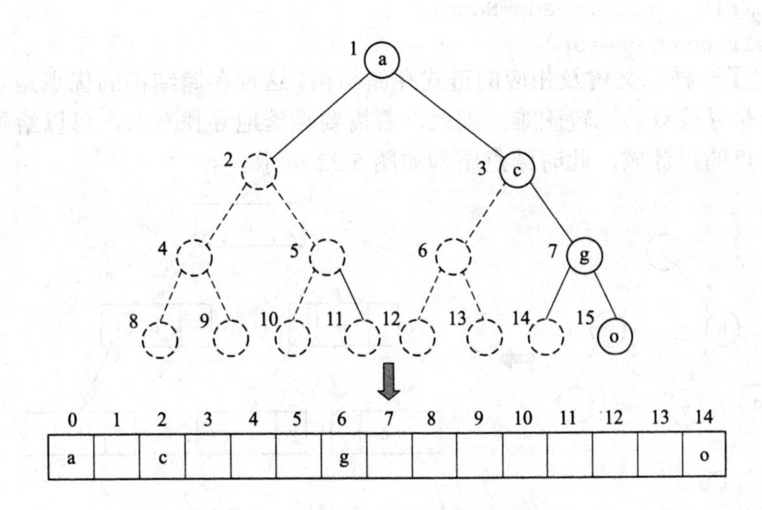

图 5.19 退化二叉树的顺序存储

如图 5.19 所示退化二叉树的顺序存储中，分配空间为 15 单位，结点占用实际 4 单位，空间浪费率接近 75%。

显然基于上述存储机制，构造完全二叉树以及在此基础上查找结点的孩子或双亲的操作实现起来比较简单。

2. 链式存储结构

在顺序存储结构中，利用编号表示元素的位置及元素之间孩子或双亲的关系，因此对于非完全二叉树，需要将空缺的位置用特定的符号填补，若空缺结点较多，势必造成空间利用率的下降。在这种情况下，就应该考虑使用链式存储结构。

lchild	data	rchild

图 5.20　二叉树的链式存储结构结点示意图

在链式存储结构中，二叉树结点的常见结构如图 5.20 所示。其中，lchild 和 rchild 分别为指向该结点左孩子和右孩子的指针，data 是数据元素的内容。

在 Python 语言中这种存储结构的定义如下：

```
#结点类定义
class ElemType:                       #单链表结点类
    def __init__(self,key=None,others=None):
        self.key=key
        self.others=others

class Node:                         #单链表结点类
    def __init__(self,elem=None,lchild=None,rchild=None):
        self.elem=elem
        self.lchild=lchild
        self.rchild=rchild

class BTree:          #二叉树由 headp 指向
    def __init__(self,headp=None):
        self.headp=headp
```

图 5.21 给出了一棵二叉树及相应的链式存储结构。这种存储结构的优点是寻找孩子结点容易，不足之处是寻找双亲比较困难。因此，若需要频繁地寻找双亲，可以给每个结点添加一个指向双亲结点的指针域，此时结点结构如图 5.22 所示。

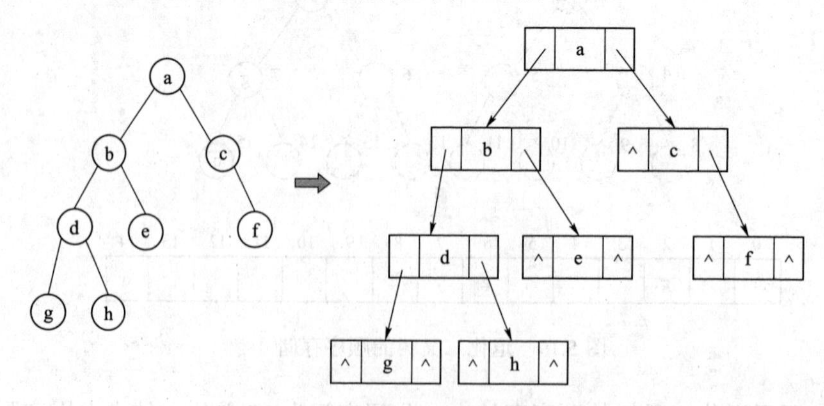

图 5.21　一棵二叉树及相应的链式存储结构

如图 5.21 所示二叉树对应的带父结点指针的链式存储结构如图 5.23 所示。

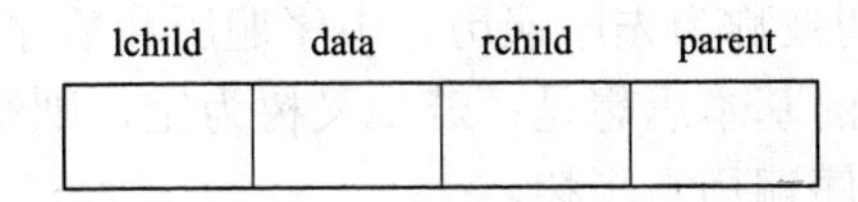

图 5.22　带父结点指针的二叉树的链式存储结构结点示意图

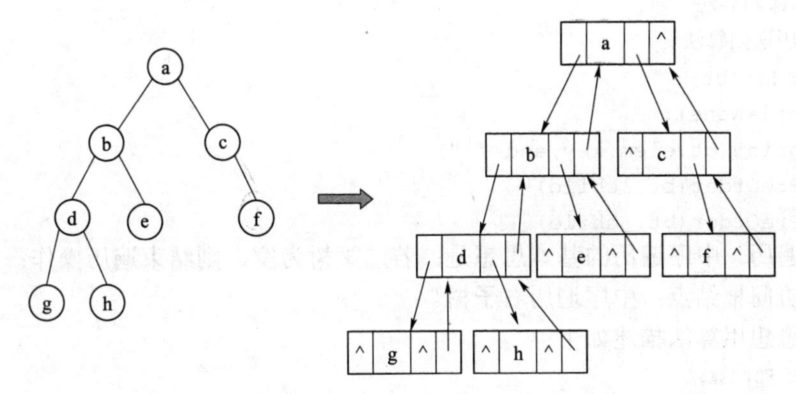

图 5.23　带父结点指针的二叉树的链式存储结构结点示意图

5.2.4　遍历二叉树

遍历二叉树就是指按某种规则访问二叉树中的每个结点一次且仅一次的过程。

访问是指输出、比较、更新、查看元素内容等各种操作，注意在访问过程中不能破坏二叉树的数据结构。

例如，假设一棵二叉树存储着有关人事方面的信息，每个结点含有姓名、性别、学历、工资等信息。管理和使用这些信息时可能需要进行如下操作：

（1）将每个人的工资提高 10%。

（2）将学历为硕士及以上人员的基本工资增加 50 元。

（3）打印每个人的姓名和工资。

（4）求干部平均工资和工人平均工资。

因此：

对于（1）或（2），访问是对工资值进行修改的操作。

对于（3），访问的含义是打印该结点的信息。

对于（4），访问只是检查和统计。

二叉树的遍历方式分为两大类：一类按根、左子树和右子树三个部分进行访问；另一类按层次访问。下面将分别讨论这两种类型访问。

1．按根、左子树和右子树三部分进行遍历

在这种方式下，遍历二叉树的顺序存在下面 6 种可能：

TLR（根左右），TRL（根右左）

LTR（左根右），RTL（右根左）

LRT（左右根），RLT（右左根）

其中，TRL、RTL 和 RLT 三种遍历顺序在左右子树之间均是先右子树后左子树，这与人们先左后右的习惯不同，因此，在二叉树的遍历中往往不采用这三种顺序。根据访问根的次序不同可将 TLR、LTR 和 LRT 分别被称为先序遍历、中序遍历和后序遍历。

（1）先序遍历。先序遍历的基本思想是：若二叉树为空，则结束遍历操作；否则，访问根结点；先序遍历左子树；先序遍历右子树。

上述遍历思想用算法描述如下：

```
//先序遍历递归算法
#3.先序遍历递归算法
def PreOrder(bt):
    if (bt!=None):
        print(bt.elem.key,end=" ")
        PreOrder(bt.lchild)
        PreOrder(bt.rchild)
```

（2）中序遍历。中序遍历的基本思想是：若二叉树为空，则结束遍历操作；否则，中序遍历左子树；访问根结点；中序遍历右子树。

上述遍历思想用算法描述如下：

```
#4.中序遍历递归算法
def InOrder(bt):
    if (bt!=None):
        InOrder(bt.lchild)
        print(bt.elem.key,end=" ")
        InOrder(bt.rchild)
```

（3）后序遍历。后序遍历的基本思想是：

若二叉树为空，则结束遍历操作；否则，后序遍历左子树；后序遍历右子树；访问根结点。

上述遍历思想用算法描述如下：

```
//后序遍历递归算法
#5.后序遍历递归算法
def PostOrder(bt):
    if (bt!=None):
        PostOrder(bt.lchild)
        PostOrder(bt.rchild)
        print(bt.elem.key,end=" ")
```

图 5.24　二叉树遍历

下面以如图 5.24 所示的二叉树举例说明。

先序遍历的结果为：

abdgheicfj

中序遍历的结果为：

gdhbeiacjf

后序遍历的结果为：

ghdiebjfca

2. 按层次遍历二叉树

层次遍历的基本思想是：按照从上层到下层、从左到右顺序依次访问每个结点，即上层结点优于下层结点访问，同层结点中左结点优于右结点访问。下面仍以图 5.18 对应的二叉树来举例说明。

按层次遍历的结果为abcdefghij。

5.2.5 遍历算法的应用

1. *以先序序列构造二叉树*

算法实现的基本思路是：按照先序遍历规则，根结点最先访问，其次是访问根结点的左子树，最后访问根结点的右子树。因此为了从读入的先序序列区分出一个结点的左（或右）子树是否为空，可以在键入二叉树的先序序列时，在所有空二叉树的位置上填补一个特殊的字符，如，“*”。这样在算法中，每当读入的字符是“*”，就在相应的位置上构造一棵空二叉树；否则，创建一个新结点，结点的内容信息为读入的字符。构造算法以先序遍历的递归算法为基础，二叉树中结点之间的指针连接是通过指针参数在递归调用返回时完成。

例如，先序序列ABC**DE*G**F***可以构造得到如图5.25所示的二叉树。

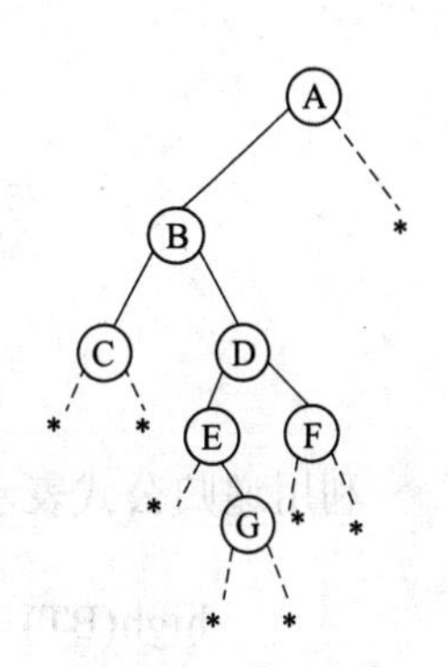

图5.25 利用先序序列构造二叉树

具体算法如下：

```
def create(bt,preorder):
#以先序序列preorder[]创建一棵子树,返回所创建子树的根结点
    global ik
    if (ik<len(preorder)):
        ch=preorder[ik]
        ik=ik+1
        if (ch!="*"):
            bt =Node()
            elem1=ElemType()
            elem1.key=ch
            elem1.others="!"
            bt.elem=elem1
            bt.lchild=create(bt.lchild,preorder)   #建立p的左子树
            bt.rchild=create(bt.rchild,preorder)   #建立p的右子树
        return bt
```

2. *计算二叉树的叶子结点数目*

算法实现的基本思路是：设置一个计数器，在遍历过程中，每当访问的结点是叶子结点（左右子树均为空）时，计数器加1。显然可以使用三种遍历方式中的任何一种来实现这种功能。下面的算法是利用中序遍历方法实现的。

```
def countLeaf(bt):
    if (bt==None):  return 0
    else:
        if(bt.lchild==None and bt.rchild==None): return 1
        else:
            return countLeaf (bt.lchild)+countLeaf (bt.rchild)
```

3. 求二叉树的高度

一个二叉树的高度应该等于左右子树高度中的较大值加 1，如图 5.26 所示。

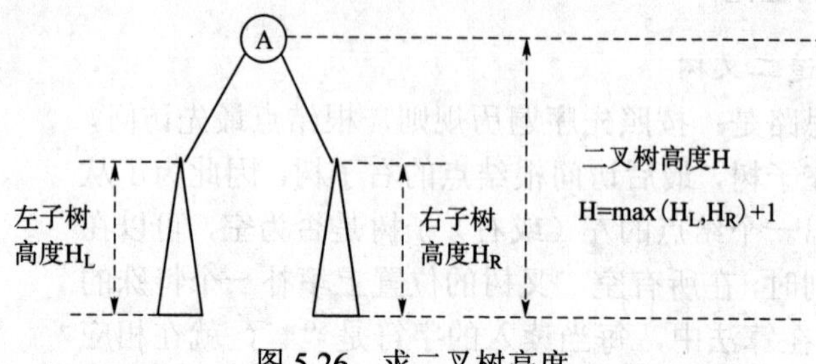

图 5.26　求二叉树高度

利用递归公式表示为

$$\text{high(BT)}=\begin{cases}\max\{\text{high(BT}\to\text{lchild), high(BT}\to\text{rchild)}\}+1, \text{BT}\neq\text{NULL}\\ 0,\text{BT=NULL}\end{cases}$$

因此，可分别求出左右子树的高度，在此基础上得出该棵树的高度，即左右子树较大的高度值加 1。

计算二叉树高度的递归算法如下：

```
#7.求树的深度
def depth(bt):
    if(bt==None): h=0
    else:
        h1=depth(bt.lchild)
        h2=depth(bt.rchild)
        if (h1>h2): h=h1+1
        else: h=h2+1
    return h
```

4. 交换二叉树的左右子树

算法实现的基本思路是：首先对根结点的左子树实现交换功能，其次对根结点的右子树实现交换功能，最后交换根结点的左右子树。

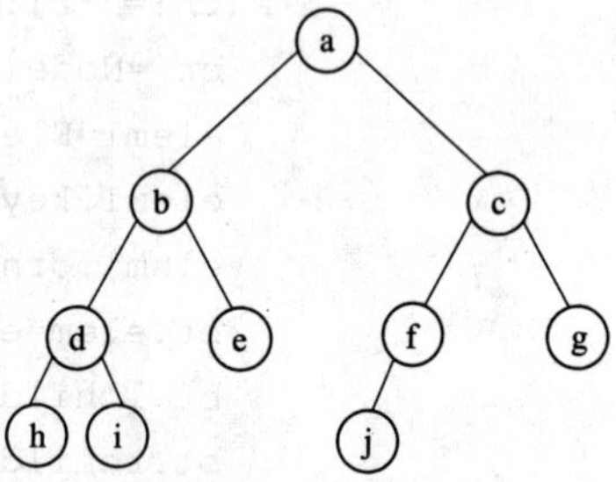

图 5.27　二叉树交换

现以如图 5.27 所示的二叉树举例说明。

首先，对根结点 a 的左子树实现交换功能，图 5.28 给出了交换的示意图。

其次，对根结点的右子树实现交换功能，图 5.29 给出了交换的示意图。

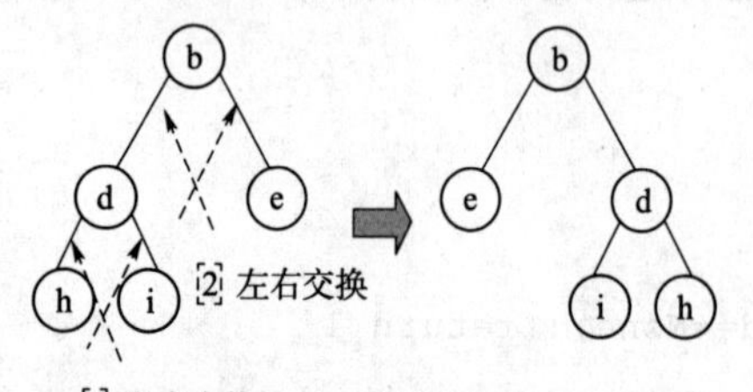

图 5.28　根结点 a 的左子树实现交换的示意图

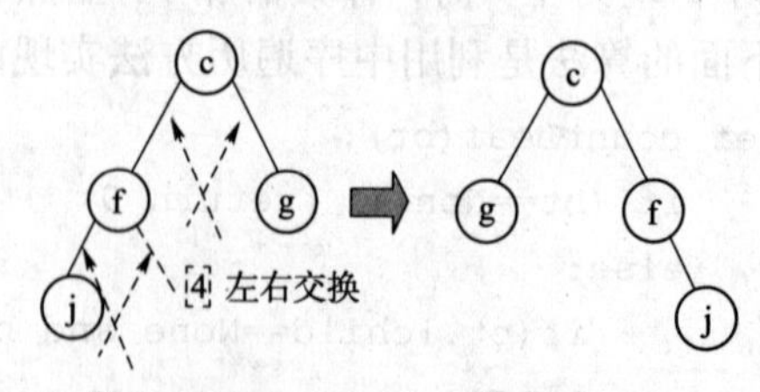

图 5.29　根结点 a 的右子树实现交换的示意图

最后，交换根结点的左右子树，图5.30给出了交换的示意图。

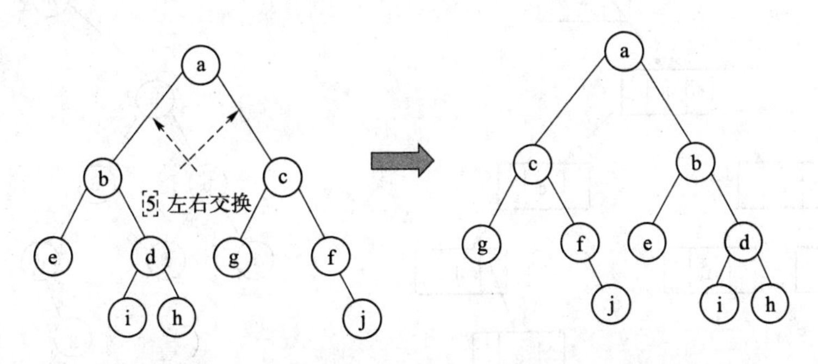

图5.30 根结点a的左右子树实现交换的示意图

注意：许多操作可以利用三种遍历顺序的任何一种，只是某种遍历顺序实现起来更加方便一些。而有些操作则不然，它只能使用其中的一种或两种遍历顺序。将二叉树中所有结点的左右子树进行交换这个操作就属于这类情况。

具体算法如下：

```
#7.二叉树左右子树交换
def change_left_right(bt):
    if (bt!=None):
        change_left_right(bt.lchild)
        change_left_right(bt.rchild)
        t=bt.lchild
        bt.lchild =bt.rchild
        bt.rchild=t
```

5.2.6 树、森林与二叉树的转换

1. 树、森林转换成二叉树

（1）分析如何将一棵树转换成二叉树。将一棵树转换成二叉树实际上就是将这棵树用孩子兄弟表示法存储即可，此时，树中的每个结点最多包含两个指针：一个指针指向第一个孩子，另一个指针指向右边的第一个兄弟。如果把这两个指针看作是二叉树中的左孩子指针和右孩子指针，那么就可得到一棵二叉树。

现以图5.31所示的树举例说明。图5.32（a）是图5.31对应树的孩子兄弟表示法下的存储结构。将第一个孩子指针看做二叉树中的左孩子指针，另一个指针看作二叉树中的右孩子指针，这样便得到如图5.32（b）所示的二叉树。

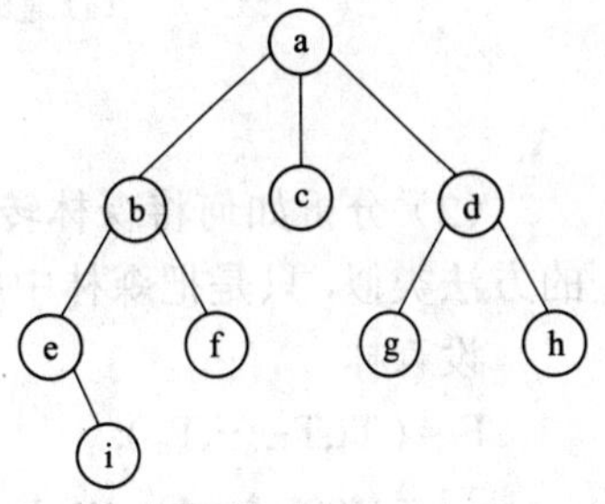

图5.31 树

此外，还可以采用以下简便方法将树转换为二叉树。

1）加线：在兄弟之间加一连线。

2）抹线：对每个结点，除了其左孩子外，去除其与其余孩子之间的关系。

3）旋转：以树的根结点为轴心，将整树顺时针转45°。

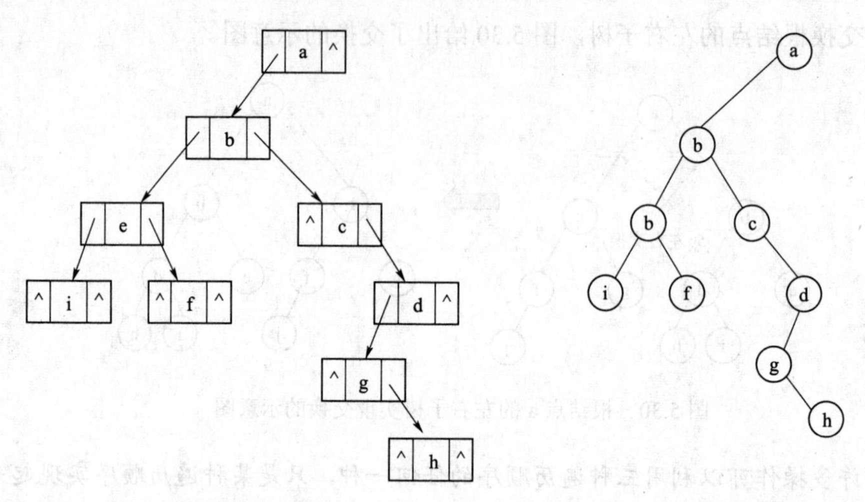

图 5.32　树转换为二叉树

图 5.33 是采用上述方法图 5.31 对应树转换为二叉树的过程示意图。图 5.33（a）为连线和抹线过程，图 5.33（b）为旋转后得到的结果。

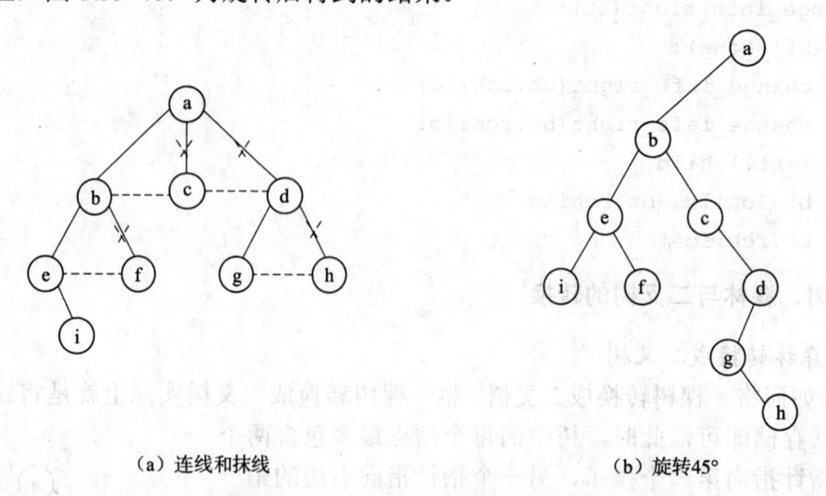

图 5.33　树转换为二叉树的简便方法

（2）分析如何将森林转为成二叉树。将森林转换成二叉树的方法与一棵树转换成二叉树的方法类似，只是把森林中所有树的根结点看作兄弟关系，并对其中的每棵树依次进行转换。

设森林

$F = (T_1,T_2,\cdots,T_n)$;

$T1 = (root, t_{11}, t_{12}, \cdots, t_{1m})$;

二叉树

B = (LBT, Node (root), RBT);

由森林转换成二叉树的转换规则如下：

若 F=Φ，则 B=Φ。否则，由 ROOT（T_1）对应得到 Node（root）；由（$t_{11},t_{12},\cdots,t_{1m}$）对应

得到 LBT；由（$T_2,T_3,\cdots,T_n$）对应得到 RBT。

现以如图 5.34 所示的森林举例说明。

从图 5.34 可知，该森林由 4 棵树组成，即树 T1、树 T2、树 T2 和树 T3。

图 5.35 是按照转换规则得到的二叉树。

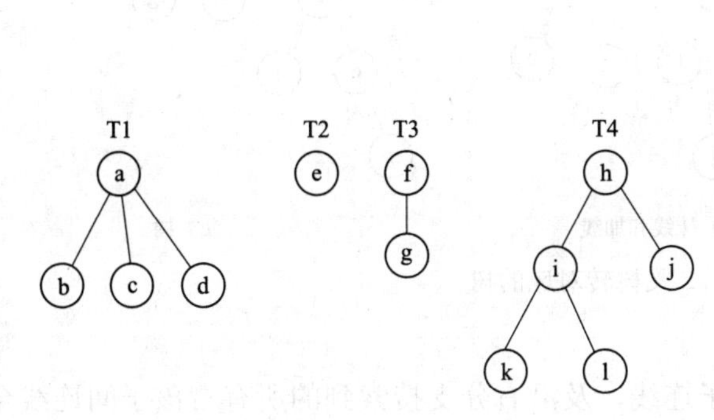

图 5.34 森林

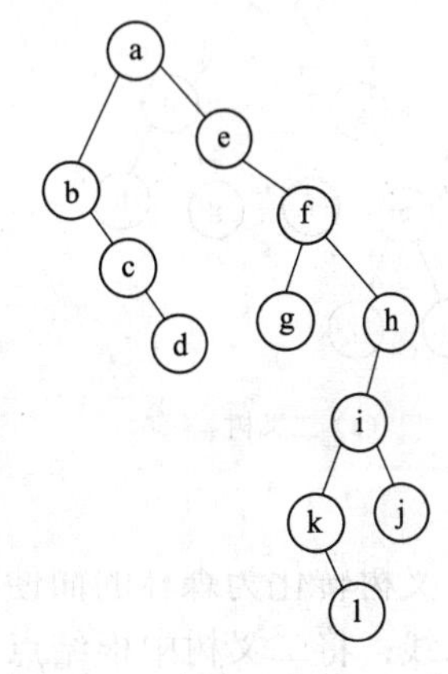

图 5.35 森林对应的二叉树

同样，可以采用一个简便的方法将森林转换为二叉树，具体过程如下：

（1）将各棵树分别转换成二叉树。

（2）将每棵树的根结点用线相连。

（3）以第一棵树根结点为二叉树的根，再以根结点为轴心，顺时针旋转 45°，构成二叉树型结构。

图 5.36 是采用上述方法图 5.34 对应森林转换为二叉树的过程示意图。

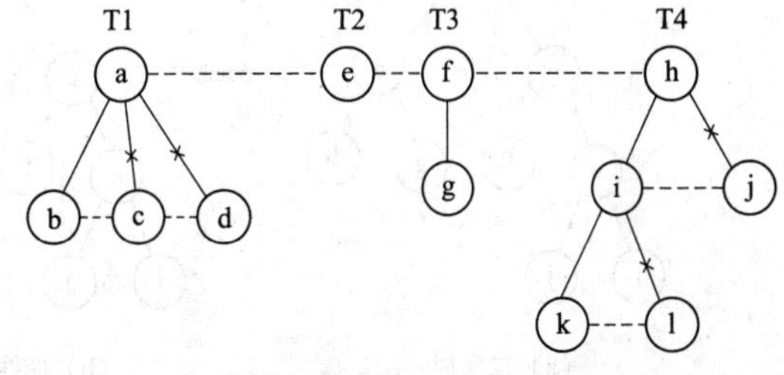

图 5.36 森林转换为二叉树的图示法

2. *二叉树还原成树或森林*

这个过程实际上是树、森林转换成二叉树的逆过程，即将该二叉树看作是树或森林的孩子兄弟表示法。比如，若二叉树为空，树也为空；否则，由二叉树的根结点开始，沿右指针向下走，直到为空，途经的结点个数是相应森林所含树的棵数；若某个结点的左指针非空，说明这个结点在树中必有孩子，并且从二叉树中该结点左指针所指结点开始，沿右指针向下走，直到为空，途经的结点个数就是这个结点的孩子数目。

二叉树转换成树的简便方法如下：

加线：若 p 结点是双亲结点的左孩子，则将 p 的右孩子，右孩子的右孩子，……沿分支找到的所有右孩子，都与 p 的双亲用线连起来。

抹线：抹掉原二叉树中双亲与右孩子之间的连线。

调整：将结点按层次排列，形成树结构。

现以如图 5.37（a）所示的二叉树举例说明。图 5.37（b）给出了抹线和加线的过程，图 5.37（c）给出了调整后得到的树。

由二叉树转换为森林的转换规则如下：

若 B = Φ，则 F = Φ。否则，由 Node（root）对应得到 ROOT（T_1）；由 LBT 对应得到

($t_{11},t_{12},\cdots,t_{1m}$)；由 RBT 对应得到（$T_2,T_3,\cdots,T_n$）。

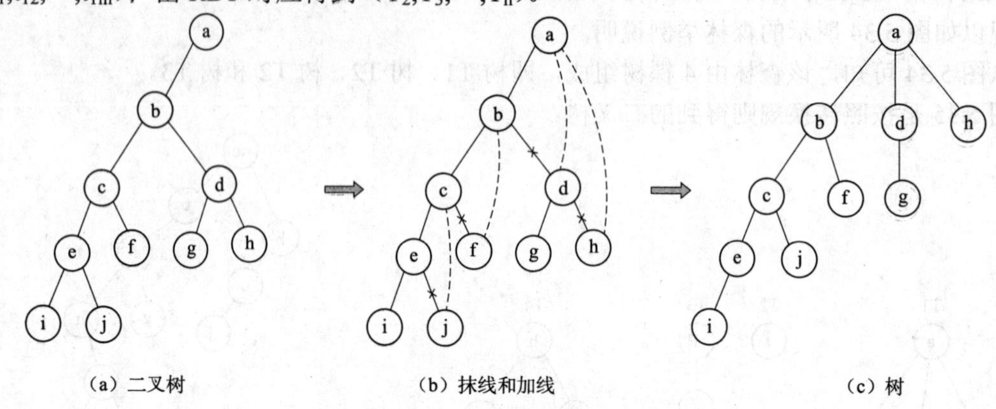

图 5.37　二叉树转对应的树

二叉树转化为森林的简便方法如下：

抹线：将二叉树中根结点与其右孩子连线，及沿右分支搜索到的所有右孩子间连线全部抹掉，使之变成孤立的二叉树。

还原：将孤立的二叉树还原成树。

现以如图 5.38（a）所示的二叉树举例说明。图 5.38（b）给出了抹线和加线的过程，图 5.38（c）给出了调整后得到的森林。

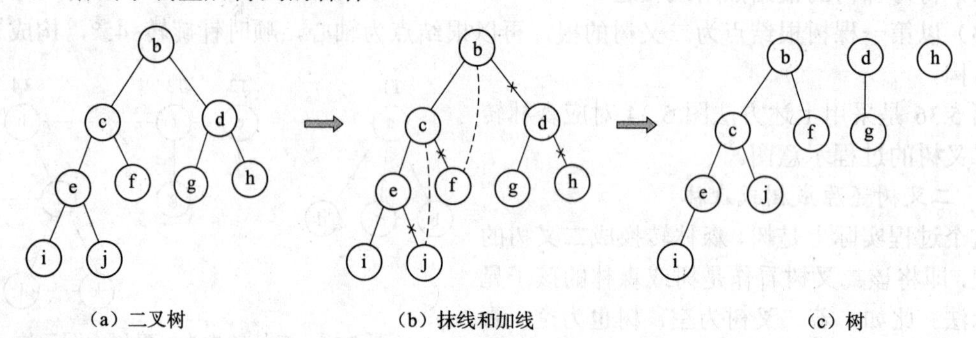

图 5.38　二叉树转对应的森林

由此，树的各种操作均可对应二叉树的操作来完成。

注意：和树对应的二叉树，其左右子树的概念已改变为左是孩子，右是兄弟。

5.2.7　二叉树的综合应用

【例 5.2】　已知二叉树 bt 的存储结构，详见表 5.1。

表 5.1　二叉树 bt 的存储结构

	1	2	3	4	5	6	7	8	9	10
left	2	4	0	0	7	0	9	0	0	0
data	a	b	c	d	e	f	g	h	i	j
right	3	5	6	0	8	0	10	0	0	0

其中，bt 为树根结点指针，left、right 分别为结点的左、右孩子指针域，data 为结点的数据域。请完成下列各题。

（1）画出二叉树 bt 的逻辑结构。

（2）写出按先序、中序和后序遍历二叉树 bt 所得到的结点序列。

解：

（1）基于表 3.1 画出二叉树 bt 的逻辑结构，如图 5.39 所示。

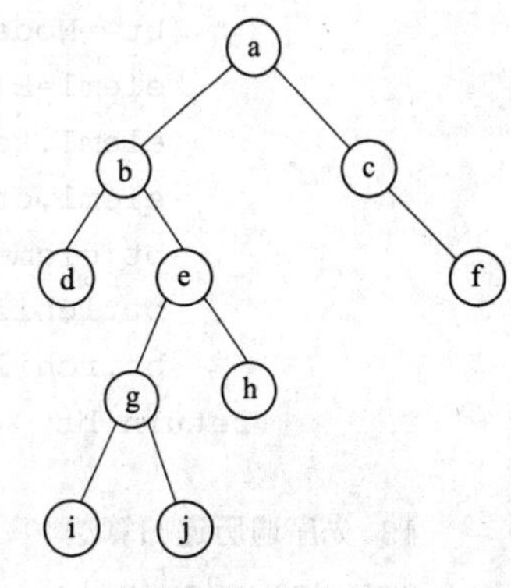

图 5.39　二叉树

（2）先序遍历：abdegijhcf

中序遍历：dbigjehacf

后序遍历：dijghebfca

【例 5.3】 程序设计。要求：首先，按照先序遍历方法建立二叉树；其次，输出先序、中序和后序三种遍历方式下的访问结果；再次，输出二叉树中叶子数目；最后，输出二叉树的深度。

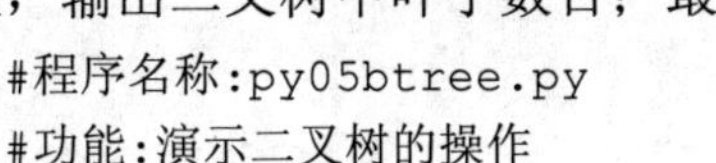

```
#程序名称:py05btree.py
#功能:演示二叉树的操作

#结点类定义
class ElemType:                    #单链表结点类
    def __init__(self,key=None,others=None):
        self.key=key
        self.others=others

class Node:                        #单链表结点类
    def __init__(self,elem=None,lchild=None,rchild=None):
        self.elem=elem
        self.lchild=lchild
        self.rchild=rchild

class BTree:                       #二叉树由 headp 指向
    def __init__(self,headp=None):
        self.headp=headp

#1.二叉树的初始化
def initBTree(BT):
    BT.headp=None

#2.二叉树的建立
def create(bt,preorder):
#以先序序列 preorder[]创建一棵子树,返回所创建子树的根结点
    global ik
    if (ik<len(preorder)):
        ch=preorder[ik]
```

```
        ik=ik+1
        if (ch!="*"):
            bt =Node()
            elem1=ElemType()
            elem1.key=ch
            elem1.others="!"
            bt.elem=elem1
            bt.lchild=create(bt.lchild,preorder)   #建立p的左子树
            bt.rchild=create(bt.rchild,preorder)   #建立p的右子树
        return bt

#3.先序遍历递归算法
def PreOrder(bt):
    if (bt!=None):
        print(bt.elem.key,end=" ")
        PreOrder(bt.lchild)
        PreOrder(bt.rchild)

#4.中序遍历递归算法
def InOrder(bt):
    if (bt!=None):
        InOrder(bt.lchild)
        print(bt.elem.key,end=" ")
        InOrder(bt.rchild)

#5.后序遍历递归算法
def PostOrder(bt):
    if (bt!=None):
        PostOrder(bt.lchild)
        PostOrder(bt.rchild)
        print(bt.elem.key,end=" ")

#6.求二叉树的叶子结点
def countLeaf(bt):
    if (bt==None):  return 0
  else:
        if(bt.lchild==None and bt.rchild==None): return 1
        else:
            return countLeaf (bt.lchild)+countLeaf (bt.rchild)

#7.求树的深度
def depth(bt):
    if(bt==None): h=0
    else:
```

```
        h1=depth(bt.lchild)
        h2=depth(bt.rchild)
        if (h1>h2): h=h1+1
        else: h=h2+1
    return h

#8.二叉树左右子树交换
def change_left_right(bt):
    if (bt!=None):
        change_left_right(bt.lchild)
        change_left_right(bt.rchild)
        t=bt.lchild
        bt.lchild =bt.rchild
        bt.rchild=t

def main():
    bt=BTree()
    preorderstr="abc**de*g**fh**i**jk***"
    #preorderstr="abc**de*g**f***"
    initBTree(bt)
    #preorderstr=("请输入树的序列=")
    print("请输入树的序列="+preorderstr)
    global ik
    ik=0
    bt.headp=create(bt,preorderstr)
    print("bt.headp.elem==",bt.headp.elem.key)
    print("先序遍历的结果:\n")
    PreOrder(bt.headp)
    print("\n")
    print("中序遍历的结果:\n")
    InOrder(bt.headp)
    print("\n")
    print("后序遍历的结果:\n")
    PostOrder(bt.headp)
    print("\n")

    count=countLeaf(bt.headp)
    print("树的叶子结点的个数=",count)
    dep=depth(bt.headp)
    print("树的深度是:=",dep)
    change_left_right(bt.headp)
    print("先序遍历的结果:\n")
    PreOrder(bt.headp)
    print("\n")
```

```
    print("中序遍历的结果:\n")
    InOrder(bt.headp)
    print("\n")
    print("后序遍历的结果:\n")
    PostOrder(bt.headp)
    print("\n")

main()
```

运行后输出结果为：

```
请输入树的序列=abc**de*g**fh**i**jk***
bt.head.data== a
先序遍历的结果:
abcdegfhijk
中序遍历的结果:
cbegdhfiakj
后序遍历的结果:
cgehifdbkja
树的叶子结点的个数= 5
树的深度是:= 5
先序遍历的结果:
ajkbdfihegc
中序遍历的结果:
jkaifhdgebc
后序遍历的结果:
kjihfgedcba
```

5.3　树和森林的遍历

5.3.1　树的遍历

树的遍历是树的一种重要的运算。所谓遍历是指对树中所有结点的信息的访问，即依次对树中每个结点访问一次且仅访问一次。树的遍历方式主要有先根遍历、后根遍历和层次遍历。

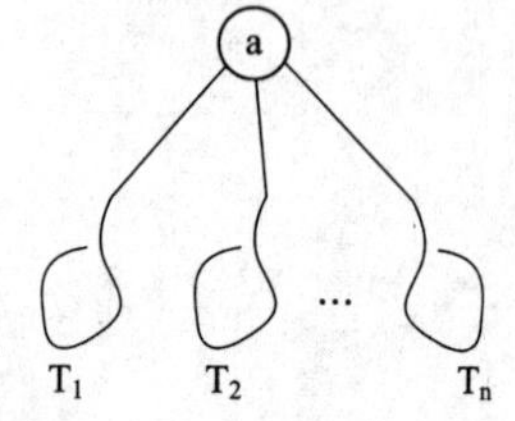

图 5.40　树的一般表示

先根遍历：若树不空，则先访问根结点，然后依次先根遍历各棵子树。

后根遍历：若树不空，则先依次后根遍历各棵子树，然后访问根结点。

层次遍历：若树不空，则自上而下自左至右访问树中每个结点。

对如图 5.40 所示的一般树而言，先根遍历就是先访问根结点 a，然后依次先根遍历子树 T_1、T_2、…、T_n，后根遍历就是先依次后根遍历子树 T_1、T_2、…、T_n，然后访问根结点 a。

下面以如图 5.41 所示的树举例说明。

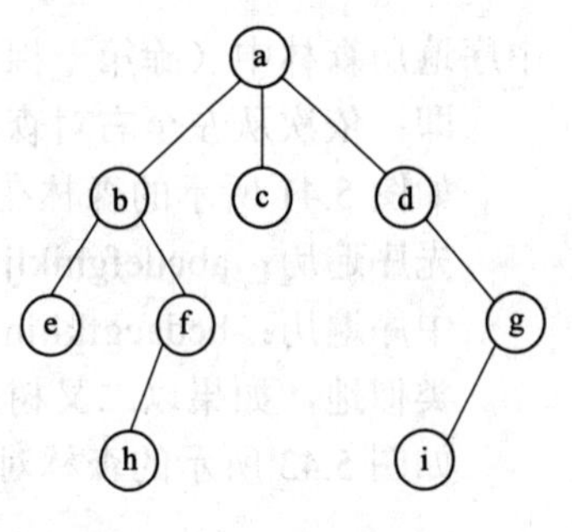

图 5.41　树的遍历

如图 5.41 所示的树在各种遍历方式的结果如下：

先根遍历：abefhcdgi

后根遍历：hefbcigda

层次遍历：abcdefghi

下面以二叉树形式来表示树，借此分析树的遍历与二叉树的遍历之间的关系。

如图 5.41 所示的树以孩子兄弟表示法存储时对应的二叉树如图 5.42 所示。

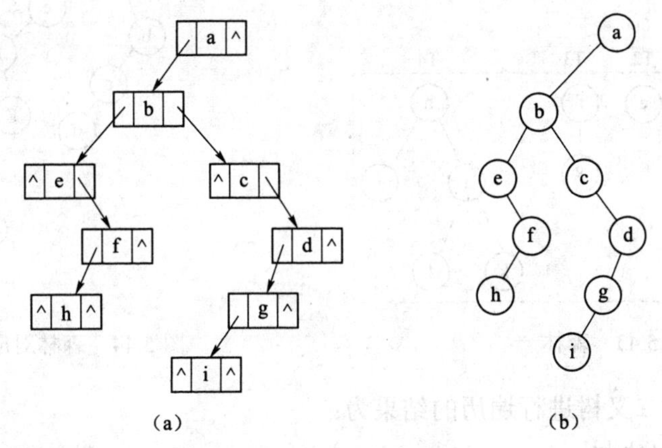

图 5.42　树的二叉树表示

对图 5.42（b）所表示的二叉树进行遍历的结果如下：

先序遍历结果：abefhcdgi

中序遍历结果：hefbcigda

由此可见，先根遍历一棵树等价于先序遍历该树对应的二叉树；而后根遍历树则等价于中序遍历该树对应的二叉树。

5.3.2　森林的遍历

森林由以下三部分构成：

（1）森林中第一棵树的根结点。

（2）森林中第一棵树的子树森林。

（3）森林中其他树构成的森林。

如图 5.43 所示的森林由 4 棵树构成。树 T1 的根结点 a 为一部分，树 T1 的森林为一部分，树 T2、树 T3 和树 T4 构成的森林为一部分。

1. 先序遍历

若森林不空，则访问森林中第一棵树的根结点；先序遍历森林中第一棵树的子树森林；先序遍历森林中（除第一棵树之外）其余树构成的森林。

即：依次从左至右对森林中的每一棵树进行先根遍历。

2. 中序遍历

若森林不空，则中序遍历森林中第一棵树的子树森林；访问森林中第一棵树的根结点；

中序遍历森林中（除第一棵树之外）其余树构成的森林。

即：依次从左至右对森林中的每一棵树进行后根遍历。

如图 5.41 所示的森林在各种遍历方式的结果为：

先序遍历：abcdefghiklj

中序遍历：bcdaegfklijh

类似地，如果以二叉树形式表示森林，借此分析森林的遍历与二叉树的遍历的关系。

如图 5.43 所示的森林对应的二叉树如图 5.44 所示。

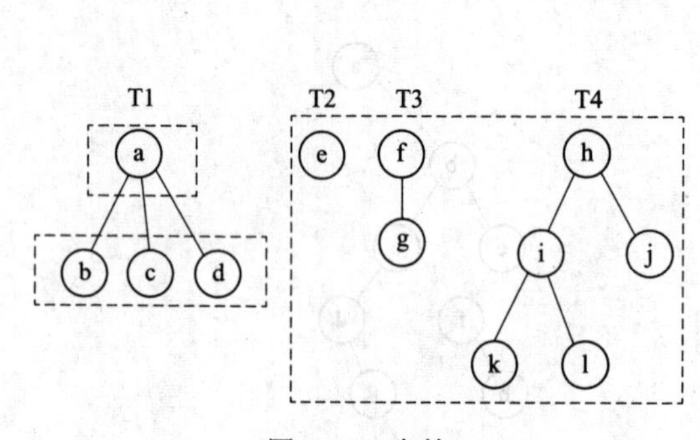

图 5.43　森林

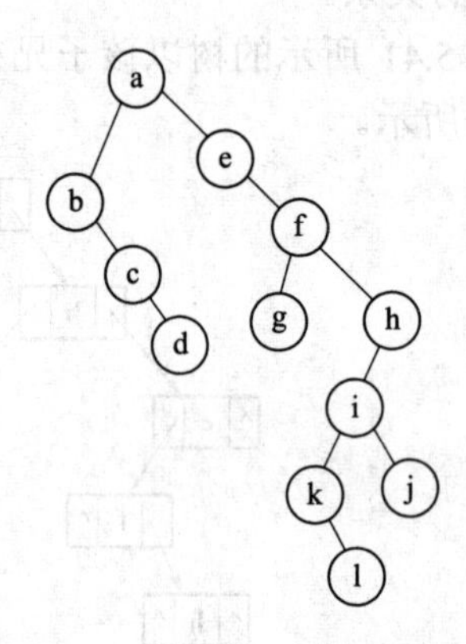

图 5.44　森林对应的二叉树

对图 5.44 所示的二叉树进行遍历的结果为：

先序遍历：abcdefghiklj

中序遍历：bcdaegfklijh

通过分析可以发现，先序遍历森林等价于先序遍历该森林对应的二叉树；而中序遍历森林则等价于中序遍历该森林对应的二叉树。

3. 树（或森林）的遍历与二叉树遍历的对应关系

表 5.2 给出了树（或森林）的遍历与二叉树遍历的对应关系。

表 5.2　树（或森林）的遍历与二叉树遍历的对应关系

树	森林	二叉树
先根遍历	先序遍历	先序遍历
后根遍历	中序遍历	中序遍历

5.3.3　树和森林的遍历应用

设树的存储结构为孩子兄弟链表。

```
class Node:
    def __init__(self,data1=None, firstchild 1=None, nextsibling 1=None):
        self.data=data1
        self. firstchild = firstchild 1
        self. nextsibling = nextsibling 1
```

下面举例说明如何应用遍历来求树的深度。

分析：当孩子兄弟表方法来存储树时，对根结点来说，树的深度应该等于以第一个孩子为根的子树的深度加 1，而对其他结点来说，由于可能存在兄弟结点和孩子结点，因此此时树的深度应该等于以第一个孩子为根的子树的深度加 1 与以兄弟结点为根的子树的深度中的较大者。具体的递归算法如下：

```
def TreeDepth(T):
  if(T==None): return False
  else:
    h1 = TreeDepth(T.firstchild);
    h2 = TreeDepth(T.nextsibling);
    return (max(h1+1, h2))
```

5.4 哈夫曼树及应用

5.4.1 哈夫曼树

1. 哈夫曼树的定义

哈夫曼树（Huffman Tree，也称赫夫曼树），又称最优树，是一类带权路径长度最短的树。

在二叉树中，一个结点到另一个结点之间的分支构成这两个结点之间的路径。在路径上的分支数目被称为路径长度。

一个二叉树的带权路径长度等于根结点到所有叶子结点的路径长度与权值乘积之和，用公式表示为

$$WPL = \sum_{i=1}^{n} w_i l_i$$

w_i 结点 i（叶子结点）的权重，l_i 为根结点到结点 i 的路径长度。

带权的路径长度最小的二叉树称为哈夫曼二叉树或最优二叉树。以下举例说明。

图 5.45（a）中，叶子结点 e、f、g、h、i 的权重分别为 5、6、4、7、9，路径长度分别为 3、3、2、2、2，因此带权路径长度为

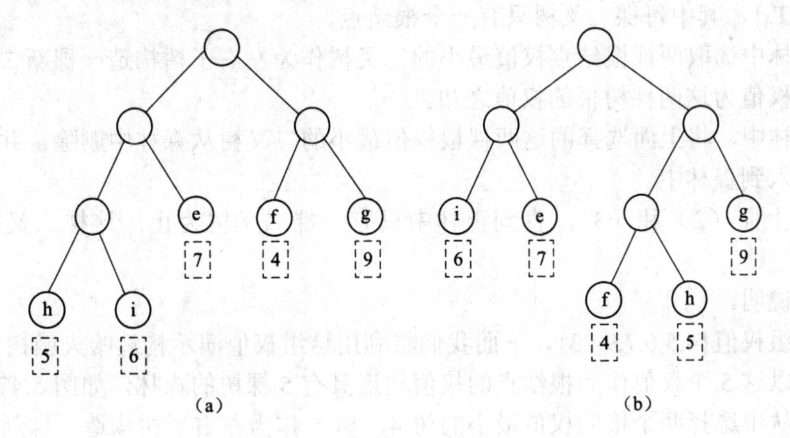

图 5.45 带权二叉树（一）

$$WPL1=3\times5+3\times6+2\times4+2\times7+2\times9=73$$

图 5.45（b）中，叶子结点 e、f、g、h、i 的权重分别为 5、6、4、7、9，路径长度分别为 2、3、2、3、2，因此带权路径长度为

$$WPL2=2\times5+3\times6+2\times4+3\times7+2\times9=71$$

下面我们讨论一下权值、树形与带权的路径长度之间的关系。以图 5.45 对应的叶子结点 e、f、g、h、i 为基础，可以构造出下面两棵二叉树，如图 5.46 所示。

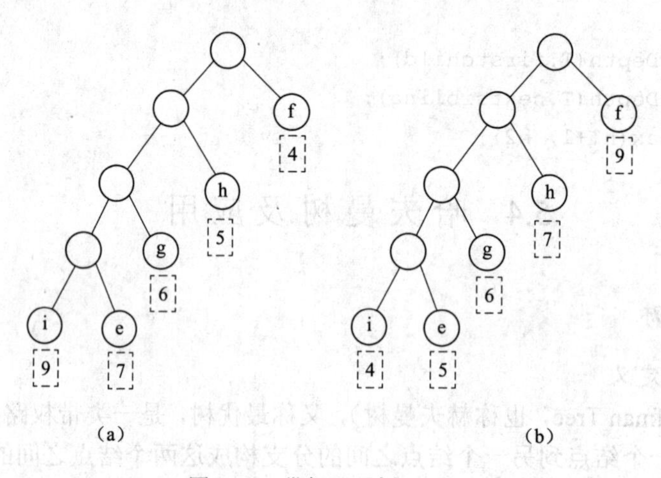

图 5.46　带权二叉树（二）

这两棵二叉树的带权路径长度分别为

图 5.46（a）：WPL3=4*7+1*4+4*9+2*5+3*6=96

图 5.46（b）：WPL4=2*7+4*4+1*9+4*5+3*6=77

比较 WPL1、WPL2、WPL3、WPL4 可以看出，二叉树的带权路径长度与二叉树的形状相关。但存在一个带权的路径长度最小的二叉树称为哈夫曼二叉树。

2. 哈夫曼树的构建

构造哈夫曼树的过程如下：

（1）将给定的 n 个权值$\{w_1,w_2,\cdots,w_n\}$作为 n 个根结点的权值构造一个具有 n 棵二叉树的森林$\{T_1,T_2,\cdots,T_n\}$，其中每棵二叉树只有一个根结点。

（2）在森林中选取两棵根结点权值最小的二叉树作为左右子树构造一棵新二叉树，新二叉树的根结点权值为这两棵树根的权值之和。

（3）在森林中，将上面选择的这两棵根权值最小的二叉树从森林中删除，并将刚刚新构造的二叉树加入到森林中。

（4）重复上面（2）和（3），直到森林中只有一棵二叉树为止。这棵二叉树就是哈夫曼树。

以下举例说明。

假设有一组权值{4,5,6,7,9,23}，下面我们将利用这组权值演示构造哈夫曼树的过程。

第一步：以这 5 个权值作为根结点的权值构造具有 5 棵树的森林，如图 5.47（a）所示。

第二步：从中选择两个根的权值最小的树 4、树 5 作为左右子树构造一棵新树，并将这两棵树从森林中删除，并将新树添加进去，如图 5.47（b）所示。

第三步：从中选择两个根的权值最小的树 6、树 7 作为左右子树构造一棵新树，并将这两棵树从森林中删除，并将新树添加进去，如图 5.47（c）所示。

第四步：从中选择两个根的权值最小的树 9、树 9 作为左右子树构造一棵新树，并将这两棵树从森林中删除，并将新树添加进去，如图 5.47（d）所示。

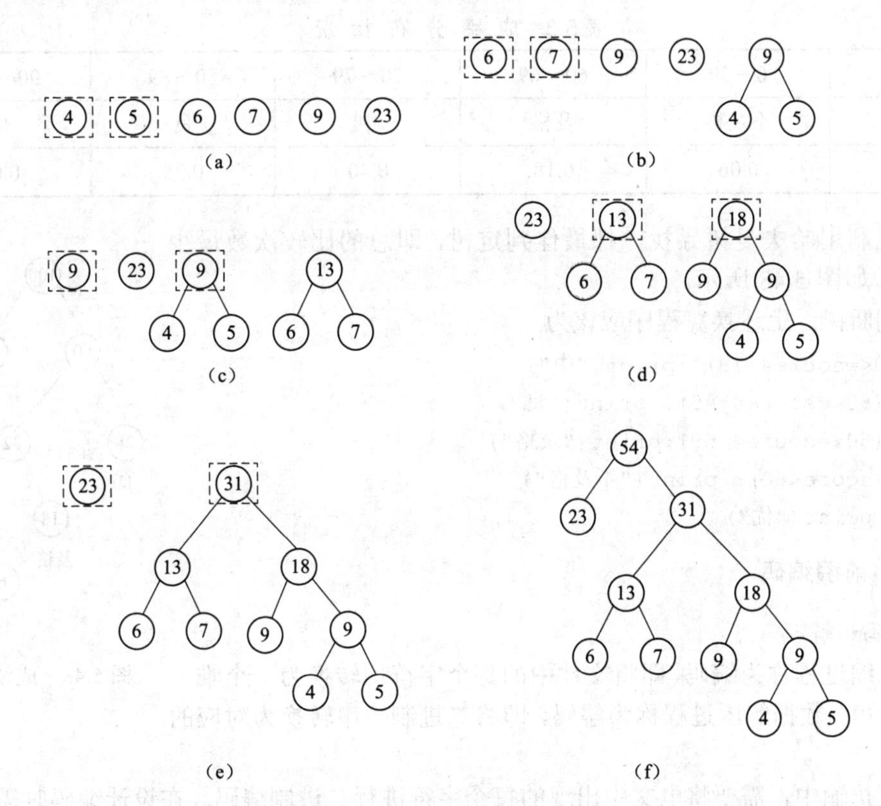

图 5.47 哈夫曼树的构造过程

第五步：从中选择两个根的权值最小的树 13、树 18 作为左右子树构造一棵新树，并将这两棵树从森林中删除，并将新树添加进去，如图 5.47（e）所示。

第六步：从中选择两个根的权值最小的树 23、树 31 作为左右子树构造一棵新树，并将这两棵树从森林中删除，并将新树添加进去，如图 5.47（f）所示。

这就是以上述 5 个权值为叶子结点权值构成的哈夫曼树，它的带权的路径长度为

$$WPL=1\times23+3\times(6+7+9)+4\times(4+5)=125$$

5.4.2 判定树

在很多问题的处理过程中，需要进行大量的条件判断，这些判断结构的设计直接影响着程序的执行效率。例如，编制一个程序，将百分制转换成 5 个等级输出。大家可能认为这个程序很简单，并且很快就可以用下列形式编写出来：

```
if (socre<60): print("不及格")
elif (socre<70): print("及格")
elif (score<80): print("中")
```

```
elif (score<90): print("良")
else: print("优");
```

实际应用中，往往各个分数段的分布并不是均匀的。表 5.3 给出了一次考试中某门课程的各分数段的分布情况。

表 5.3　成 绩 分 布 情 况

分数	0～59	60～69	70～79	80～89	90～100
结论	不及格	及格	中	良	优
比例	0.06	0.18	0.40	0.28	0.08

下面就利用哈夫曼树寻找一棵最佳判定树，即总的比较次数最少的判定树，如图 5.48 所示。

基于判断树，上述换算程序应该为

```
if (70<=socre<=79) :print("中")
elif (80<=socre<=89): print("良")
elif (60<=socre<=69):print("及格")
elif (score<60): print("不及格")
else: print("优")
```

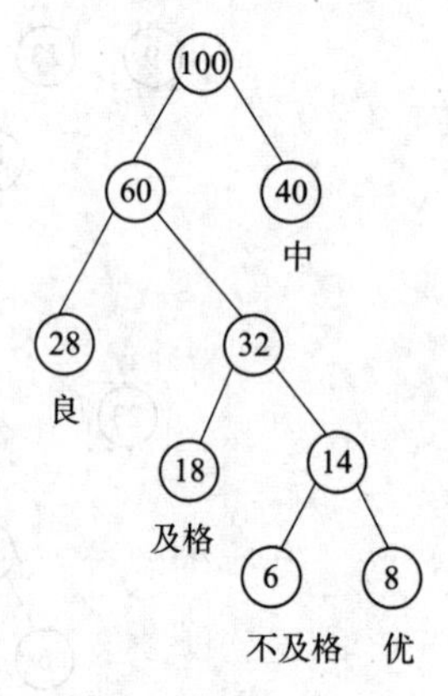

图 5.48　成绩判断树

5.4.3　前缀编码

1. *编码和解码*

数据压缩过程称为编码，即将文件中的每个字符均转换为一个唯一的二进制位串。数据解压过程称为解码，即将二进制位串转换为对应的字符。

在电文传输中，需要将电文中出现的每个字符进行二进制编码。在设计编码时需要遵守如下两个原则：

（1）发送方传输的二进制编码，到接收方解码后必须具有唯一性，即解码结果与发送方发送的电文完全一样。

（2）发送的二进制编码尽可能地短。

2. *等长编码*

等长编码方式的特点是每个字符的编码长度相同（编码长度就是每个编码所含的二进制位数）。假设字符集只含有 4 个字符 A、B、C、D，用二进制两位表示的编码分别为 00、01、10、11。若现在有一段电文为：ABACCDA，则应发送二进制序列：00010010101100，总长度为 14 位。当接收方接收到这段电文后，将按两位一段进行译码。这种编码的特点是译码简单且具有唯一性，但编码长度并不是最短的。

3. *不等长编码*

在传送电文时，为了使其二进制位数尽可能地少，可以将每个字符的编码设计为不等长的，使用频度较高的字符分配一个相对比较短的编码，使用频度较低的字符分配一个比较长的编码。例如，可以为 A、B、C、D 四个字符分别分配 0、00、1、01，并可将上述电文用二进制序列：000011010 发送，其长度只有 9 个二进制位，但随之带来了一个问题，接收方接到这段电文后无法进行译码，因为无法断定前面4个0是4个A，1个B、2个A，还是2个B，即译码不唯一，因此这种编码方法不可使用。

因此，不等长编码可能使解码产生二义性。产生该问题的原因是某些字符的编码可能与其他字符的编码开始部分（称为前缀）相同。

例如，设E、T、W分别编码为00、01、0001，则解码时无法确定信息串0001是ET还是W。

4. 前缀码

对字符集进行编码时，要求字符集中任一字符的编码都不是其他字符的编码的前缀，这种编码称为前缀（编）码。

例如，设A、B、C分别编码为00、01、100，可以看出A、B、C三个字符的编码都不是其他字符的编码的前缀。显然等长编码是前缀码。

5. 最优前缀码

平均码长或文件总长最小的前缀编码称为最优的前缀码。最优的前缀码对文件的压缩效果亦最佳。

6. 构造哈夫曼编码

利用哈夫曼树很容易求出给定字符集及其概率（或频度）分布的最优前缀码。哈夫曼编码正是一种应用广泛且非常有效的数据压缩技术。该技术一般可将数据文件压缩掉20%～90%，其压缩效率取决于被压缩文件的特征。构造哈夫曼编码的基本思路如下：

（1）利用字符集中每个字符的使用频率作为权值构造一个哈夫曼树。

（2）从根结点开始，为到每个叶子结点路径上的左分支赋予0，右分支赋予1，并从根到叶子方向形成该叶子结点的编码。

具体构造方法如下：设需要编码的字符集合为$\{c_1,c_1,\cdots,c_n\}$，各个字符在使用的频率为$\{w_1,w_1,\cdots,w_n\}$，以$c_1,c_1,\cdots,c_n$作为叶子结点，以$w_1,w_1,\cdots,w_n$作为各根结点到每个叶子结点的权值构造一个哈夫曼树，规定哈夫曼树中的左分支为0，右分支为1，则从根结点到每个叶子结点所经过的分支对应的0和1组成的序列便为该结点对应字符的编码，这样的编码称为哈夫曼编码。以下举例说明。

假设有一个电文字符集中有7个字符，每个字符的使用频率分别为{0.28,0.15,0.12,0.09,0.21,0.07,0.08}，详见表5.4。现以此为例设计哈夫曼编码。

表5.4 字符的使用频率

字符	A	B	C	D	E	F	G
使用频率	0.28	0.15	0.12	0.09	0.21	0.07	0.08

哈夫曼编码设计过程如下：

（1）为方便计算，将所有字符的频度乘以100，使其转换成整型数值集合，得到{28,15,12,9,21,7,8}。

（2）以此集合中的数值作为叶子结点的权值构造一棵哈夫曼树，如图5.49所示。

（3）由此哈夫曼树生成哈夫曼编码，如图5.49所示。

最后得出每个字符的编码，详见表5.5。

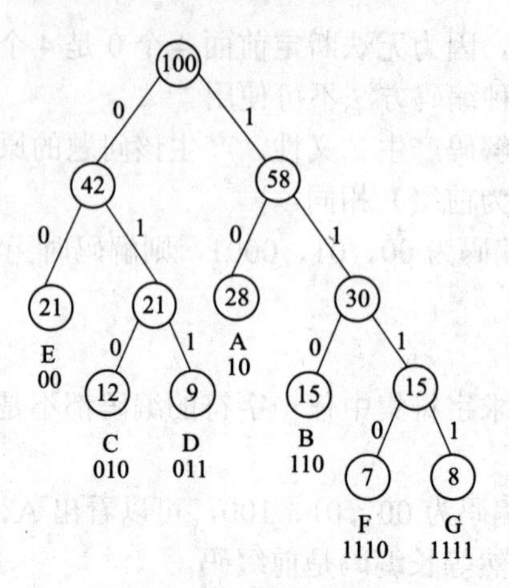

图 5.49　哈夫曼编码

表 5.5　每个字符对应的编码

字符	A	B	C	D	E	F	G
编码	10	110	010	011	00	1110	1111

例如，发送一段编码：10110000101111，接收方可以准确地通过译码得到：ABECG。

5.5　习　题

1. 选择题

（1）若一棵二叉树具有 10 个度为 2 的结点，5 个度为 1 的结点，则度为 0 的结点个数是________。

A. 9　　　　B. 11

C. 15　　　　D. 不确定

（2）设森林 F 中有三棵树，树的结点个数分别为 n1、n2 和 n3。与森林 F 对应的二叉树根结点的右子树上的结点个数是________。

A. n1　　　　B. n1+n2

C. n3　　　　D. n2+n3

（3）具有 10 个叶子结点的二叉树中度为 2 的结点的个数是________。

A. 8　　　　B. 9

C. 10　　　　D. 11

（4）一棵完全二叉树上有 1001 个结点，其中叶子结点的个数是________。

A. 250　　　　B. 500

C. 254　　　　D. 505

（5）二叉树的第 i 层上最多含有的结点数是________。

A. 2^i　　　　B. $2^{i-1}-1$

C. 2^{i-1}　　　　D. 2^i-1

2. *应用题*

（1）如图5.50所示的树，需求如下：

1）画出各种存储方式下的映像图。

2）将树转换成对应的二叉树。

3）写出各种遍历方式下遍历的结果。

（2）如图5.51所示的森林。要求如下：

1）将森林转换成对应的二叉树。

2）写出各种遍历方式下遍历的结果。

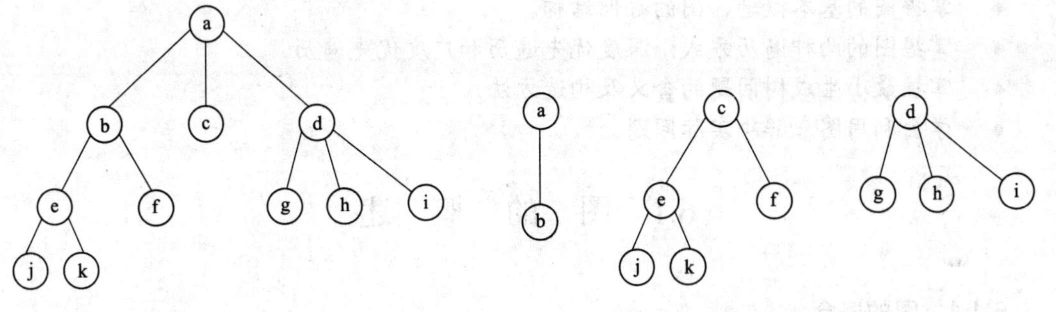

图5.50 一棵树　　　　图5.51 森林

（3）设通信中出现5中字符A、B、C、D、E对应的频率为0.2、0.1、0.5、0.15、0.25，试构造哈夫曼树，并给出对应字符的编码。

第 6 章　图

- 掌握图的基本概念、图的存储结构。
- 掌握图的两种遍历方式：深度优先遍历和广度优先遍历。
- 掌握最小生成树问题的含义及构造方法。
- 学会利用图来解决实际问题。

6.1　图　的　概　述

6.1.1　图的概念

1. 图的定义

图是由结点的有穷集合 V 和结点之间关系（边或弧）的集合 E 组成的结构。通常可使用符号表示为

$$G=(V, E)$$

其中，V 为结点集合，E 为关系（边或弧）的集合。

为了与树形结构加以区别，在图结构中常将结点称为“顶点”，边或弧是顶点的有序偶对，若两个顶点之间存在一条边，就表示这两个顶点具有相邻关系。

2. 无向图和有向图

在图 G 中，如果代表边的顶点对是无序的，则称 G 为无向图。如图 6.1（a）所示是无向图。无向图中代表边的无序顶点对通常用圆括号括起来，用以表示一条无向边。

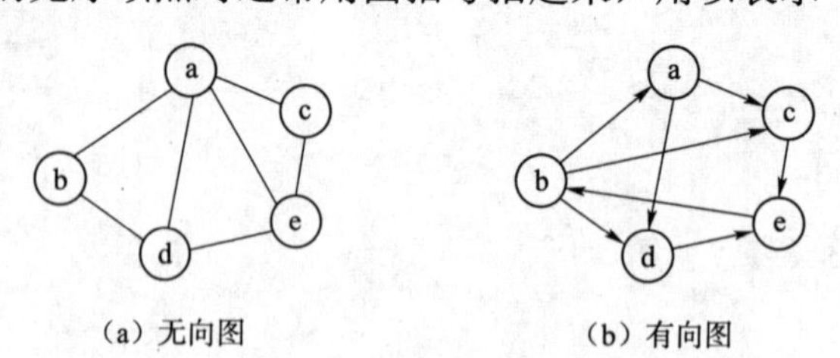

（a）无向图　　（b）有向图

图 6.1　无向图和有向图

在无向图中，边记作 (v_i,v_j)，它蕴涵着存在 $<v_i,v_j>$ 和 $<v_j,v_i>$ 两条弧。对图 6.1（a）对应的无向图，使用符号描述为

```
G={V,E}
V={a,b,c,d,e}
E={(a,c),(a,b),(a,d),(a,e),(b,a),(b,d),(c,a),(c,e),(d,a),(d,b),(d,e),(e,a),
```

```
(e,c),(e,d)}
```

如果表示边的顶点对是有序的，则称 G 为有向图。如图 6.1（b）所示是有向图。在有向图中代表边的顶点对通常用尖括号括起来。

在有向图中，边记作 $<v_i,v_j>$，它表示从顶点 v_i 到顶点 v_j 有一条边。对图 6.1（b）对应的有向图，使用符号描述为

```
G={V,E}
V={a,b,c,d,e}
E={<a,c>,<a,d>,<b,a>,<b,c>,<b,d>,<c,e>,<d,e>,<e,b>}
```

3. 完全图

对 n 个顶点的有向图来说，最多有 n（n−1）条弧。一个具有 n（n−1）条弧的有向图称为有向完全图。

对 n 个顶点的无向图来说，最多有 n（n−1）/2 条边。一个具有 n（n−1）/2 条边的无向图称为无向完全图。

4. 顶点的度、入度和出度

与顶点 v 相关的边（或弧）的条数称为顶点 v 的度，记为 TD（v）。

对于有向图而言，顶点 v 的度又可分为入度和出度，顶点 v 的出度是以顶点 v 为出发点的边的数目，记为 OD（v），顶点的入度是以顶点 v 为终止点的边的数目，记为 ID（v），顶点 v 的度等于入度和出度之和，即

```
TD(v)= OD(v) + ID(v)
```

例如，在图 6.1（a）对应的无向图中，各顶点的度分别为 4、2、2、3、3。在图 6.1（b）对应的有向图中，定点 a 的度为 3，其中，入度为 1，出度为 2。其他各顶点的入度、出度和度详见表 6.1。

表 6.1　各顶点的入度、出度和度

顶点	入度	出度	度
a	1	2	3
b	1	3	4
c	2	1	3
d	2	1	3
e	2	1	3

5. 路径及路径长度

若存在顶点序列 $v_x,v_1,\cdots,v_m,v_y$，并且序列中相邻两个顶点构造的顶点偶对分别为图中的一条边，则称顶点 v_x 和 v_y 之间存在路径。路径上边或弧的数目称为路径长度。若第一个顶点 v_x 和最后一个顶点 v_y 相同，则这条路径是一条回路。若路径中顶点没有重复出现，则称这条路径为简单路径。下面以图 6.1（b）对应的有向图举例说明。

图 6.1（b）中，顶点 a 和顶点 c 之间存在路径 a-c 和 a-d-e-b-c，这两条路径都是简单路径。顶点 c 和顶点 a 之间存在路径 c-e-b-a 和 c-e-b-d-e-b-a，其中第一条路径为简单路径，第二条路径不是简单路径。路径 b-d-e-b 构成了回路，路径 b-c-e-b 也构成了回路。

路径长度是指一条路径上经过的边的数目，如图 6.1（b）中路径 a-d-e-b-c 的长度为 4。

6. 子图

对于图 G=(V,E)与 G'=(V',E')，若有 V'⊆V',E'⊆E，则称 G'为 G 的一个子图。图 6.2（a）为一个图，图 6.2（b）和图 6.2（c）为其子图。

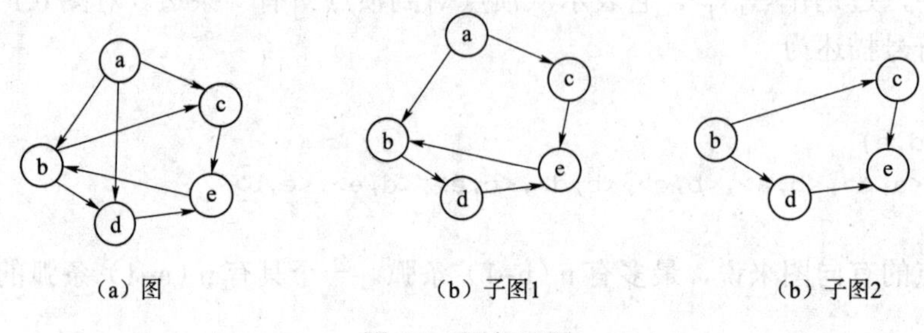

图 6.2　图与子图

7. 强连通图与连同分量

在无向图中，如果从顶点 v_i 到顶点 v_j 有路径，则称 v_i 和 v_j 连通。如果图中任意两个顶点之间都连通，则称该图为连通图；否则，将其中的极大连通子图称为连通分量。例如，图 6.3（a）为连通图；图 6.3（b）为非连通图，虚线圈起来的图为其连通分量。

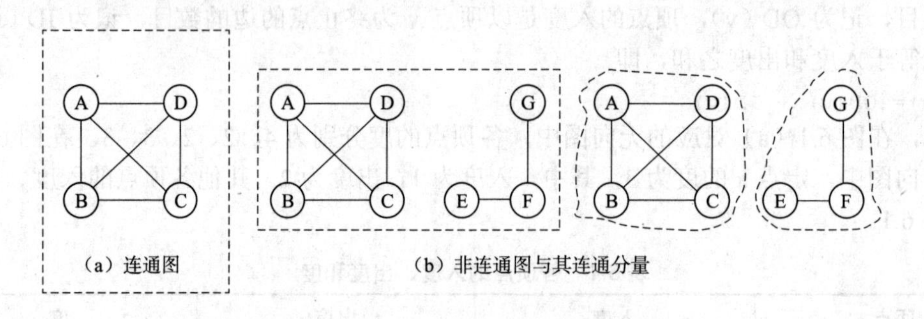

图 6.3　连通图、非连通图与其连通分量

在有向图中，如果对于每一对顶点 v_i 和 v_j，从 v_i 到 v_j 和从 v_j 到 v_i 都有路径，则称该图为强连通图；非强连通图的极大强连通子图称为强连通分量。

所谓极大（强）连通子图是一个加入任何一个不在它的点集中的点都会导致它不再（强）连通的（强）连通子图。例如，图 6.4（a）为强连通图，图 6.4（b）为非强连通图，虚线圈起来的图为其强连同分量。

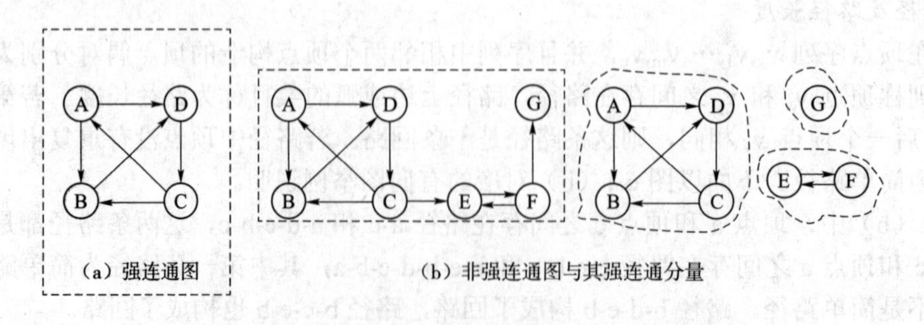

图 6.4　强连通图、非强连通图与其强连通分量

8. 权和网

图中每一条边都可以附有一个对应的数值，这种与边相关的数值称为权。权可以表示从一个顶点到另一个顶点的距离或费用等。边上带有权的图称为带权图或网。例如，图 6.5 就是一个带权图，边上的权值表示两城市之间的距离。

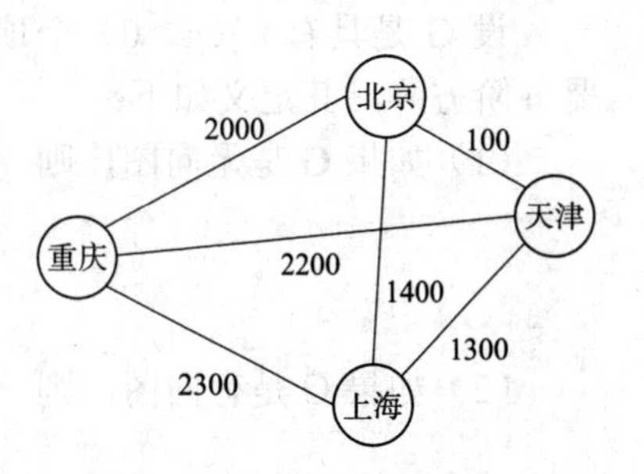

图 6.5　直辖市之间的路程

6.1.2　图的 ADT 描述

图的基本操作如下：

（1）创建一个图结构：createGraph（G，V，E）。

（2）销毁图：destroyGraph（G）。

（3）检索给定顶点：locateVex（G，data）。

（4）获取图中的某个顶点：getVex（G，v）。

（5）为图中的顶点赋值：putVex（G，v，value）。

（6）返回第一个邻接点：firstAdjVex（G，v）。

（7）返回下一个邻接点：nextAdjVex（G，v，w）。

（8）插入一个顶点：insertVex（G，v）。

（9）删除一个顶点：deleteVex（G，v）。

（10）插入一条边：insertEdge（G，v，w）。

（11）删除一条边：deleteEdge（G，v，w）。

（12）遍历图：traverse（G，v）。

图的 ADT 描述如下：

```
ADT Graph{
    数据对象:V={ai|ai∈ElemSet,i=1,2,…,n,n>=0}
    数据关系:
            R={<VR>}
            VR={<v,w>|v,w∈V 且 P(v,w),<v,w>表示从 v 到 w 的弧或边,
                P(v,w)定义了的弧<v,w>的信息}
    基本操作:
    createGraph(&G,V,E)
        初始条件:V 是图的顶点集,E 是图中弧或边的集合
        操作结果:以 V 和 E 构造了图 G
    destroyList(&G)
        初始条件:G 已存在
        操作结果:销毁图 G
    ……
}ADT Graph
```

6.2　图的存储结构

6.2.1　邻接矩阵

具有 n 个顶点的图可以用一个 n 阶方阵表示。邻接矩阵是表示顶点之间相邻关系的矩阵。

设 G 是具有 n（n＞0）个顶点的图 G=(V,E(G))，$V=\{V_1,V_2,\cdots,V_n\}$，则 G 的邻接矩阵 A 是 n 阶方阵，其定义如下：

（1）如果 G 是无向图，则

$$A[i][j]=\begin{cases}1,(V_i,V_j)\in E(G)\\0,\text{其他}\end{cases}$$

（2）如果 G 是有向图，则

$$A[i][j]=\begin{cases}1,<V_i,V_j>\in E(G)\\0,\text{其他}\end{cases}$$

（3）如果 G 是带权无向图，则

$$A[i][j]=\begin{cases}\omega_{ij},(V_i,V_j)\in E(G)\\\infty,\text{其他}\end{cases}$$

式中：ω_{ij} 为边 (V_i,V_j) 对应的权值。

（4）如果 G 是带权有向图，则

$$A[i][j]=\begin{cases}\omega_{ij},<V_i,V_j>\in E(G)\\\infty,\text{其他}\end{cases}$$

式中：ω_{ij} 为弧 $<V_i,V_j>$ 对应的权值。

图 6.6 给出了一个有向图及其对应的邻接矩阵。

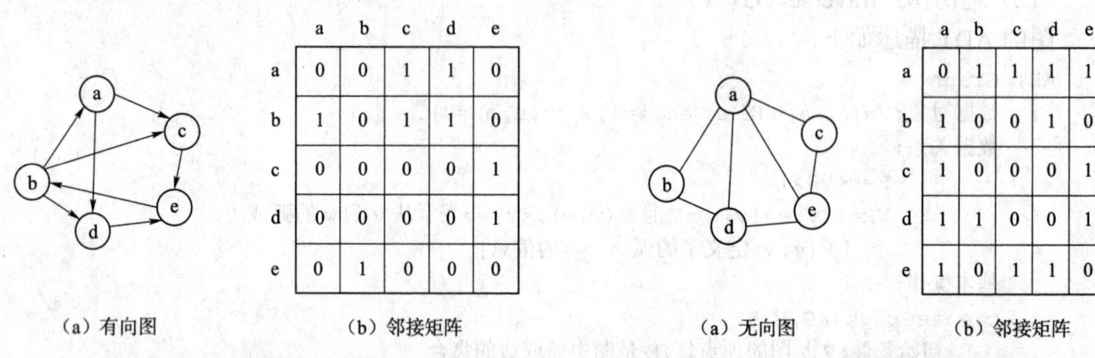

	a	b	c	d	e
a	0	0	1	1	0
b	1	0	1	1	0
c	0	0	0	0	1
d	0	0	0	0	1
e	0	1	0	0	0

图 6.6　有向图及其对应的邻接矩阵

	a	b	c	d	e
a	0	1	1	1	1
b	1	0	0	1	0
c	1	0	0	0	1
d	1	1	0	0	1
e	1	0	1	1	0

图 6.7　无向图及其邻接矩阵

从邻接矩阵的定义可以看出，有向图的某个顶点的出度为邻接矩阵中该顶点对应行中“1”的个数；入度为该顶点对应列中“1”的个数，并且有向图弧的条数等于矩阵中“1”的个数。图 6.7 给出了无向图及其对应的邻接矩阵。图 6.8 给出了网及其对应的邻接矩阵。

从邻接矩阵的定义可以看出，无向图中某个顶点的度为邻接矩阵该顶点对应行或列中“1”的个数。无向图中边的数目等于矩阵中“1”的个数的一半，这是因为每条边在矩阵中描述了两次。在 Python 语言中，邻接矩阵的存储结构可以定义如下：

```
#邻接矩阵类型定义
class MatrixGraph:
    def __init__(self,elem=None,visited=None,vexs=None,numv=0,nume=0):
```

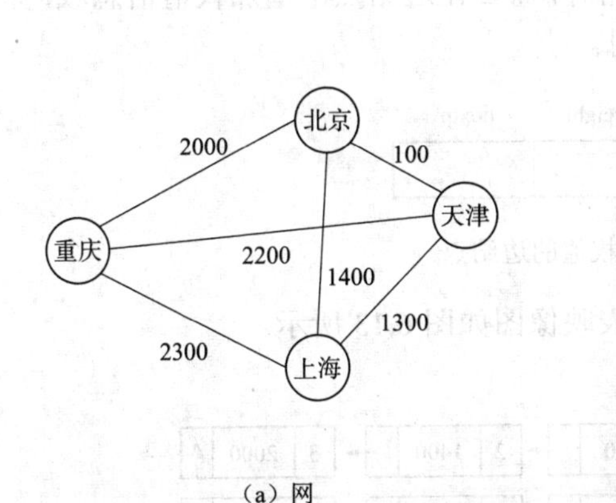

（a）网

	北京	天津	上海	重庆
北京	0	100	1400	2000
天津	100	0	1300	2200
上海	1400	1300	0	2300
重庆	2000	2200	2300	0

（b）邻接矩阵

图 6.8 网及其邻接矩阵

```
self.elem=elem                #图的邻接矩阵
self.visited=visited          #图的邻接矩阵
self.vexs=vexs                #顶点信息
self.numv=numv                #顶点数
self.nume=nume                #边数
```

6.2.2 邻接表

邻接表存储方法是借助 n 个线性链表来存储图中与 n 个顶点连接的结点（或边、弧）信息。在邻接表中包含边结点和顶点结点两类结点。顶点结点是在每一个链表前面设置的头结点，用来存放一个顶点的数据信息，如图 6.9（a）所示；边结点是第 i 个链表中的链结点，用来存放以第 i 个顶点为出发点的一条边，如图 6.9（b）所示。

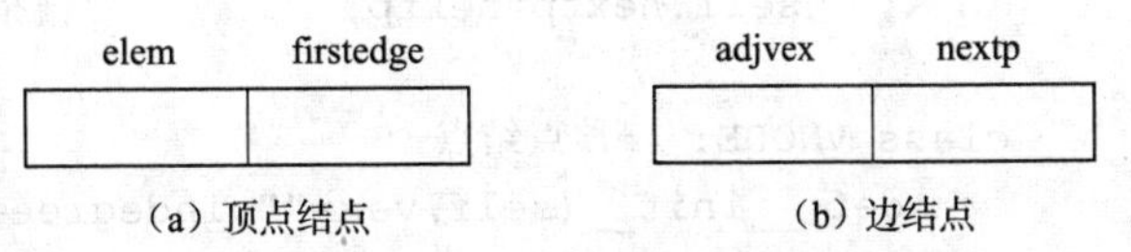

（a）顶点结点　　（b）边结点

图 6.9 图的邻接表的结点结构

图 6.9 中，elem 是顶点内容，firstedge 是指向以 elem 为出发点的第一条边或弧结点的指针；adjvex 是以 elem 为出发点的边或弧依附的另一个顶点在数组中的下标，nextp 是指向以 elem 为出发点的下一条边或弧结点的指针。有向图 6.1（b）对应的邻接表如图 6.10 所示。

无向图 6.1（a）对应的邻接表如图 6.11 所示。

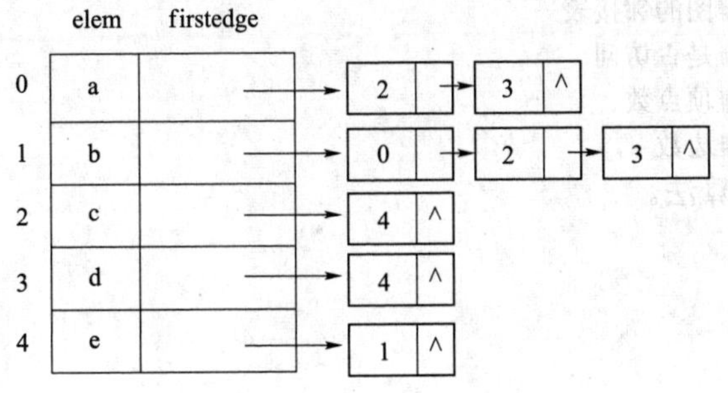

图 6.10 有向图的邻接表

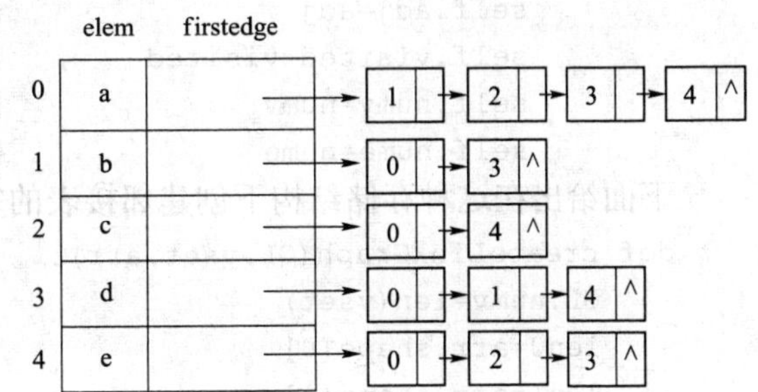

图 6.11 无向图的邻接表

对带权图或网来说，采用链接表方式存储时，需要在边结点中增加权值信息域，如图 6.12 所示。图 6.12 中 weight 域用来存储权值信息。

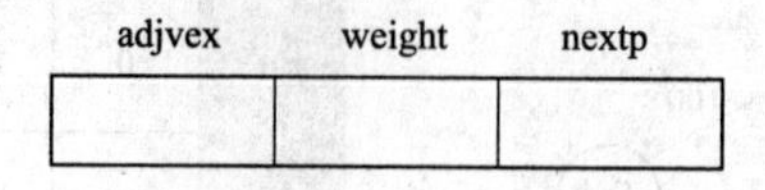

图 6.12　带权值的边结点

如图 6.6 所示的带权图或网对应的链接表映像图如图 6.13 所示。

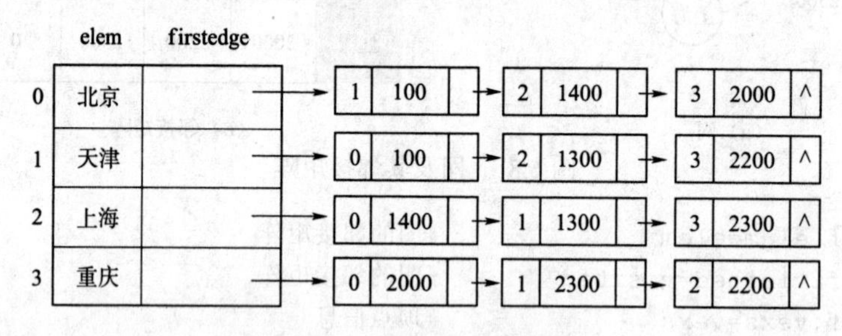

图 6.13　带权值的链接表

在 Python 语言中，邻接表的存储结构可以如下定义：

```
#邻接表类型定义
class ENODE:   #边结点
  def __init__(self,vno=0,weight=0,nextp=None):
    self.vno=vno                #定义边结点的顶点序号<i,vno>
    self.weight=weight          #边的权重
    self.nextp=nextp            #指向下一个 ENODE 结点

class VNODE:  #顶点结点
  def __init__(self,vex="",indegree=0,firstedge=None):
    self.vex=vex                #顶点字符
    self.indegree=indegree      #入度
    self.firstedge=firstedge    #指向第一个 ENODE 结点

class LinkGraph:
    def __init__(self,adj=None,visited=None,numv=0,nume=0):
        self.adj=adj            #图的邻接表
        self.visited=visited    #是否访问
        self.numv=numv          #顶点数
        self.nume=nume          #边数
```

下面给出在这种存储结构下创建邻接表的算法。

```
def createLinkGraph(GL,vset,arr):
    GL.numv=len(vset)
    len0=arr.shape[0]
    len1=arr.shape[1]
    if (GL.numv!=len0 or len0!=len1):
```

```
        print("参数错误!!!")
        return False
    for i in range(0,GL.numv):
        #给邻接表中所有的头结点置初值
        #G.adj[i]=VNODE()
        GL.adj[i].vex=vset[i]
        GL.adj[i].firstedge=None
    for i in range(0,GL.numv):
    #检查邻接矩阵的每个元素
        for j in range(GL.numv,0,-1):
            if(arr[i][j-1]!=0):                 #邻接矩阵的当前元素不为 0
                p=ENODE()                        #创建一个 ENODE 结点 p
                p.vno=j-1
                p.weight=arr[i][j-1]
                p.nextp=GL.adj[i].firstedge     #将 p 链到链表后
                GL.adj[i].firstedge=p
                GL.nume=GL.nume+1               #计算边数
    return True
```

6.2.3　应用举例

【例 6.1】 给出如图 6.14 所示的邻接矩阵及邻接表。

解： 邻接矩阵和邻接表分别如图 6.15 和图 6.16 所示。

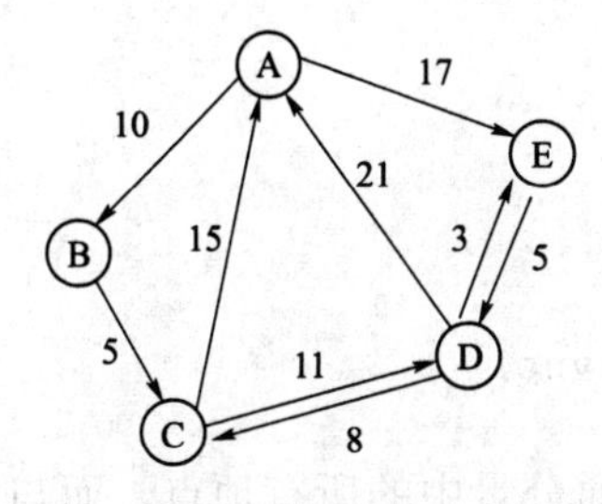

图 6.14　有向图

A	B	C	D	E	
0	10	0	0	17	A
0	0	5	0	0	B
15	0	0	11	0	C
21	0	8	0	3	D
0	0	0	5	0	E

图 6.15　邻接矩阵

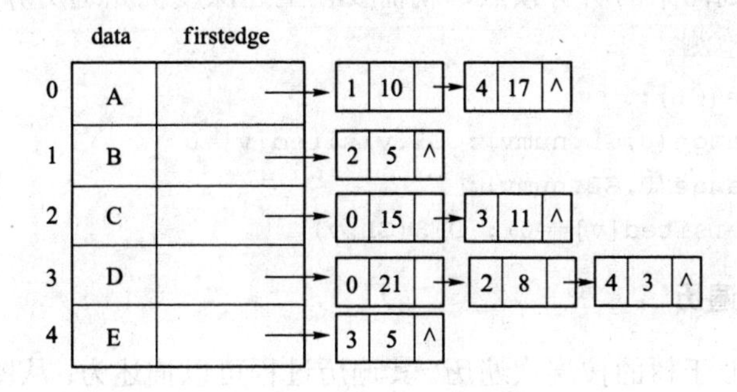

图 6.16　邻接表

6.3 图 的 遍 历

图的遍历是指从图中某个指定的顶点出发， 按照某一原则对图中所有顶点都访问一次，得到一个由图中所有顶点组成的序列的过程。常见的图遍历方式有两种：深度优先遍历和广度优先遍历，这两种遍历方式对有向图和无向图均适用。

6.3.1 深度优先遍历

深度优先遍历的思想类似于树的先序遍历。其遍历过程可以描述为：从图中某个顶点 v 出发，访问该顶点，然后依次从 v 的未被访问的邻接点出发继续深度优先遍历图中的其余顶点，直至图中所有与 v 有路径相通的顶点都被访问完为止；若此时图中还有未被访问过的顶点，则从另一个未被访问过的顶点出发重复上述过程，直到遍历全图。现以如图 6.17 所示图举例说明。

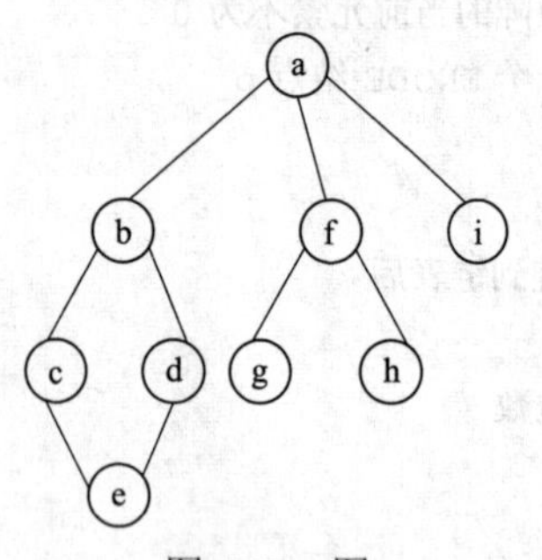

图 6.17　图

按照深度优先原则从顶点 a 开始遍历得到序列为 abcedfghi。

下面讨论如何实现深度优先算法。

为了便于在算法中区分顶点是否已被访问过，需要创建一个一维数组 visited[0..n−1]（n 是图中顶点的数目），用来设置访问标志，其初始值 visited[i]（0≤i≤n−1）为“0”，表示邻接表中下标值为 i 的顶点没有被访问过，一旦该顶点被访问，将 visited[i]置成“1”。

```
def DFS(GL,v):
#v 是遍历起始点在邻接表中的下标值,其下标从 0 开始
    GL.visited[v]=1  #1 表示已访问
    visite(GL.adj[v].vex,v)
    w=GL.adj[v].firstedge
    while(w!=None):
        if (GL.visited[w.vno]==0): DFS(GL,w.vno)
        w=w.nextp
```

对于无向图，这个算法可以遍历到 v 顶点所在的连通分量中的所有顶点，而与 v 顶点不在一个连通分量中的所有顶点遍历不到；而对于有向图可以遍历到起始顶点 v 能够到达的所有顶点。若希望遍历到图中的所有顶点，就需要在上述深度优先遍历算法的基础上，增加对每个顶点访问状态的检测。

```
def DFSTraverse(GL):
    for v in range(0,GL.numv): GL.visited[v]=0
    for v in range(0,GL.numv):
        if(GL.visited[v]==0): DFS(GL,v)
```

6.3.2 广度优先遍历

广度优先遍历类似于树的按层次遍历。其遍历过程可以描述为：从图中某个顶点 v 出发，在访问该顶点 v 之后，依次访问 v 的所有未被访问过的邻接点，然后再访问每个邻接点的邻

接点，且访问顺序应保持先被访问的顶点其邻接点也优先被访问，直到图中的所有顶点都被访问为止；若此时图中还有未被访问过的顶点，则从另一个未被访问过的顶点出发重复上述过程，直到遍历全图。如图 6.17 所示的图按照广度优先原则从顶点 a 开始遍历得到序列为 abficdghe。下面讨论实现广度优先遍历算法需要考虑的几个问题：

（1）在广度优先遍历中，要求先被访问的顶点其邻接点也被优先访问，因此，必须对每个顶点的访问顺序进行记录，以便后面按此顺序访问各顶点的邻接点。应利用一个队列结构记录顶点访问顺序，就可以利用队列结构的操作特点，将访问的每个顶点入队，然后，再依次出队，并访问它们的诮拥悖。

（2）同深度优先遍历一样，为了避免重复访问某个顶点，在广度优先遍历过程中也需要创建一个一维数组 visited[0..n−1]（n 是图中顶点的数目），用来记录每个顶点是否已经被访问过。

```
def BFS(GL,v):
    que= collections.deque([])
    GL.visited[v]=1                           #1 表示已访问
    visite(GL.adj[v].vex,v)
    que.append(v)
    v=que.popleft()
    while (len(que)>0):
        w=GL.adj[v].firstedge
        while(w!=None):
            if (GL.visited[w.vno]==0):
                GL.visited[w.vno]=1           #1 表示已访问
                visite(GL.adj[w.vno].vex,v)
                que.append(w.vno)
            w=w.nextp
        v=que.popleft()
def BFSTraverse(GL):
    for v in range(0,GL.numv): GL.visited[v]=0
    for v in range(0,GL.numv):
        if(GL.visited[v]==0): BFS(GL,v)
```

6.3.3 应用举例

【例 6.2】 图 6.18（a）是一有向图对应的邻接表，请指出按照以下遍历方式从顶点 A 开始遍历得到的结果。

（1）深度优先遍历。

（2）广度优先遍历。

解：基于邻接表画出对应的图，如图 6.18（b）所示。

（1）深度优先遍历。在图 6.19（a）中，实曲线为遍历路径，虚曲线为回溯路径，因此遍历结果为 ABEFCD。

（2）广度优先遍历。在图 6.19（b）中，虚曲线关联的键线指向的结点为进入队列的结点，[1]、[2]、[3]、[4]、[5]为进行队列的先后序列，即数字小的虚曲线对应的结点先进入队列。因此遍历结果为 ABCDEF。

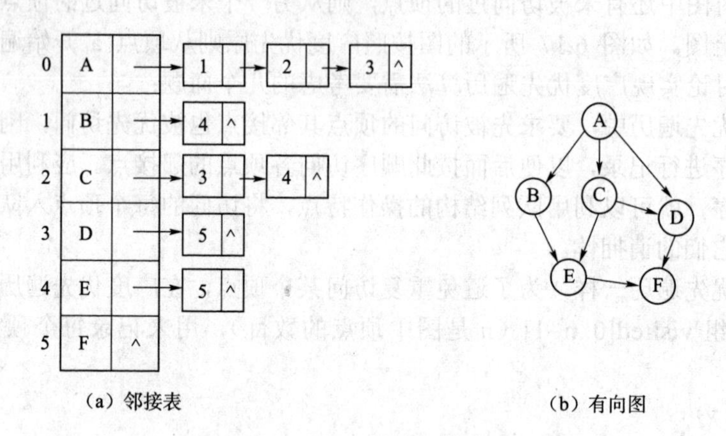

（a）邻接表　　（b）有向图

图 6.18　邻接表及有向图

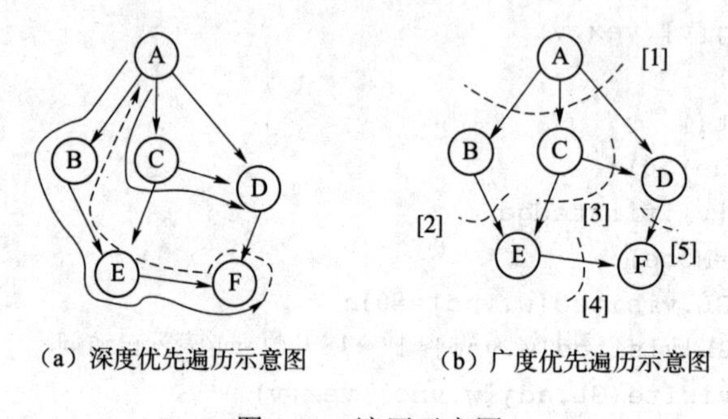

（a）深度优先遍历示意图　　（b）广度优先遍历示意图

图 6.19　遍历示意图

6.4　最小生成树问题

6.4.1　图的生成树和最小生成树

一个有 n 个顶点的连通图的生成树是一个由 n 个顶点及 n–1 条边（弧）组成的极小连通子图。一棵有 n 个顶点的生成树有且仅有（n–1）条边，因为如果一个图有 n 个顶点和小于（n–1）条边，则是非连通图。如果它多于（n–1）条边，则一定有回路。但是，有（n–1）条边的图不一定都是生成树。

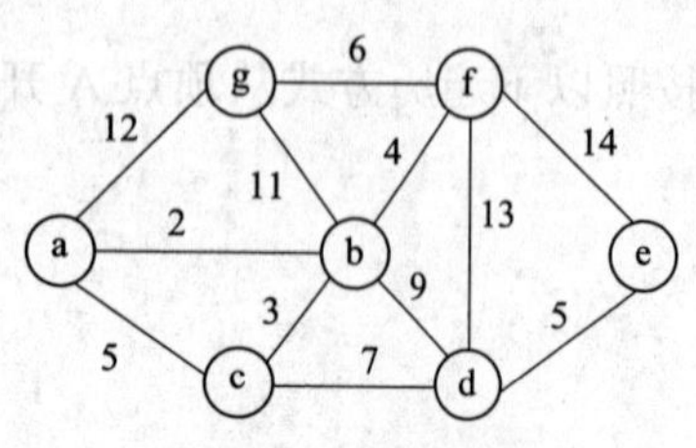

图 6.20　带权的图

图的生成树不是唯一的，从不同的顶点出发可以生成不同的生成树。现以图 6.20 所示的带权图举例说明。

图 6.21 显示了图 6.20 对应的带权图的两个生成树。

下面计算两棵生成树的权值之和。一颗生成树的权值之和等于生成树中所有边（弧）上的权值之和。

图 6.21（a）对应的生成树的权值总和为 2+12+9+7+13+14=57。

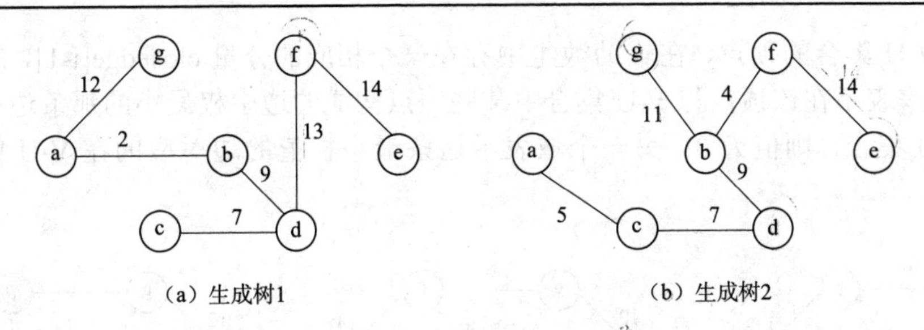

图 6.21 带权的图的生成树

图 6.21（b）对应的生成树的权值总和为 5+7+9+11+4+14=50。

计算表明，不同生成树的权值之和一般是不相等的。通常将权值之和最小的生成树称为最小生成树。

6.4.2 最小生成树构造

最小生成树具有以下重要性质：

假设 G=(V,E)是一个连通网，U 是顶点集 V 的一个非空子集。若(u,v)是一条具有最小权值（代价）的边，其中 u∈U，v∈V−U，则必存在一棵包含边(u,v)的最小生成树。

上述性质简称为“MST 性质”。以下利用反证法来证明 MST 性质。

假设不存在这样一棵包含边(u,v)的最小生成树。任取一棵最小生成树 T，将边(u,v)加入 T 中。根据树的性质，此时 T 中必然形成一个包含边(u,v)的回路，且回路中必有一条边(u',v')的权值不小于边(u,v)的权值。删除边(u',v')后得到一个代价不大于 T 的生成树 T'，且 T'为一个一棵包含边(u,v)的最小生成树。假设矛盾，故 MST 性质得证。

普里姆算法和克鲁斯卡尔算法是两个利用 MST 性质构造最小生成树的算法。

1. 普里姆算法

基本思想：取图中任意一个顶点 v 作为生成树的根，之后往生成树上添加新的顶点 w。在添加的顶点 w 和已经在生成树上的顶点 v 之间必定存在一条边，并且该边的权值在所有连通顶点 v 和 w 之间的边中取值最小。之后继续往生成树上添加顶点，直至生成树上含有 n−1 个顶点为止。

设 G=(V,GE)为具有 n 个顶点的带权连通图，T=(U,TE)为正在生成的最小生成树，初始时，TE=空，U={v_1}，v_1∈V。重复执行下述操作：

在所有 u∈U，v∈V−U 的边(u,v)中，找一条权值最小的边(u_i,v_j)加入集合 TE，同时 v_i 加入 U 中。

如此不断重复，直到 U=V 为止。此时 TE 必有 n−1 条边，则 T(V,TE)为 G 的最小生成树。

图 6.20 对应的带权图来说，按照这种方法生成最小生成树中选择点的次序为：a→b→c→f→g→d→e，得到的最小生成树如图 6.22 所示。

该最小生成树的权值为 2+3+4+6+7+5=27，显然这个数值远小于前面所举两棵生成树的权值之和。下面考虑如何实现这个操作过程的算法。

分析：①它主要有两项操作：按条件选择一条边和将顶点加入到 U 集合中；②网中的每个顶点不是在 U 集合中，就是在 V-U 集合中。为了提高算法的时间效率和空间效率，我们为这个算法设计一个辅助数组 closedge，用来记录从集合 U 到集合 V-U 具有最小权值的边。

对每个属于 V-U 集合的顶点，在辅助数组中存在一个相应的分量 closedge[i-1]，它包括两个域，一个域用来表示在该顶点与 V-U 集合中某些顶点构成的边中权最小的那条边的权值，若该顶点进入 U 集合，则值为 0；另一个域表示这条最小权值的边对应的在 V-U 集合中的顶点下标。

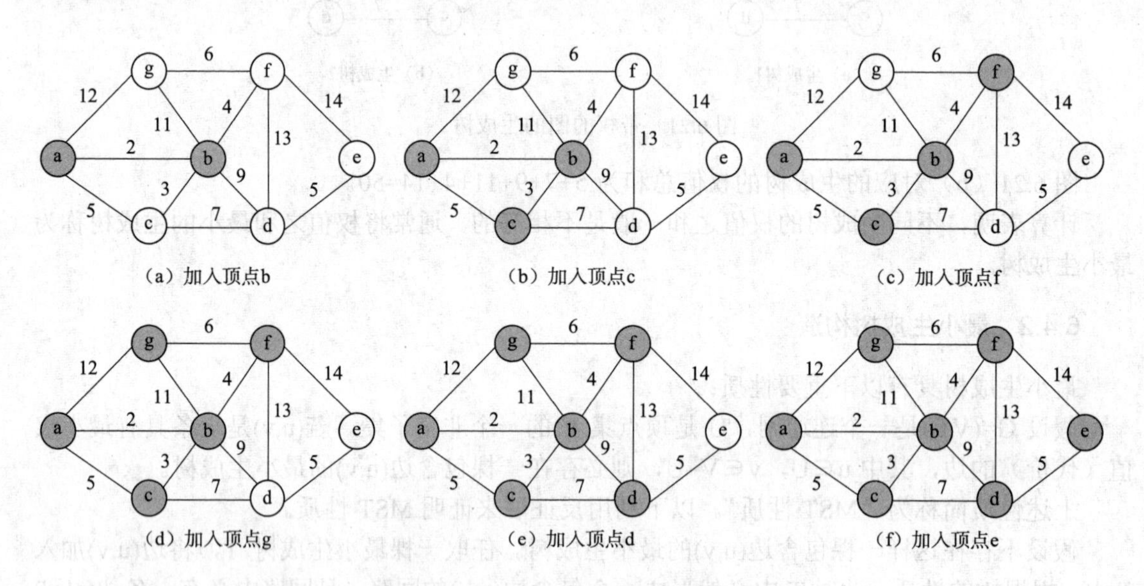

图 6.22　最小生成树（普里姆算法）

整个算法的执行过程可以描述如下：

```
{
    初始化 closedge 数组的内容；
    选择某个顶点 k 作为生成树的根结点，并将它加入到 U 集合中；
    重复下列操作 n-1 次：
    选择一条满足条件的边；
    输出这条边的两个端点；
    修改 V-U 集合中的顶点信息，即与 U 集合中构成最小权值的边。
}
```

假设该网以邻接矩阵的形式给出，则完整的算法如下：

```
def prim_miniTree(GM,k):
#GL 是网的邻接矩阵，k 是生成树根结点的序号
    adjvex=np.zeros(GM.numv,dtype=np.int16)
    lowcost=np.zeros(GM.numv)
    print("普里姆最小生成树......")
    print("<%2s,%2s,%3s>"%("v1","v2","w"))
    for j in range(0,GM.numv):
        if (j!=k):
            adjvex[j]=k
            lowcost[j]=GM.elem[k][j]
    lowcost[k]=-1  #将顶点 k 加入 U 集合中
```

```
    for i in range(1,GM.numv):
        #求下一个顶点 k,即边最小的顶点
        k=mincost(lowcost,GM.numv)
        v0=adjvex[k]
        vex1=GM.vexs[v0];vex2=GM.vexs[k]
        print("<%2s,%2s,%3d>"%(vex1,vex2,GM.elem[v0][k]))
    lowcost[k]=-1                          #将顶点 k 加入 U 集合中
        #新顶点并入 U 后重新选择最小边
        for j in range(0,GM.numv):
            v1=lowcost[j];  v2=GM.elem[k][j]
            if (v1==0 or (v1>0 and v2>0 and v2<v1)):
                adjvex[j]=k
                lowcost[j]=GM.elem[k][j]


def mincost(lowcost,n):
    k=0
    while (lowcost[k]<=0 and k<n): k=k+1
    for j in range(k,n):
        if (lowcost[j]<lowcost[k] and lowcost[j]>0):
            k=j
    return k
```

表 6.2 给出了由图 6.20 对应的带权图生成最小生成树的过程中数组 closedge、集合 V 和集合 U 的动态变化情况。

表 6.2　普里姆算法运行结果变化一览表

closedge \ i	1	2	3	4	5	6	U	V-U	k
adjvex	a	a				a	{a}	{b,c,d,e,f,g}	1
lowcost	2	5				12			
adjvex		b	b		b	b	{a,b}	{c,d,e,f,g}	2
lowcost	0	3	9		4	11			
adjvex			c		b	b	{a,b,c}	{d,e,f,g}	5
lowcost	0	0	7		4	11			
adjvex			c	f		f	{a,b,c,f}	{d,e,g}	6
lowcost	0	0	7	14	0	6			
adjvex			c	f			{a,b,c,f,g}	{d,e}	3
lowcost	0	0	7	14	0	0			
adjvex				d			{a,b,c,f,g,d}	{e}	4
lowcost	0	0	0	5	0	0			
adjvex							{a,b,c,f,g,d,e}	{}	
lowcost	0	0	0	0	0	0			

2. 克鲁斯卡尔算法

基本思想：为使生成树上边的权值之和达到最小，则应使生成树中每一条边的权值尽可能地小。

具体做法：先构造一个只含 n 个顶点的子图 SG，然后从权值最小的边开始，若它的添加不使 SG 中产生回路，则在 SG 上加上这条边，如此重复，直至加上 n−1 条边为止。

对如图 6.20 所示的带权图来说，按照克鲁斯卡尔算法生成最小生成树中选择边的次序为：a→b，b→c，b→f，d→e，f→g，c→d，详细过程如图 6.23 所示。

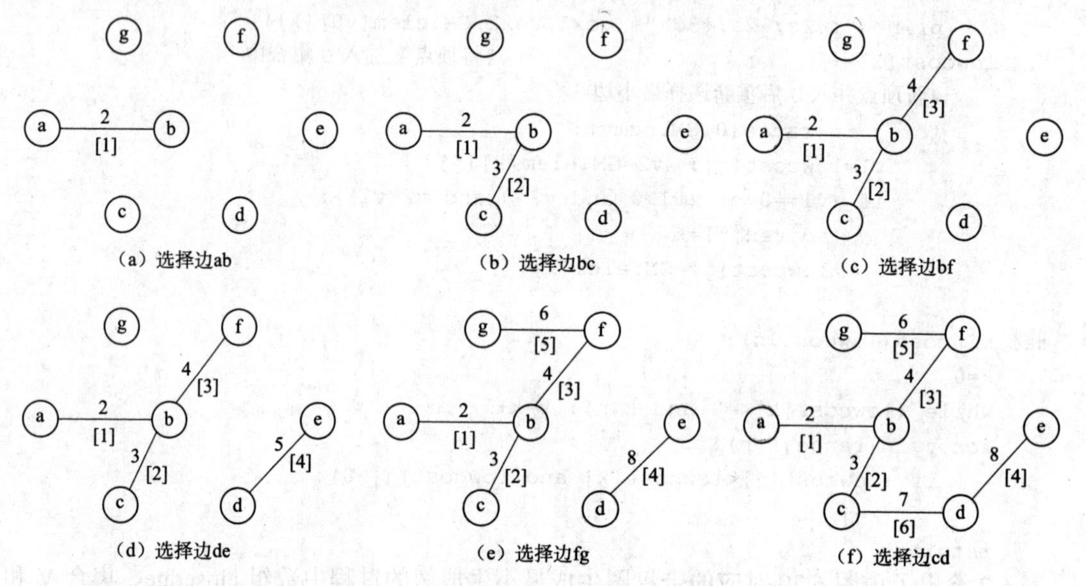

图 6.23　最小生成树（克鲁斯卡尔算法）

克鲁斯卡尔算法可粗略描述如下：

构造非连通图 ST=(V,{ });

```
k = i = 0;      #k 记录选中的边数
while (k<n-1):
    ++i;
```

检查边集 E 中第 i 条权值最小的边(u,v);

若(u,v)加入 ST 后不使 ST 中产生回路，

则输出边(u,v)；且 k++。

为了简便，在实现克鲁斯卡尔算法 Kruskal()时，参数 E 存放图 G 中的所有边，假设它们是按权值从小到大的顺序排列的。n 为图 G 的顶点个数，e 为图 G 的边数。

```
typedef struct
{    int u;      #边的起始顶点
     int v;      #边的终止顶点
     int w;      #边的权值
} Edge;
```

Kruskal()算法如下：

```
def kruskal_miniTree(GM):
    print("克鲁斯卡尔最小生成树......")
    print("<%2s,%2s,%3s>"%("v1","v2","w"))
    k=0
```

```
#由链接表生成gu[]、gv[]和gw[]
ne2=GM.nume//2
gu=np.zeros(ne2,dtype=np.int16)
gv=np.zeros(ne2,dtype=np.int16)
gw=np.zeros(ne2)
for i in range(0,GM.numv):
    for j in range(i,GM.numv):
        if (GM.elem[i][j]>0):
            gu[k]=i;gv[k]=j;gw[k]=GM.elem[i][j]
            k=k+1
#对gw[]排序
for i in range(0,ne2):
    for j in range(i+1,ne2):
        if (gw[i]>gw[j]):
            ut=gu[i];vt=gv[i];wt=gw[i]
            gu[i]=gu[j];gv[i]=gv[j];gw[i]=gw[j]
            gu[j]=ut;gv[j]=vt;gw[j]=wt
vset=np.zeros(GM.numv)
for i in range(0,GM.numv):  vset[i]=i   #初始化辅助数组
k=1                                     #k表示当前构造最小生成树的第几条边,初值为1
j=0                                     #E中边的下标,初值为0
while (k<GM.numv):                      #生成的边数小于n时循环
    m1=gu[j];m2=gv[j]                   #取一条边的头尾顶点
    sn1=vset[m1]; sn2=vset[m2]          #分别得到两个顶点所属的集合编号
    if (sn1!=sn2):
    #两顶点属于不同的集合,该边是最小生成树的一条边
        vex1=GM.vexs[m1];vex2=GM.vexs[m2]
        print("<%2s,%2s,%3d>"%(vex1,vex2,gw[j]))
        k=k+1                           #生成边数增加1
        for i in range(0,GM.numv):      #两个集合统一编号
            if (vset[i]==sn2):          #集合编号为sn2的改为sn1
                vset[i]=sn1
    j=j+1                               #扫描下一条边
```

6.4.3 应用举例

【例 6.3】 已知图 6.24 所示的图，分别使用普里姆算法和克鲁斯卡尔算法构造该图的一棵最小生成树。

解：

（1）普里姆算法。假定从结点 1 开始，则构造最小生成树时选择结点的次序为：1→6→7→2→3→4→5。

（2）克鲁斯卡尔算法。最小生成树时选择边的次序为：<1,6>→<2,3>→<1,7>→<2,4>→<2,5>→<1,2>。

最小生成树如图 6.25 所示。

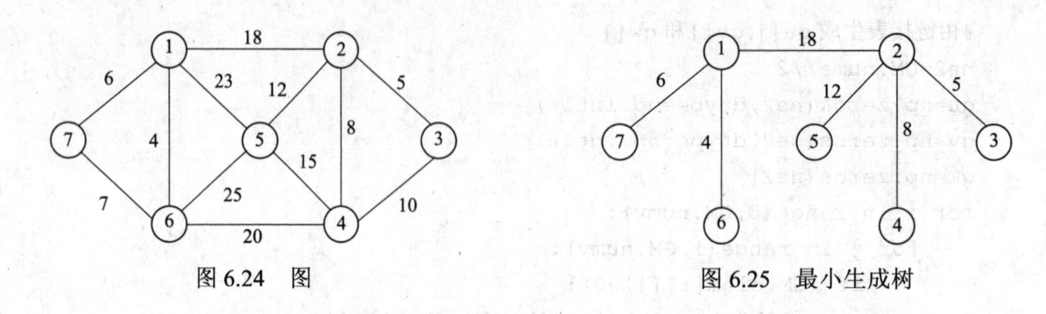

图 6.24　图　　图 6.25　最小生成树

6.5　有向无环图及应用

6.5.1　基本定义

1. 有向无环图

有向无环图是一个无环的有向图。如图 6.26（a）是有向无环图；图 6.26（b）不是有向无环图，因为存在环“B→C→E→B”。

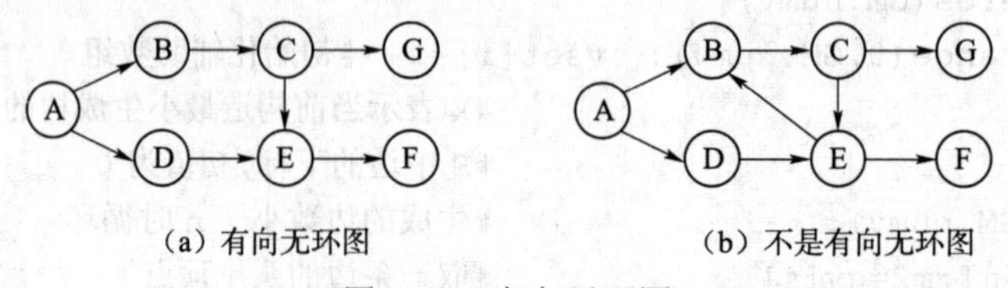

（a）有向无环图　　（b）不是有向无环图

图 6.26　有向无环图

2. AOV 网

AOV 网是以顶点表示活动，以有向边表示活动之间的优先关系的有向图，如图 6.27 所示。

在 AOV 网中，若顶点 i 到顶点 j 之间有有向路径，则称顶点 i 为顶点 j 的前驱，顶点 j 为顶点 i 的后继；若顶点 i 到顶点 j 之间为一条有向边，则称顶点 i 为顶点 j 的直接前驱，顶点 j 为顶点 i 的直接后继。

图 6.27 中，C1 是 C2、C3、C4、C5、C6、C7 的前驱，是 C2、C4 的直接前驱。相应地，C2、C3、C4、C5、C6、C7 是 C1 的后继，其中 C2、C4 是 C1 的直接后继。

AOV 网可以描述一个工程流程图。因此在 AOV 网络中不能存在回路，否则该工程流程图是无法执行的。利用拓扑排序的功能就是用来检测 AOV 网络中是否有环。

3. AOE 网

AOE 网是一个带权的有向无环图，其中，顶点表示事件，有向边表示活动，边上的权值表示活动持续的时间，如图 6.28 所示。AOE 网具有以下特点：

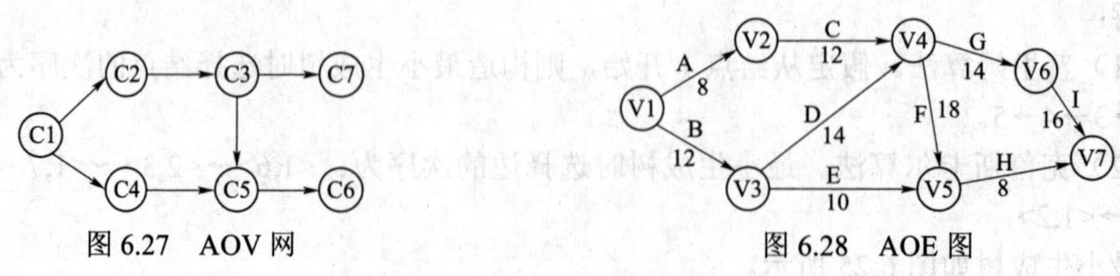

图 6.27　AOV 网　　图 6.28　AOE 图

（1）只有在某个顶点所代表的事件发生以后，该顶点引发的活动才能开始。

（2）进入某事件的所有边所代表的活动都已完成，该顶点所代表的事件才能发生。

AOE网是描述一项工程或系统的进行过程的有效工具。几乎所有的工程都可以作为若干个称作为活动的子工程，而这些子工程之间通常受一定条件的约束，如其中子工程的开始必须在另一些子工程完成之后。对整个工程和系统，人们关心两方面问题：一是工程能否顺利进行；二是估算整个工程完成所需的最短时间。对应于有向图，即为进行拓扑排序和关键路径操作。

6.5.2 拓扑排序

简单地说，拓扑排序是由某个集合上的一个偏序得到该集合上的一个全序的操作。若集合A上的关系R满足自反性、反对称性的和传递性，则称R是集合A上的偏序关系。

例如，≤是实数集合R上的偏序关系。因此对任意实数a∈R，都有a≤a，所以R是自反的；对任意实数a，b∈R，如果a≤b且b≤a，则必有a=b，所以R是对称的。如果a≤b，b≤c，则a≤c，所以R是传递的。

R是集合A上的偏序，如果对每个属于A的x，y必有xRy或者yRx，则称 R是集合A上的全序关系。例如，定义在自然数集合N上的小于等于关系，小于等于是偏序关系，也是全序关系。

直观地看，偏序指集合中仅部分成员之间可以比较，全序指集合中全体成员之间均可比较。图6.29中，（a）是偏序但不是全序，因为B和D以及C和D之间不存在关系；（b）是全序。

拓扑排序是有向图的一个重要操作。在给定的有向图G中，若顶点序列v_1，v_2，…，v_n满足下列条件：若在有向图G中从顶点v_i到顶点v_j有一条路径，则在序列中顶点v_i必在顶点v_j之前，便称这个序列为一个拓扑序列。求一个有向图拓扑序列的过程称为拓扑排序。拓扑排序的方法如下：

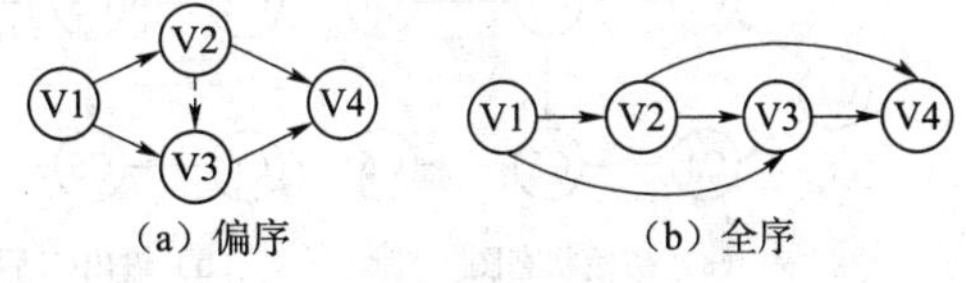

图6.29 偏序和全序

（1）从图中选择一个入度为0的顶点且输出之。

（2）从图中删掉该顶点及其所有以该顶点为弧尾的弧。

反复执行这两个步骤，直到所有的顶点都被输出，输出的序列就是这个无环有向图的拓扑序列。细心的读者可能会发现：在每一时刻，可能同时存在多个入度为0的顶点，选择其中一个即可。

举例：计算机专业的学生应该学习的部分课程及其每门课程所需要的先修课程。

计算机专业的学生所学习课程之间存在一定的先后关系，例如在学习数据结构之前，得先学习程序设计基础和离散数学。假设计算机专业的学生应该学习的部分课程之间关系见表6.3。

表6.3 课程之间先导关系

课程编号	课程名称	先导课程
C1	程序设计基础	无

续表

课程编号	课程名称	先导课程
C2	离散数学	C1
C3	数据结构	C1、C2
C4	汇编语言	C1
C5	算法分析与设计	C3、C4
C6	操作系统	C3、C5
C7	编译原理	C3

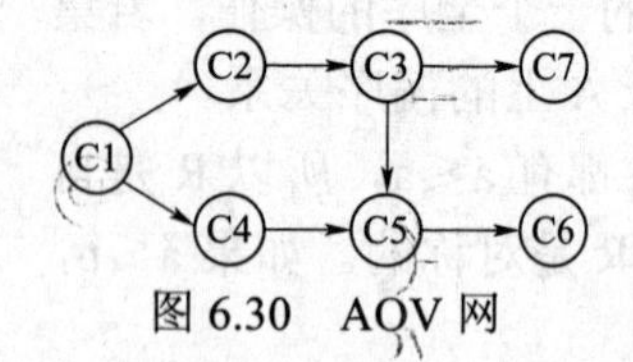

图 6.30　AOV 网

基于表 6.3 可以画出对应的 AOV 图，如图 6.30 所示。

下面先计算各结点的度，如表 6.4 所列给出了各结点的入度和出度。现在按照上述拓扑排序思路生成拓扑序列，详细过程如图 6.31 所示。

表 6.4　结　点　的　度

顶点	C1	C2	C3	C4	C5	C6	C7
入度	0	1	1	1	2	1	1
出度	2	1	2	1	1	0	0

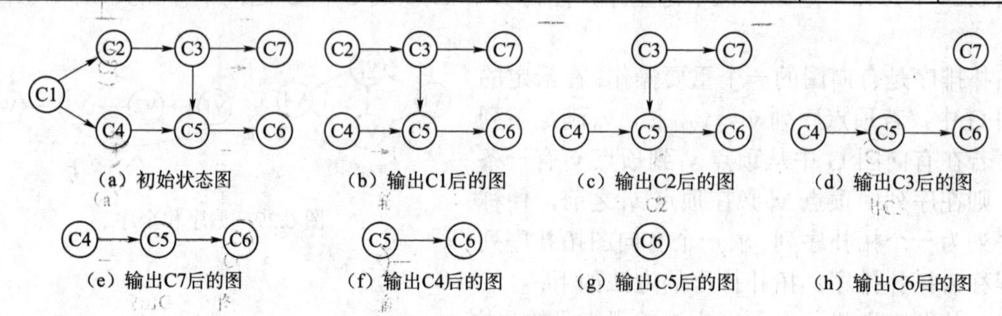

图 6.31　拓扑排序过程

从图 6.31 可以看出，一个拓扑序列为：C1-C2-C3-C7-C4-C5-C6。值得指出的是，拓扑序列不是唯一的，例如序列 C1-C2-C3-C4-C5-C6-C7 也是一个拓扑序列。下面讨论如何实现拓扑排序的算法，假设有向图以邻接表的形式存储。算法实现的基本过程如下：

```
{
    将所有入度为 0 的顶点入栈。
    当栈非空时重复执行下列操作：
        从栈中退出顶点 k。
        将 k 顶点的信息输出。
        将与 k 邻接的所有顶点的入度减 1。
}
```

下面是拓扑排序的完整算法：

```
def toporder(GL,ve,stk2):
    m=0
    stk1= collections.deque([])
    for j in range(0,GL.numv): ve[j]=0
    #入度为 0 的定点入栈 stk1 拓扑排序
    for j in range(0,GL.numv):
        if(GL.adj[j].indegree==0): stk1.append(j)
    while(len(stk1)>0):
        j=stk1.pop()
        stk2.append(j)
        m=m+1
        p=GL.adj[j].firstedge
        while(p!=None):
            k=p.vno
            GL.adj[k].indegree=GL.adj[k].indegree-1
            if(GL.adj[k].indegree==0): stk1.append(k)
            dut0=dut(GL,j,k)
            if(ve[j]+dut0>ve[k]): ve[k]=ve[j]+dut0
            p=p.nextp
    if(m<GL.numv):return False
    else:return True
```

6.5.3 关键路径

1. *有关定义*

关键路径是从源点到终点的路径中具有最大路径长度（路径上的边的权值之和）的路径。关键路径上的活动称为关键活动。关键路径具有以下特点：

（1）关键路径的长度为完成整个工程所需要的最短时间。

（2）任意关键活动的权值变化将影响整个工程的进度，而其他非关键活动在一定范围内的变化不会影响工期。

2. *计算方法*

（1）顺推法：即从任务的起始结点开始，为每一项活动确定直接的后继活动，直到任务的终点结点为止。

（2）逆推法：即从任务的终点结点开始，为每一项活动确定直接的先行活动，直到任务的起始结点为止。

设 e(i)、l(i)分别表示某活动 a_i 的最早开始时间和最迟开始时间，ve(i)、vl(i)分别表示某结点 i 的最早发生时间和最迟发生时间，活动 a_i 对应的结点对<j,k>，活动 a_i 对应的持续时间为 $T_d(j,k)$，Tail(i)是所有以 i 为尾的键线的集合，Head(i)是所有以 i 为头的键线的集合，N 为结点数，则有关参数计算如下：

1）活动 a_i 的最早开始时间和最迟开始时间：

$e(i)=ve(j)$

$l(i)=vl(k)-T_d(j,k)$

<j,k>为活动 a_i 对应的结点对。

2）计算结点 j 的最早发生时间 ve(j)：

从 ve(1)=0 开始向前递推

$ve(j)=\max\{ve(i)+T_d(i,j)\}$

$<j,k>\in Head(j), 2\leqslant j\leqslant N$

3）计算结点 i 的最迟发生时间 vl(i)：

$vl(i)=\min\{vl(j)-T_d(i,j)\}$

4）若 e(i) =l(i)，则说明活动 a_i 为一个关键活动。

3. 算法实现

算法的实现要点如下：

显然，求 ve 的顺序应该是按拓扑有序的次序；而求 vl 的顺序应该是按拓扑逆序的次序。因为拓扑逆序序列即为拓扑有序序列的逆序列，因此应该在拓扑排序的过程中，另设一个“栈”记下拓扑有序序列。

（1）输入 e 条弧<j,k>，建立 AOE-网的存储结构。

（2）从源点 v_0 出发 ve[0]=0，按拓扑有序求其余各顶点的最早发生时间 ve[i]（$1\leqslant i\leqslant n-1$）。如果得到的拓扑有序序列中顶点个数小于网中的顶点数 n，则说明网中存在环，不能求关键路径，算法终止，否则执行步骤（3）。

（3）从汇点 v_n 出发，令 vl[n−1]=ve[n−1]，按逆序拓扑有序求其余各顶点的最迟发生时间 vl[i]（$0\leqslant i\leqslant n-2$）。

（4）根据各顶点的 ve 和 vl 值，求每条弧 s 的最早开始时间 e(s)和最迟发生时间 l(s)。若某条弧满足条件 e(s)=l(s)，则为关键活动。

```
def keyPath(GL):
    n=GL.numv
    ve=np.zeros(n); vl=np.zeros(n)
    stk2= collections.deque([])
    if(not toporder(GL,ve,stk2)):
        print("存在环!.....")
        return False
    for i in range(0,n): vl[i]=ve[n-1]
    while(len(stk2)>0):
        j=stk2.pop()
        p=GL.adj[j].firstedge
        while(p!=None):
            k=p.vno
            dut0=dut(GL,j,k)
            if(vl[k]-dut0<vl[j]):vl[j]=vl[k]-dut0
            p=p.nextp
        for j in range(0,n):
            p=GL.adj[j].firstedge
            while(p!=None):
                k=p.vno
```

```
            ee=ve[j]
            dut0=dut(GL,j,k)
            el=vl[k]-dut0
            tag=""
            if(ee==el):  tag="*"
            print("(j,k,dut,ee,el,tag)=(",end="")
            print(j,",",k,",",dut0,",",ee,",",el,",",tag,")")
            p=p.nextp
    return True
```

4. 举例说明

假设以有向网表示一个施工流程图（图 6.32），弧上的权值表示完成该项子工程所需的时间。

问：哪些子工程项是"关键工程"？即哪些子工程项将影响整个工程的完成期限。整个工程完成的时间为：从有向图的源点到汇点的最长路径。

"关键活动"指的是：该弧上的权值增加将使有向图上的最长路径的长度增加。

分析：基于上述计算原理，利用计算机程序计算得到各顶点的 ve 和 vl 值、每条弧 s 的最早开始时间 e（s）和最迟发生时间 l（s），详见表 6.5。

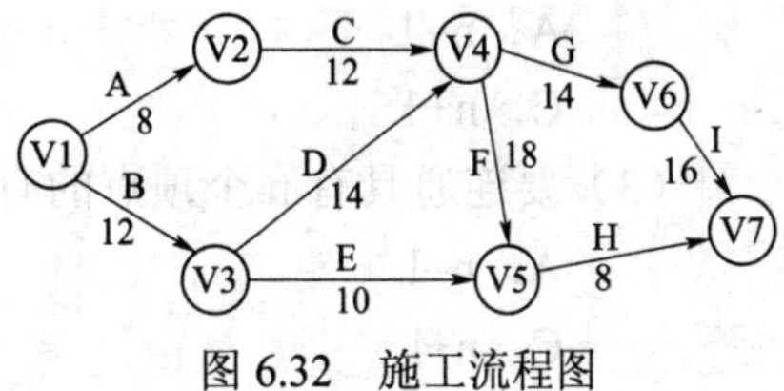

图 6.32　施工流程图

表6.5　计　算　结　果

	A	B	C	D	E	F	G	H
1	工序时间表							
2	结点号	#1	#2	#3	#4	#5	#6	#7
3	#1	0	8	12	0	0	0	0
4	#2	0	0	0	12	0	0	0
5	#3	0	0	0	14	10	0	0
6	#4	0	0	0	0	18	14	0
7	#5	0	0	0	0	0	0	8
8	#6	0	0	0	0	0	0	16
9	#7	0	0	0	0	0	0	0
10	结果输出区域							
11	结点	ve	vl	工序		e	l	Tag
12	1	0	0	1	2	0	6	
13	2	8	14	1	3	0	0	*
14	3	12	12	2	4	8	14	
15	4	26	26	3	4	12	12	*
16	5	44	48	3	5	12	38	
17	6	40	40	4	5	26	30	
18	7	56	56	4	6	26	26	*
19				5	7	44	48	
20				6	7	40	40	*

上述计算是在 Excel 中调用宏函数完成的，单元格区域 B3：H9 应用输入以邻接矩阵形式表示的图，单元格区域 B12：H20 应用输出各有关值。

从表 6.5 可知，关键活动有 B(<1,3>)、D(<3,4>)、G(<4,6>)、I(<6,7>)，关键路径为 1→3→4→6→7，关键路径长度为 56(=12+14+14+16)。

6.6 习　题

1. 选择题

（1）设无向图的顶点个数为 n，则该图中边的个数最多为________。

A．n−1　　B．n(n−1)/2

C．n(n+1)/2　　D．0

（2）一个 n 个顶点的连通无向图，其边的个数至少为________。

A．n−1　　B．n

C．n+1　　D．nlogn;

（3）要连通具有 n 个顶点的有向图，其边的个数至少为________。

A．n−l　　B．n

C．n+l　　D．2n

（4）当一个有 N 个顶点的图用邻接矩阵 A 表示时，顶点 Vi 的度是________。

A．$\sum_{i=1}^{n} A[i,j]$　　B．$\sum_{j=1}^{n} A[i,j]$

C．$\sum_{i=1}^{n} A[j,i]$　　D．$\sum_{j=1}^{n} A[j,i]$

（5）下面哪一种方法可以判断出一个有向图是否有环（回路）________。

A．深度优先遍历　　B．拓扑排序

C．求最短路径　　D．求关键路径

（6）关键路径是事件结点网络中________。

A．从源点到汇点的最长路径　　B．从源点到汇点的最短路径

C．最长回路　　D．最短回路

2. 应用题

（1）回答下面的问题：

1）如果 G1 是一个具有 n 个顶点的连通无向图，那么 G1 最多有多少条边？G1 最少有多少条边？

2）如果 G2 是一个具有 n 个顶点的强连通有向图，那么 G2 最多有多少条边？G2 最少有多少条边？

3）如果 G3 是一个具有 n 个顶点的弱连通有向图，那么 G3 最多有多少条边？G3 最少有多少条边？

（2）已知无向图 G，V(G)={1,2,3,4}，E(G)={(1,2),(1,3),(2,3),(2,4),(3,4)}。试画出 G 的邻接多表，并说明，若已知点 i，如何根据邻接多表找到与 i 相邻的点 j？

(3)已知 G = (V, E), V = {V1, V2, …, V9}, E={<V1,V3>,<V1,V8>,<V2,V3>,<V2,V4>,<V2,V5>,<V3,V9>,<V5,V6>,<V8,V9>,<V9,V7>,<V4,V7>,<V4,V6>}，要求：

1）画出有向图。

2）画出有向图的邻接表。

3）举出一个拓扑序列。

（4）如图 6.33 所示，要求如下：

1）画出图 G 的邻接表表示图。

2）画出图 G 的邻接表。

3）以顶点 1 为根，写出图 G 的深度优先序列和广度优先序列。

（5）已知一个无向图 6.34，要求分别用普里姆算法和克鲁斯卡尔算法生成最小树（假设以 e 为起点，试写出构造过程）。

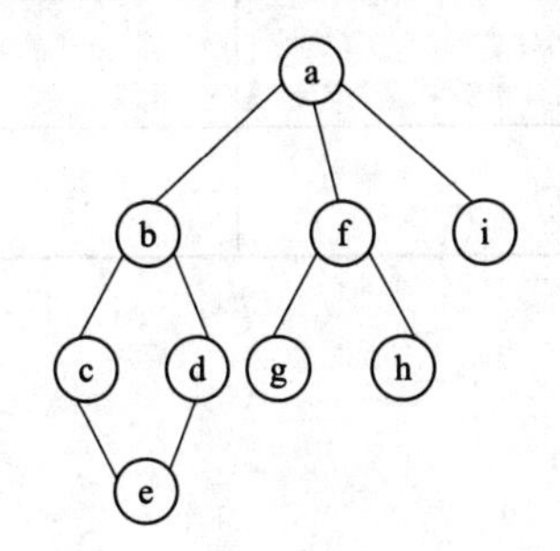

图 6.33 图 G

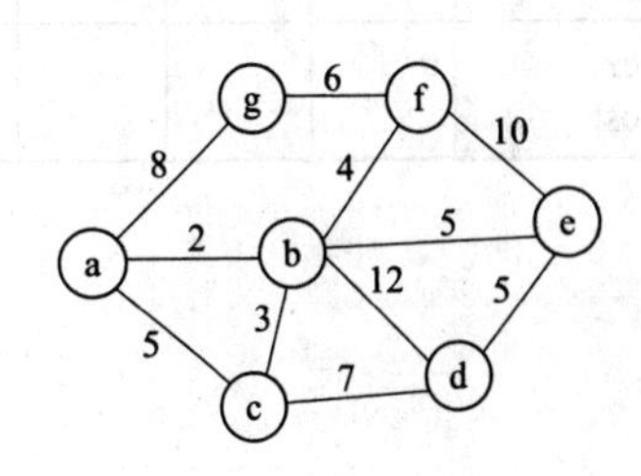

图 6.34 无向图

（6）表 6.6 给出了世界六大城市（北京、纽约、巴黎、伦敦、东京、墨西哥）之间的交通里程。要求如下：

1）画出这六大城市的交通网络图。

2）画出该图的邻接表表示法。

3）画出该图按权值递增的顺序来构造的最小生成树。

4）类似表 6.7 方式填写辅助数组值。

表 6.6 世界六大城市交通里程表 单位：公里

城市	北京	纽约	巴黎	伦敦	东京	墨西哥
北京	0	10900	8200	8100	2100	12400
纽约	10900	0	5800	5500	10800	3200
巴黎	8200	5800	0	300	9700	9200
伦敦	8100	5500	300	0	9500	8900
东京	2100	10800	9700	9500	0	11300
墨西哥	12400	3200	9200	8900	11300	0

表 6.7　普里姆算法运行结果变化一览表

closedge \ i	1	2	3	4	5	6	U	V-U	k
adjvex lowcost									
adjvex lowcost									
adjvex lowcost									
adjvex lowcost									
adjvex lowcost									
adjvex lowcost									
adjvex lowcost									

第7章 查 找

- 理解查找的含义。
- 理解静态查找和动态查找的含义及区别。
- 掌握顺序查找的含义及实现。
- 掌握顺序折半查找的含义及实现。
- 掌握二叉排序树的含义及实现。
- 掌握哈希表的含义、构造、实现及应用。

7.1 基 本 概 念

查找，也称为检索，是数据处理中常用的一种操作。例如，从电话簿中查找某人电话，从学生信息表中查找外籍学生信息等。计算机查找可以大大提高工作效率。

在计算机应用中，查找是指在数据元素集合中查找满足某种条件的数据元素的过程。这里常将用于查找的数据元素集合称为查找表。查找表是由同一类型的数据元素（或记录）构成的集合（文件或表）。查找条件可能多种多样，但最常用的查找条件是“关键字值等于某个给定值”，即在查找表中检索关键字等于给定值的数据元素（或记录）。除非特别说明，本书约定的查找条件都属于此种类型。

对查找表的操作可以分为如下4类：

（1）在查找表中查看某个特定的数据元素是否在查找表中。

（2）检索某个特定元素的各种属性。

（3）在查找表中插入一个数据元素。

（4）从查找表中删除某个数据元素。

基于操作类型，可以将查找分为静态查找和动态查找，相应地将查找表分为静态查找表和动态查找表。

若只对查找表进行第（1）类或第（2）类操作，则称这类查找表为静态查找表。静态查找表在查找过程中查找表本身不发生变化。对静态查找表进行的查找操作称为静态查找。

若在查找过程中可以将查找表中不存在的数据元素插入，或者从查找表中删除某个数据元素，即允许对查找表进行第（3）类或第（4）类操作，则称这类查找表为动态查找表。动态查找表在查找过程中查找表可能会发生变化。对动态查找表进行的查找操作称为动态查找。

查找的结果有成功、不成功两种可能。若表中存在关键字等于给定值的记录，则称查找成功，此时的查找结果应给出找到记录的全部信息或指示找到记录的存储位置；若表中不存在关键字等于给定值的记录，则称查找不成功，此时查找的结果可以给出一个空记录或空指针。

一般在查找表中，每个数据元素或记录由若干个数据项组成，其中用作查找条件的数据项称为关键字。因此，关键字是数据元素（或记录）中某个数据项的值，用它可以标识一个数据元素（或记录）。若此关键字可以唯一地标识一个记录，则称此关键字为主关键字；反之，则称此关键字为次关键字。例如，银行账户中的账号是主关键字，而姓名是次关键字。若按主关键字查找，查找结果是唯一的；若按次关键字查找，结果可能是多个记录，即结果可能不唯一。

查找表是一种非常灵活的数据结构，对于不同的存储结构，其查找方法不同。为了提高查找速度，有时会采用一些特殊的存储结构。本章将介绍以线性结构、树形结构及哈希表结构为存储结构的各种查找算法。

用于查找的算法有很多，由于在查找过程的主要操作是关键字的比较，因此通常以“平均比较次数”来衡量查找算法的时间效率。

7.2　静　态　查　找

静态查找是指在静态查找表上进行的查找操作，在查找表中查找满足条件的数据元素的存储位置或各种属性。本节将讨论以线性结构表示的静态查找表及相应的查找算法。

7.2.1　顺序查找

1. 顺序查找的基本思想

顺序查找是一种最简单的查找方法。其基本思想是将查找表作为一个线性表（顺序表或链表），从第一个数据元素（或记录）开始，将给定值与表中元素逐一进行比较，若某个元素的关键字值与给定值相等，则查找成功，返回该元素的存储位置；反之，若直到最后一个元素，其关键字值与给定值均不相等，则查找失败，返回查找失败标志。对于元素的关键字是无序的表来说，只能采用这种方法。

2. 顺序查找示例

顺序表中数据元素的关键字序列为{67,27,68,41,20,30,31,45,47,13}，则查找关键字 key=30 需要 6 次比较，查找成功；而查找关键字 key=70 需要 11 次比较，查找不成功。

3. 顺序表的顺序查找

这种查找以顺序表作为存储结构，数据元素存放在连续存储单元。Python 语言中顺序表的类型定义如下：

```
#结点类中数据定义
class ElemType:
    def __init__(self,key=None,others=None):
        self.key=key  #关键字
        self.others=others  #其他


class Node:    #单指针结点类
    def __init__(self,elem=None,nextp=None):
```

```
        self.elem=elem
        self.nextp=nextp

#顺序表
class ListTable:
    def __init__(self,maxnum=0,realnum=0,elem=None):
        self.elem=elem
        self.MAXNUM=maxnum
        self.realnum=realnum
```

假设在查找表中，数据元素个数为 n（n<MAXNUM），并分别存放在数组的下标变量 a[1]～a[n]中。

算法实现的基本思想是：从数组 a 的下标 0 开始，逐一将 a[i]的关键字值与 key 进行比较，若满足条件（相等），则查找成功，返回该记录所在位置的下标序号；否则，查找不成功，返回−1。顺序表查找的完整算法如下：

```
def seek_seq(L,key):
    #在顺序表 L 中利用顺序查找方法查找关键字值等于 key 的记录
    #若查找成功,返回该记录所在位置的下标序号,否则返回-1
    i=0
    while (i<len(L.elem) and L.elem[i].key!=key):  i=i+1
    if (i<len(L.elem)): return i
    else: return -1
```

4. 平均查找长度 ASL

平均查找长度 ASL 是查找中所进行的关键字值比较的次数的平均值（期望值）。对于具有 n 个记录的文件，顺序查找成功的平均查找长度为

$$ASL=\sum_{i=1}^{n}p_i c_i$$

其中，p_i 为查找第 i 个记录的概率，c_i 为查找第 i 个记录所进行过的关键字的比较次数。

对线性表而言，如果查找概率相等，则有

$$ASL=\sum_{i=1}^{n}p_i c_i=\frac{n+1}{2}$$

顺序查找算法简单，对表的结构无任何要求；但是执行效率较低，尤其当 n 较大时，不宜采用这种查找方法。

7.2.2 折半查找

1. 折半查找的基本思想

折半查找又称二分查找，是针对有序表进行查找的简单、有效而又较常用的方法。所谓有序表是指表中元素按关键字的值有序（升序或降序）存放的表（或文件）。以下假定有序表中的元素按关键字值升序存放。

折半查找的基本思想是：首先以整个查找表作为查找范围，选取表中间位置的记录，将其关键字与给定关键字 key 进行比较，若相等，则查找成功；否则，根据比较结果缩小查找

范围。若关键字值小于 key，则表明要找的元素一定在表的后半部分（或称右子表），应继续对右子表进行折半查找；若关键字值大于 key，则表明要找的元素一定在表的前半部分（左子表），应继续对左子表进行折半查找。每进行一次比较，要么找到要查找的元素，要么将查找范围缩小一半。如此递推，直到查找成功或查找范围为空（查找失败）。

2．折半查找过程示例

假设待查有序（升序）顺序表中数据元素的关键字序列为{13,20,27,30,31,41,45,47,67,68}，用折半查找方法查找关键字值为 27 和 70 的数据元素。如图 7.1 所示为查找 key=30 时指针的变化。图 7.2 为查找 key=70 时指针的变化。

	a[0]		a[1]	a[2]	a[3]	a[4]	a[5]	a[6]	a[7]	a[9]	a[10]
	13		20	27	30	31	41	45	47	67	68
初始	↑ L					↑ M					↑ H
第 1 次比较 key<a[M].key	↑ L		↑ M		↑ H						
第 2 次比较 key>a[M].key				↑↑ LM	↑ H						
第 3 次比较 key>a[M].key					↑↑↑ LHM						
第 4 次比较 key=a[M].key	查找成功										

图 7.1　查找 key=30 时指针变化示意图

	a[0]	a[1]	a[2]	a[3]	a[4]	a[5]	a[6]	a[7]	a[9]	a[10]
	13	20	27	30	31	41	45	47	67	68
初始	↑ L				↑ M					↑ H
第 1 次比较 key>a[M].key						↑ L				↑ H
第 2 次比较 key>a[M].key									↑↑ LM	↑ H
第 3 次比较 key>a[M].key										↑↑↑ LMH
第 4 次比较 key>a[M].key	查找不成功									

图 7.2　查找 key=70 时指针变化示意图

3．折半查找算法

假设查找表存放在数组 a 的 a[1]～a[n]中，且升序，查找关键字值为 key。折半查找的主要步骤如下：

（1）置初始查找范围：low=1，high=n。

（2）求查找范围中间项：mid=(low+high)/2。

（3）比较 key 与 a[mid].key。

若 key==a[mid].key，查找成功；

若 key<a[mid].key，则 high=mid–1；

若 key>a[mid].key，则 low=mid+1。

（4）重复步骤（2）、（3），直到查找成功，或查找范围为空（low>high），即查找失败为止。

（5）如果查找成功，返回找到元素的存放位置，即 mid 所指位置；否则返回查找失败标志。折半查找的完整算法如下：

```
def seek_bin (L,key):
#在有序表 L 中利用折半方法查找关键字值等于 key 的记录
#若查找成功,返回该记录所在位置的下标序号,否则返回-1
     low=0; high=len(L.elem)-1                     #置初始查找范围
     while (low<=high):
          mid=(low+high)#2                         #计算中间项位置
          if (key==L.elem[mid].key): break         #找到,结束循环
          elif(key<L.elem[mid].key): high=mid-1    #小于给定值 key
          else:  low=mid+1                         #大于给定值 key
     if (low<=high): return mid                    #查找成功
     else: return -1                               #查找失败
```

4. 二分查找的判定树

二分查找过程可用二叉树来描述，把当前查找区间的中间位置上的记录作为根，左子表和右子表中的记录分别作为根的左子树和右子树，由此得到的二叉树称为描述二分查找的判定树或比较树。以下举例说明。

假定关键字序列为{13,20,27,30,31,41,45,47,67,68}，则对应的二分查找判定树如图 7.3 所示。

图 7.3 中，在查找成功时，会找到图中某个圆形结点，在查找不成功时，会找到图中某个方形结点。例如，查找结点 47（这里以结点元素对应的关键字值表示结点，下同）时，只要比较一次；查找结点 11 需要比较 3 次，即分别与结点 47、结点 21、结点 11 比较；而查找关键字值为 12 的结点时，当分别与结点 47、结点 21、结点 11 比较后发现，此时结点 11 的右指针为空，即比较 3 次后发现查找不成功。

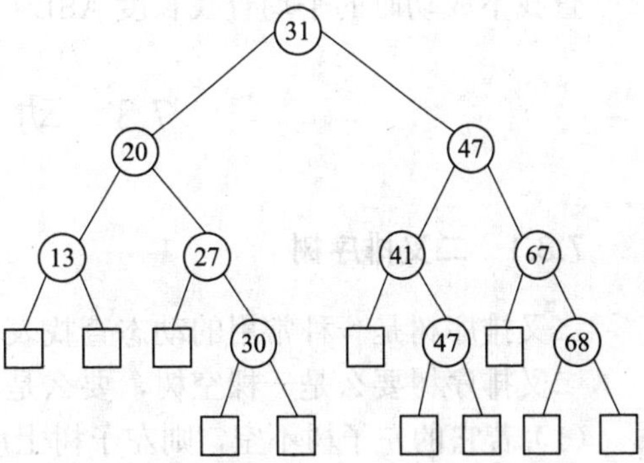

图 7.3　二分查找判定树

由此可知，在有序表中用二分查找法查找关键字 key，查找成功时，比较过程正好经历了一条从判定树的根结点到待查找结点的路径，比较次数等于待查结点在判定树中的层次。查找失败时，比较过程则经历了一条从判定树的根结点到某叶子结点的路径，比较次数等于该叶子结点在判定树中的层次。因此，基于判定树，非常容易计算查找成功或不成功的平均长度。对如图 7.3 所示的判定树，查找成功或不成功的平均长度如下：

查找成功的平均长度 ASL=（1×1+2×2+4×3+3×4）/10=2.9。

查找不成功的平均长度 ASL=（4×5+5×6）/11=4.545。

5. 二分查找的简单评价

二分查找的优点是比较次数比较少，查找速度快，平均性能好，尤其是 n 非常大时其优点更为突出；不足之处是要求查找表有序。

7.2.3 折半查找应用举例

【例 7.1】 对于给定 11 个数据元素的有序表{12,26,32,39,40,45,48,56,69,75,90}，采用二分查找，试问：

（1）若查找关键字值为 40 的元素，将依次与表中哪些元素比较？

（2）若查找关键字值为 80 的元素，将依次与表中哪些元素比较？

（3）假设查找表中每个元素的概率相同，求查找成功时的平均查找长度和查找不成功时的平均查找长度。

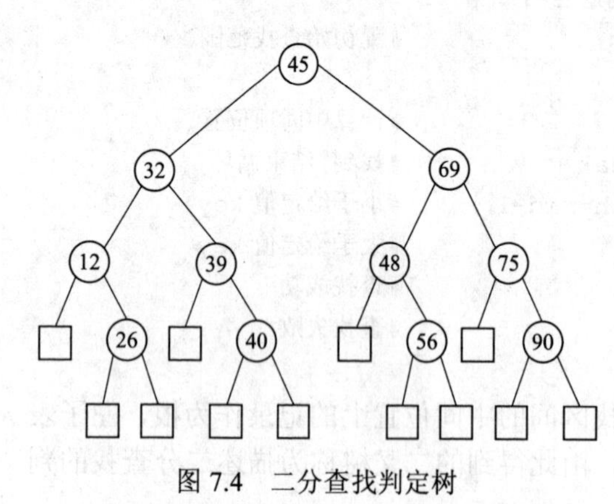

图 7.4　二分查找判定树

解：

画出对应的判定树，如图 7.4 所示。

（1）查找关键字值为 40 的元素，将依次与表中 45、32、39、40 进行比较，查找成功。

（2）若查找关键字值为 80 的元素，将与表中 45、69、75、90 进行比较，查找不成功。

（3）计算平均查找长度。

查找成功时的平均查找长度 ASL=（1×1+2×2+3×4+4×4）/11=3。

查找不成功时的平均查找长度 ASL=（4×4+8×5）/12=4.67。

7.3 动　态　查　找

7.3.1 二叉排序树

二叉排序树是一种常用的动态查找表。下面给出二叉排序树的递归定义。

二叉排序树要么是一棵空树，要么是具有下列性质的二叉树：

（1）若它的左子树不空，则左子树上所有结点的值均小于它的根结点的值。

（2）若它的右子树不空，则右子树上所有结点的值均大于或等于它的根结点的值。

（3）它的左右子树都是二叉排序树。

例如，由关键字值序列{47,29,59,57,31,69,24,26,13}构成的一棵二叉排序树，如图 7.5 所示。

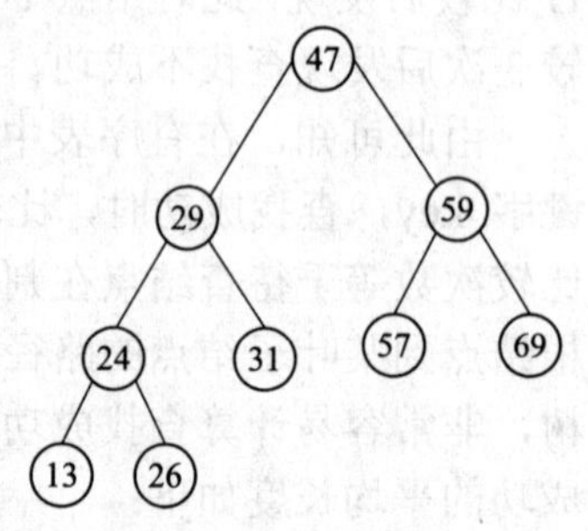

图 7.5　二叉排序树

如果对上述二叉排序树进行中序遍历可以得到一个关键字有序序列{13,24,26,29,31,47, 57,59,69}。从这里可以看出由一个序列构成一棵二叉树后，按照中序遍历就可以得到该序列对应的有序序列，这是二叉排序树的一个重要特征，利用该性质可以对序列进行排序。

7.3.2 二叉排序树的查找

从二叉排序树的定义中可看到：一棵非空二叉排序树中根结点的关键字值大于其左子树上所有结点的关键字值，而小于其右子树上所有结点的关键字值。因此在二叉排序树中查找一个关键字值为key的结点的基本思想是：将根结点关键字值与key进行比较，如果大于key值，则说明要找的结点只可能在左子树中，应继续在左子树中查找；否则应继续在右子树中查找。如此重复，直至查找成功或查找失败为止。二叉排序树查找的过程描述如下：

（1）若二叉树为空树，则查找失败。

（2）将根结点的关键字值与key进行比较，若相等，则查找成功。

（3）若根结点的关键字值小于给定值key，则在左子树中继续搜索。

（4）否则，在右子树中继续查找。

假定二叉排序树的链式存储结构的类型定义如下：

```
class BTree:   #二叉树由head指向
    def __init__(self,head=None):
        self.head=head

class Node2:   #双指针结点类
    def __init__(self,elem=None,lchild=None,rchild=None):
        self.elem=elem
        self.lchild=lchild
        self.rchild=rchild
```

二叉排序树查找过程的描述是一个递归过程，若用链式存储结构存储，其查找操作的递归算法如下：

```
#二叉树查找的递归算法
def seek_bt1(bt,key):
    #在根指针为bt的二叉排序树上查找一个关键字值为key的结点
    #若查找成功返回指向该结点的指针,否则返回空指针
    if (( bt==None) or (bt.elem.key==key ))     : return bt
    elif (key< bt.elem.key): return seek_bt1( bt.lchild , key )
                                                  #在左子树中搜索
    else:  return seek_bt1( bt.rchild, key)       #在右子树中搜索
```

二叉排序树查找过程也可以用非递归算法实现，算法描述如下：

```
#二叉树查找的非递归算法
def seek_bt2(bt,key):
    p = bt  #从根结点开始搜索
    while ( p!= None and p.elem.key != key):
        if (key<p.elem.key ):  p=p.lchild
        else:  p = p.rchild
    return  p
```

7.3.3 二叉排序树的插入

二叉排序树是一种动态树表，是在查找过程中动态生成的，即当二叉树中不存在关键字

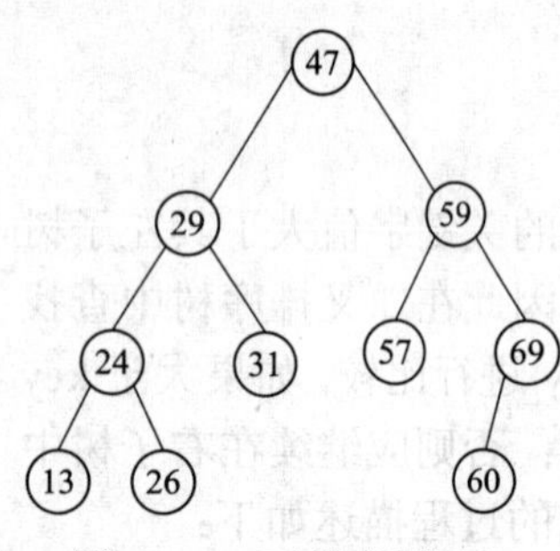

图 7.6　二叉排序树插入

等于给定值的结点时便将该结点插入到二叉树中。新插入的结点一定是一个新添加的叶子结点，并且是查找不成功时，查找路径上访问的最后一个结点的左孩子或右孩子结点。

例如，在如图 7.6 所示的二叉排序树中插入关键字值为 60 的结点，实际上就是从根结点开始在树中查找是否存在关键字值为 60 的结点。当找到关键字值等于 69 的叶子结点时，查找不成功，关键字值为 60 的结点应插入到此叶子结点的左边，作为其左孩子。

从以上插入过程可以看到，每次插入的新结点都是二叉排序树上新的叶子结点，换句话说，在进行插入操作时，不必移动其他记录，只需将某个结点的指针（左指针或右指针）由空变为指向插入结点的非空指针即可。因此，在二叉排序树中插入元素相当于在一个有序序列上插入一个元素而不需要移动其他元素。这表明，二叉排序树既拥有类似折半查找的特性，又采用了链表作存储结构，因此是动态查找表的一种适宜表示。

在一棵二叉排序树中插入一个结点可以用一个递归的过程实现，即：

（1）若二叉排序树为空，则新结点作为二叉排序树的根结点。

（2）否则，若给定结点的关键字值小于根结点关键字值，则插入在左子树上；若给定结点的关键字值大于根结点的值，则插入在右子树上。

二叉排序树插入操作的递归算法如下：

```
#二叉排序树插入操作的递归算法
def insert_bt1(bt, pn):
 #在以 bt 为根的二叉排序树上插入一个由指针 pn 指向的新的结点
    if (bt==None):      bt=pn
    elif(bt.elem.key>pn.elem.key ):     bt.lchild=insert_bt1(bt.lchild,pn)
    else:   bt.rchild=insert_bt1(bt.rchild, pn)
    return bt
```

二叉排序树插入过程也可以使用非递归算法实现，算法描述如下：

```
#二叉排序树插入操作的非递归算法
def insert_bt2(bt,pn):
    if (bt==None): bt=pn
    else:
        p = bt
        while ( p!= None and p.elem.key!= pn.elem.key):
            q = p
            if ( p.elem.key > pn.elem.key ):  p = p.lchild
            else:  p = p.rchild
        if (p==None ):
            if (q.elem.key>pn.elem.key ): q.lchild = pn
            else: q.rchild =pn
    return bt
```

利用二叉排序树的插入算法，可以很容易地实现创建二叉排序树的操作，其基本思想为：由一棵空二叉树开始，经过一系列的查找插入操作生成一棵二叉排序树。

例如，由结点关键字序列{47,29,59,57,31,69,24,26,13}构造二叉排序树的过程为：从空二叉树开始，依次将每个结点插入到二叉排序树中插入，在插入每个结点时都是从根结点开始搜索插入位置，找到插入位置后，将新结点作为叶子结点插入，经过9次的查找和插入操作，建成由这9个结点组成的二叉排序树。图7.7显示了整个二叉排序树的生成过程。

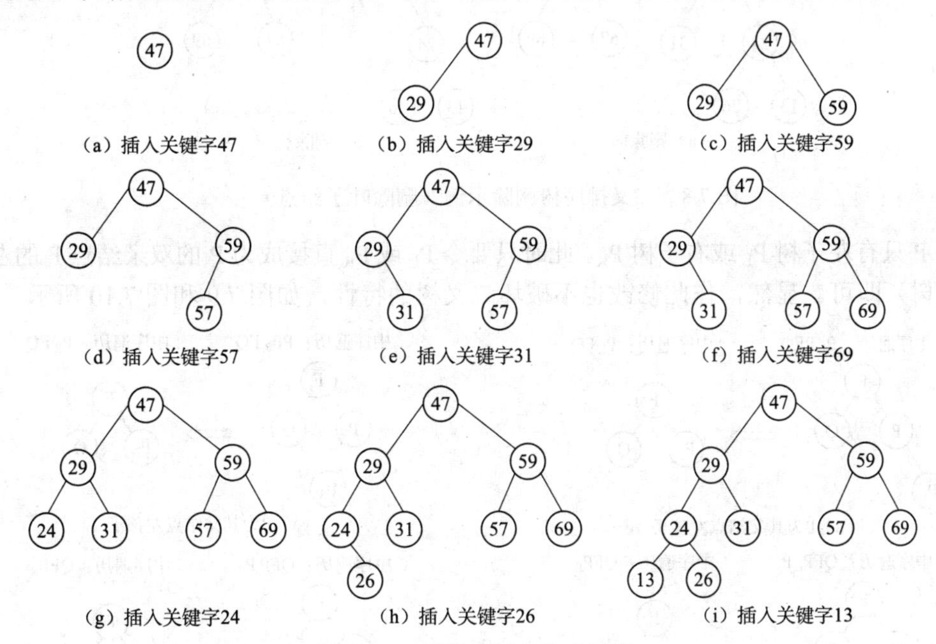

图7.7 二叉排序树的生成过程

创建二叉排序树的算法如下：

```
def build_bt(bt,L):
#列表L存储二叉排序树的n个结点内容
    for  i in range(0,len(L.elem)):
        p = Node2()
        p.elem=ElemType()
        p.elem.key =L.elem[i].key
        p.elem.others =L.elem[i].others
        #print(p.elem.key)
        bt=insert_bt2(bt, p)
    return bt
```

7.3.4 二叉排序树的删除

对于二叉排序树，删去二叉树中的一个结点相当于删去有序序列中的一个记录，要求删除结点之后剩下的二叉树依旧保持二叉排序树的特性。下面探讨如何在二叉排序树中删去一个结点。

假设在二叉排序树中被删结点为P，其双亲结点为F，且不失一般性，可设P是F的左孩子。要删除二叉排序树中的P结点，分下面3种情况：

（1）若要删除的结点为叶子结点，可以直接进行删除。即 P_L 和 P_R 均为空树。由于删去叶子结点不破坏整棵树的结构，则只需修改其P双亲F的指针，F->lchild=NULL或F->rchild=NULL，如图7.8所示。

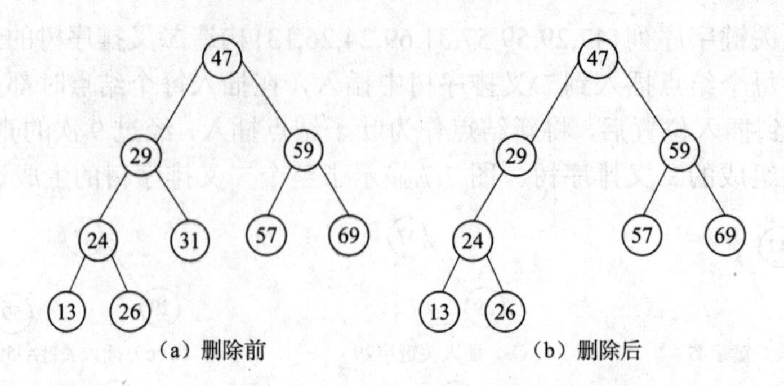

图 7.8　二叉排序树删除示例（删除叶子结点）

（2）P 只有左子树 P_L 或右子树 P_R。此时只要令 P_L 或 P_R 直接成为 P 的双亲结点 F 的左子树（或右子树）即可。显然，作此修改也不破坏二叉树的特性，如图 7.9 和图 7.10 所示。

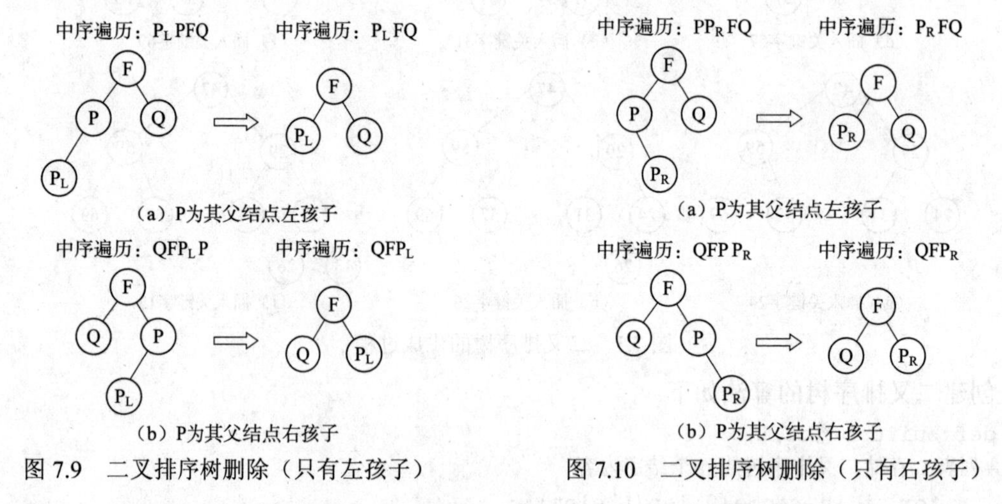

图 7.9　二叉排序树删除（只有左孩子）　　　图 7.10　二叉排序树删除（只有右孩子）

例如，在图 7.11（a）所示的二叉树中删除结点 29，该结点为其父结点 43 的左孩子，且该结点无右孩子，因此删除结点 29 后，应将其左子树作为父结点 43 的左子树，如图 7.11（b）所示。

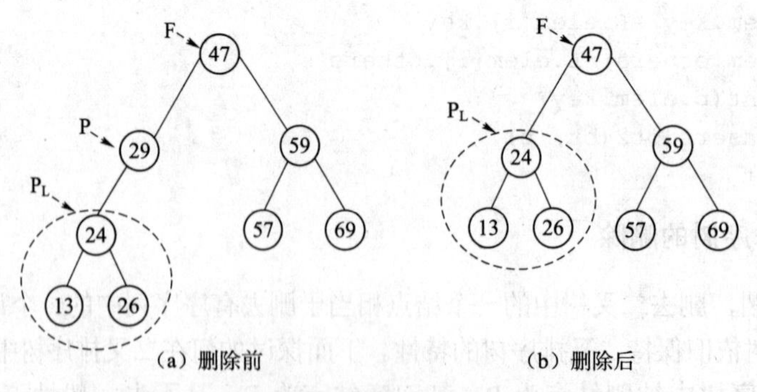

图 7.11　二叉排序树删除示例（只有右孩子）

（3）若要删除结点的左右子树均非空，则首先找到要删除结点的右子树中关键字值最小的结点（即子树中的最左结点），利用上面的方法将该结点从右子树中删除，并用它取代要删除结点的位置，这样处理的结果一定能够保证删除结点后二叉树的性质不变。

在删除 P 之前，中序遍历二叉树得到的序列为{$\cdots C_LCQ_LQS_LSPP_RF\cdots$}，删除 P 之后，为保持其他元素之间的相对位置不变，可以有如下两种方式。

方式一：令 P 的直接前驱（或直接后继）替代 P，然后再从二叉排序树中删去它的直接前驱（或直接后继），如图 7.12 所示。

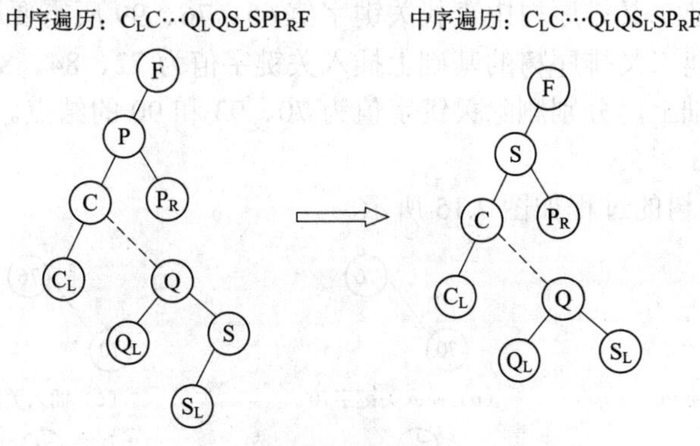

图 7.12 二叉排序树删除结点 P（方式 1）

例如，在图 7.13（a）所示二叉树中删除结点 29，该结点为其父结点 47 的左孩子，且该结点有左孩子和右孩子，因此删除结点 29 后，应用其直接前驱 26 替换，并从二叉排序树中删去它的直接前驱 26，如图 7.13（b）所示。

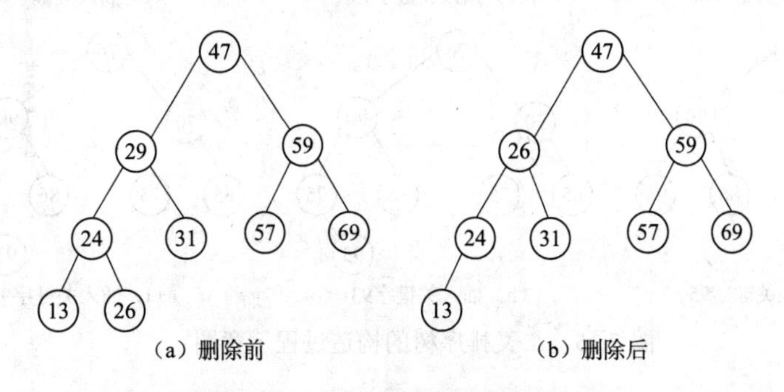

图 7.13 二叉排序树删除结点 29

方式二：令 P 的左子树为 F 的左子树，而 P 的右子树为 S 的右子树，如图 7.14 所示。

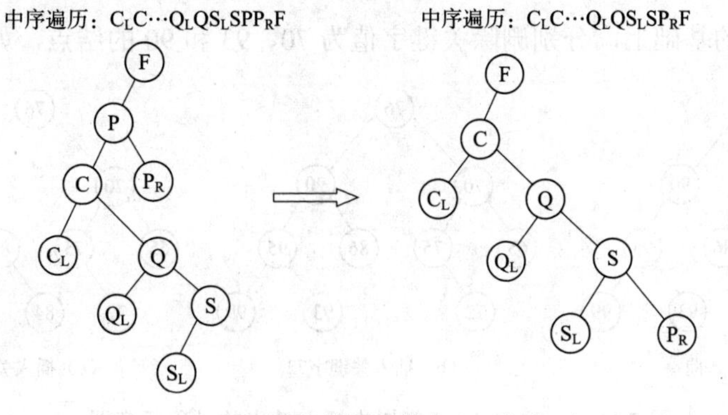

图 7.14 二叉排序树删除结点 P（方式 2）

7.3.5　二叉排序树的应用举例

【例 7.2】 假设结点关键字序列为{76,70,90,86,75,65,95,93,99}，要求：

（1）画出构造二叉排序树的过程。

（2）在（1）所构建二叉排序树中查找关键字值 65、76、99 所需要比较的次数。

（3）在（1）所构建二叉排序树的基础上插入关键字值为 72、84、89、87 的结点。

（4）在（3）的基础上，分别删除关键字值为 70、93 和 90 的结点。

解：

（1）构造二叉排序树的过程如图 7.15 所示。

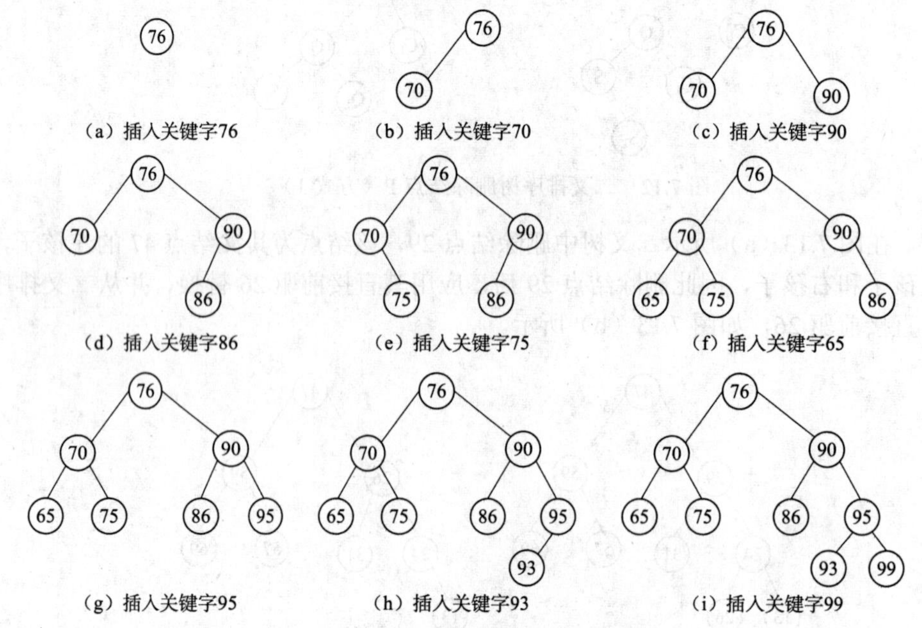

图 7.15　二叉排序树的构造过程示意图

（2）根据图 7.15，查找关键字值 65、76、99 所需要比较的次数分别是 3、1 和 4。

（3）在（1）所构建二叉排序树的基础上插入关键字值为 72、84、89、87 的结点，如图 7.16 所示。

（4）在（3）的基础上，分别删除关键字值为 70、93 和 90 的结点，如图 7.17 所示。

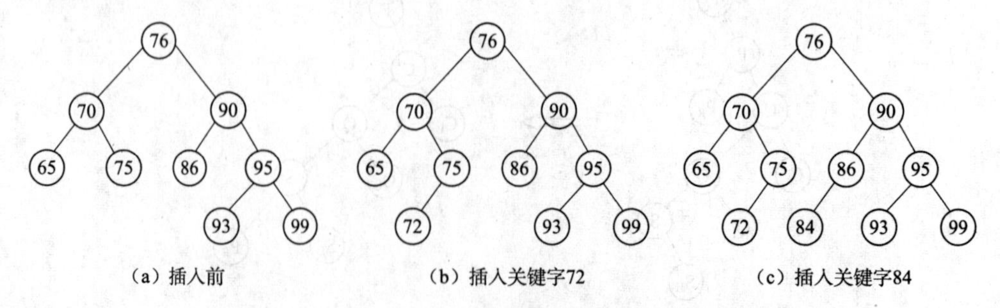

图 7.16（一）　二叉排序树中插入结点的过程示意图

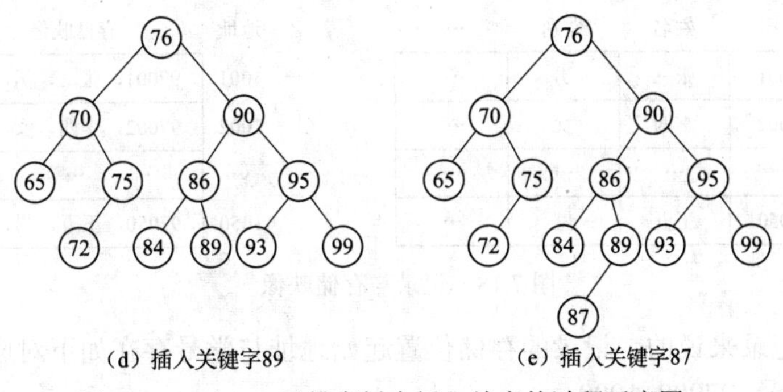

图 7.16（二） 二叉排序树中插入结点的过程示意图

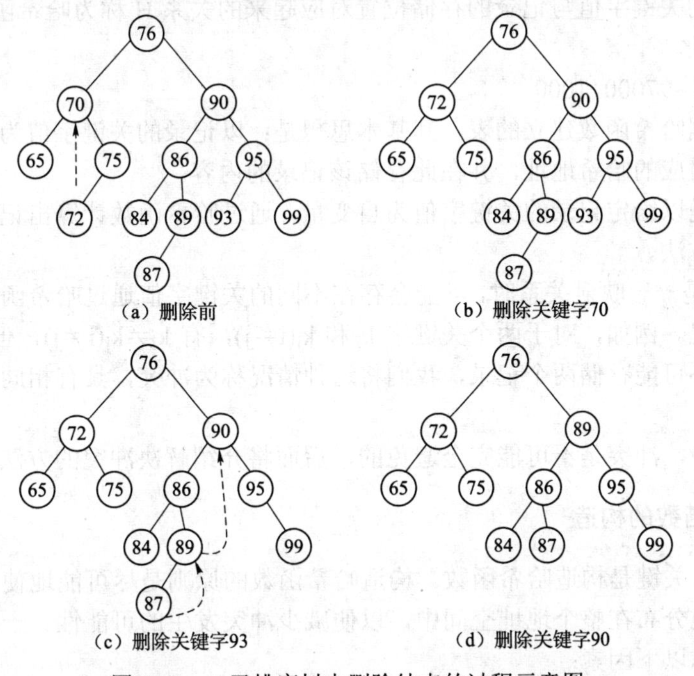

图 7.17 二叉排序树中删除结点的过程示意图

7.4 哈 希 表

7.4.1 哈希表的概念

如前所述，无论是静态查找还是动态查找，都是通过一系列的关键字比较，从查找表中找到关键字值等于某个值的元素（或记录），查找所需时间与比较次数有关。

如果记录的存储位置与其关键字之间存在某种对应关系 H，使每个关键字和一个唯一的存储位置对应，这样在查找时，只需要根据对应关系 H 计算出给定关键字值 key 对应的值 H（key），就可以得到该记录的存储位置。

例如，在图 7.18 中，学生信息顺序存放在自 1001 开始的存储单元。

学号	姓名	性别	…
97001	张三	男	…
97002	李四	女	…
…	…	…	…
97050	王五	男	…

地址	存储映像
1001	97001，张三，男，…
1002	97002，李四，女，…
…	…
1050	97050，王五，男，…

图 7.18　记录与存储映像

显然对每个记录来说的，记录的存储位置起始地址与学号存在如下对应关系：

存储地址=学号−97000+1000

例如学号 97050 同学的信息存放的起始地址为 97050−97000+1000=1050。

通常将记录的关键字值与记录的存储位置对应起来的关系 H 称为哈希函数，哈希函数的结果称为哈希地址。

H(学号)=学号−97000+1000

哈希表是根据哈希函数建立的表，其基本思想是：以记录的关键字值为自变量，根据哈希函数，计算出对应的哈希地址，并在此存储该记录的内容。

哈希查找就是以给定记录的关键字值为自变量，通过哈希函数计算出记录所对应的存储地址的一种查找方法。

当关系 H 不是一一映射关系时，可能会存在不同的关键字值通过哈希函数计算得到相同的哈希地址的情况。例如，对于两个关键字 k_i 和 $k_j(i\neq j)$，有 $k_i\neq k_j(i\neq j)$，但 $h(k_i)=h(k_j)$。但同一个存储位置不可能存储两个记录，我们将这种情况称为冲突，具有相同函数值的关键字值称为同义词。

在实际应用中，冲突是不可能完全避免的，后面将介绍解决冲突的方法。

7.4.2　哈希函数的构造

建立哈希表，关键是构造哈希函数。构造哈希函数的原则是尽可能地使任意一组关键字的哈希地址均匀地分布在整个地址空间中，以便减少冲突发生的可能性。一般来说，选取哈希函数，主要考虑以下因素：

（1）计算哈希函数所需的时间。

（2）关键字长度。

（3）哈希表长度（哈希地址范围）。

（4）关键字分布情况。

（5）记录的查找频率。

常用的哈希函数的构造方法有直接定址法、除留余数法、平方取中法和折叠法。

1. 直接定址法

直接定址法是取关键字或关键字的某个线性函数为哈希地址。即

$$H(key)=key \text{ 或 } H(key)=a*key+b$$

其中 a、b 为常数，调整 a 与 b 的值可以使哈希地址取值范围与存储空间范围一致。

这种哈希函数计算简单，并且不可能有冲突发生。当关键字的分布基本连续时，可用直接定址法的哈希函数；否则，若关键字分布不连续将造成内存单元的大量浪费。

2. 除留余数法

除留余数法是用关键字 key 除以某个不大于哈希表长度 m 的数 p 所得的余数作为哈希地址的方法。除留余数法的哈希函数 h(key)为

h(key)= key%p　(%为求余运算, p≤m)

这个方法的关键是选好 p。为了使哈希地址均匀分布，通常取小于 m 的最大质数（素数）。例如，假设哈希表长度 m 分别为 16、64、128，则对应的 p 值为 13、61、127。

【例 7.3】 假定哈希表长度为 m=8，关键字值序列为（James，Kobe，Howard，Norwitz，Buzel）。试用除留余数法构造哈希函数和哈希表。

注：a 的 ASCII 码为 97，A 的 ASCII 码为 65。

解：因为 m=8，所以 p 可以取小于 8 的最大素数 7。

H(key)= key 的第一个字母对应的 ASCII 码%7

H (James)=4

H(Kobe)=5

H(Howard)=2

H(Norwitz)=1

H(Buzel)=3

除留余数法构建的哈希表如图 7.19 所示。

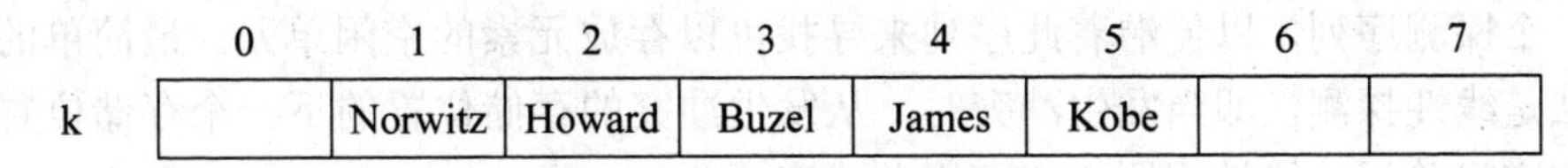

图 7.19　除留余数法构建的哈希表

3. 平方取中法

平方取中法是取关键字平方后的中间几位为哈希地址。由于平方后的中间几位数与原关键字的每一位数字都相关，只要原关键字的分布是随机的，以平方后的中间几位数作为哈希地址一定也是随机分布的。

【例 7.4】 已知关键字值序列为{101,210,521,335,645,412}。试用平方取中法构造哈希函数和哈希表。

解：首先计算关键字的平方，然后取平方数的倒数 5、4、3 作为哈希地址 H(key)，详见表 7.1。

表 7.1　平 方 取 中 法

关键字 key	关键字的平方 key^2	哈希地址 H(key)
101	010201	102
210	044100	441
521	271441	714
335	112225	122
645	416025	160
412	169744	697

4. 折叠法

折叠法是把关键字折叠成位数相同的几部分，然后取这几部分的叠加作为哈希地址。常见的叠加方式有移位叠加和边界叠加。移位叠加是分割后的几部分低位对齐相加，边界叠加是从一端沿分割界来回折送，然后对齐相加。在关键字位数较多，且每一位上数字的分布基本均匀时，采用折叠法，得到的哈希地址比较均匀。

例如，当哈希表长为 1000 时，关键字 key=110108*********，哈希地址位数为 4。按照折叠法计算哈希地址的过程如图 7.20 所示。从图中可知，按照移位叠加方式，H（key）=559；按照边界叠加方式，H（key）=44。

```
  891          891
  119          911
  331          331
+ 108        + 801
-----        -----
(1) 559      (3) 044
H（key）=559  H（key）=44
```

（a）移位叠加　（b）边界叠加

图 7.20　折叠法例子

7.4.3　冲突处理的方法

所谓冲突处理是指一旦发生冲突时，为发生冲突的元素寻找另一个空闲的哈希地址存放该元素。常用的冲突处理的方法有开放地址法、链地址法和溢出法。

1. 开放地址法

开放地址法是将哈希表中的空闲地址向冲突处理开放的一种冲突处理方法，即当发生冲突时，在冲突位置的附近寻找可以存放元素的空闲单元。显然，使用这种方法解决冲突，需要产生一个探测序列，以便沿着此序列来寻找可以存放元素的空闲单元。最简单的探测序列产生方法是线性探测，即当发生冲突时，从发生冲突的存储位置的下一个存储位置开始依次顺序探测空闲单元。线性探测方式可用公式表示为

$$H_i(k)=(H(k)+d_i)\%m, i=1, 2, \cdots$$

其中，H(k)为哈希函数，m 为表的长度，d_i 为第 i 次探测的地址增量，$d_i=i(i=1, 2, 3, \cdots, m-1)$。

此外还有二次探测、伪随机数探测等探测方法。对二次探测而言，$d_i=i^2(i=1, 2, 3, \cdots, m-1)$；对伪随机数探测而言，$d_i$ 为伪随机数序列。

【例 7.5】 设哈希函数为 H(key) = key%9，哈希表为[0:8]，表中已分别有关键字为 20、39、31 的记录，现将第 4 个记录（关键字为 38）插入该哈希表中。

解：

（1）使用线性探测方法来寻找空闲地址。

H(38) = 38% 9=2　　#第 1 次冲突

H_1=(H(38)+d_1)%9=(2+1)%9=3　　#第 2 次冲突

H_2=(H(38)+d_2)%9=(2+2)%9=4　　#第 3 次冲突

H_3=(H(38)+d_3)%9=(2+2)%9=5　　#不冲突

（2）使用二次探测方法来寻找空闲地址。

H(38) = 38% 9=2　　#第 1 次冲突

H_1=(H(38)+d_1)%9=(2+1)%9=3　　#第 2 次冲突

H_2=(H(38)+d_2)%9=(2+4)%9=6　　#不冲突

如图 7.21 所示。

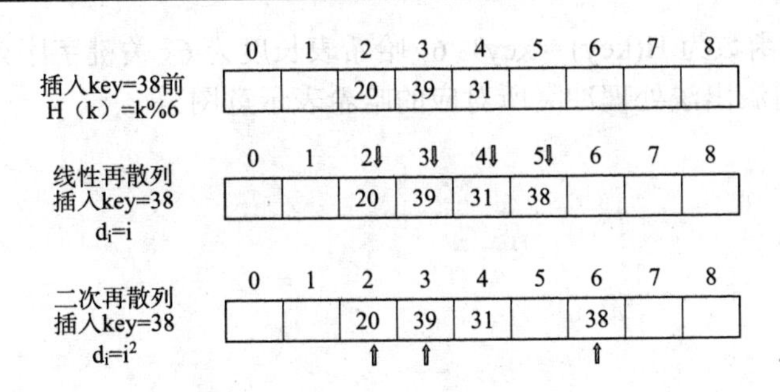

图 7.21 开放定址法（插入 key=38）

2. 链地址法

链地址法是将所有关键字是同义词的元素或记录链接成一个线性链表，而将其链头链接在由哈希函数确定的哈希地址所指示的存储单元中。

若哈希表范围为[0:m−1]，则定义一个指针数组Head[0:m−1]分别存放 m 个链表的头指针，如图 7.22 所示。

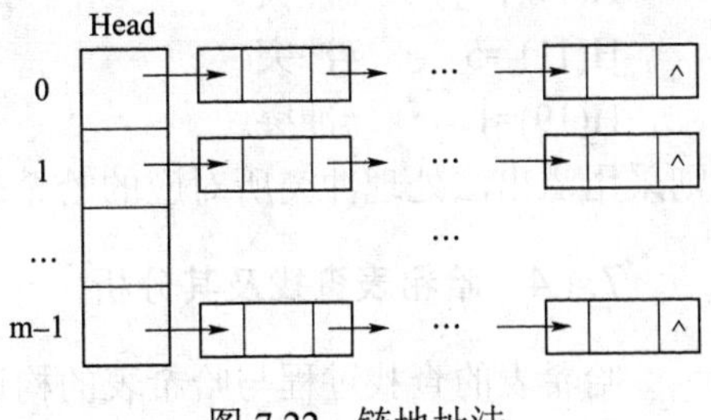

图 7.22 链地址法

【例 7.6】 设哈希函数为 H(key) =key%6，哈希表长度为 6，关键字序列{6,13,15,28,35,12, 7,11,19}，试画出采用链地址法处理冲突所对应的哈希表示意图。

解：

H(6)=H(12)=0

H(13)=H(7)=H(19)=1

H(15)=3

H(28)=4

H(35)=H(11) =5

则采用链地址法处理冲突所对应的哈希表示意图如图 7.23 所示。

3. 溢出法

溢出法是将哈希表分为基本区与溢出区两个部分，把没有发生冲突的记录放在基本区，一旦当发生冲突时，把具有相同哈希地址的记录存放在溢出区，并把具有相同哈希地址的记录采用一个线性链表链接起来，如图 7.24 所示。

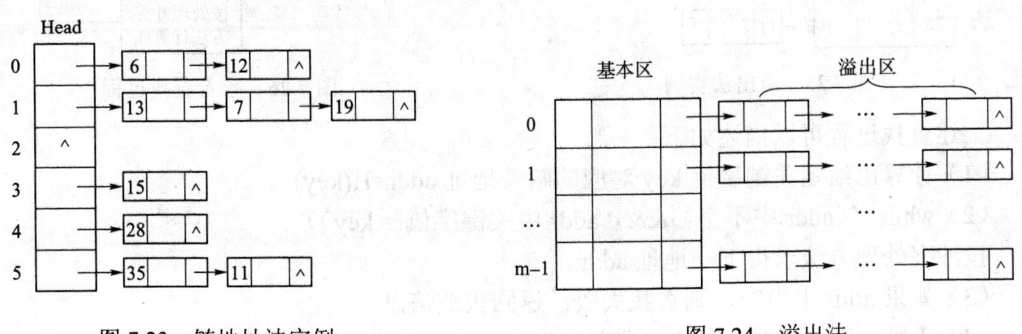

图 7.23 链地址法实例

图 7.24 溢出法

【例 7.7】 设哈希函数为 H(key) = key% 6，哈希表长度为 6，关键字序列{6,13,15,28,35,12,7,11,19}，试画出采用溢出法处理冲突所对应的哈希表示意图。

解：

H(6)=0
H(13)= 1
H(15)=3
H(28)=4
H(35)=5
H(12)=0　　#冲突
H(7)=1　　#冲突
H(11) =5　　#冲突
H(19)=1　　#冲突

则采用溢出法处理冲突所对应的哈希表示意图如图 7.25 所示。

7.4.4　哈希表查找及其分析

哈希表的查找过程与哈希表的构造过程基本一致，对于给定的关键字值 key，按照建表时设定的哈希函数求得哈希地址；若哈希地址所指位置已有记录，并且其关键字值不等于给定值 key，则根据建表时设定的冲突处理方法求得同义词的下一地址，直到求得的哈希地址所指位置为空闲或其中记录的关键字值等于给定值 key 为止；如果求得的哈希地址对应的内存空间为空闲，则查找失败；如果求得的哈希地址对应的内存空间中的记录关键字值等于给定值 key，则查找成功，如图 7.26 所示。

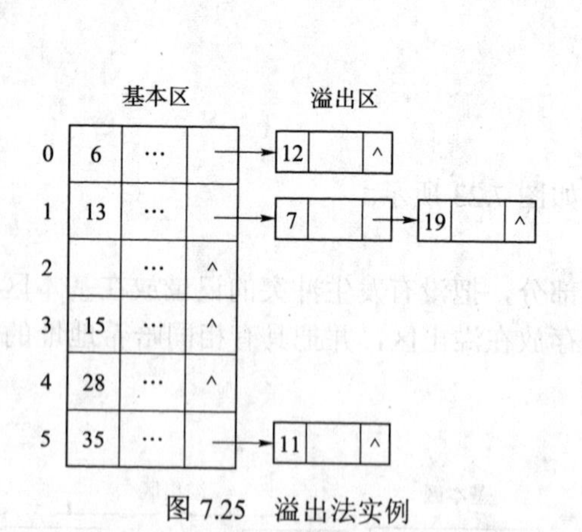

图 7.25　溢出法实例

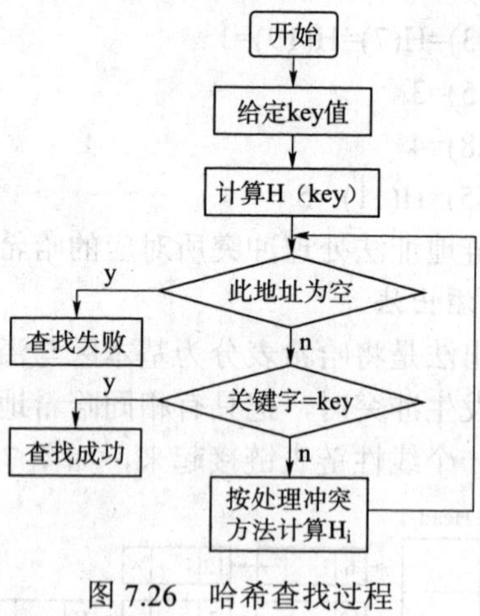

图 7.26　哈希查找过程

上述查找过程可以描述如下：

（1）计算出给定关键字值 key 对应的哈希地址 addr=H(key)。

（2）while（(addr 中不空）&&（addr 中关键字值!= key））

按冲突处理方法求得下一地址 addr。

（3）如果 addr 中为空，则查找失败，返回失败信息。

（4）否则，查找成功，并返回地址 addr。

在处理冲突方法相同的哈希表中，其平均查找时间还依赖于哈希表的装填因子，哈希表的装填因子为

$$\alpha=\frac{\text{表中填入的记录数}}{\text{哈希表的长度}}$$

装填因子越小，表中填入的记录就越少，发生冲突的可能性就越小；反之，表中已填入的记录越多，再填充记录时，发生冲突的可能性就越大，则查找时进行关键字的比较次数就越多。

查找成功的平均长度计算公式为

$$\text{查找成功的平均长度}=\frac{\text{所有记录查找成功时总的查找次数}}{\text{实际存储的记录总个数}}$$

查找不成功的平均长度计算公式为

$$\text{查找不成功的平均长度}=\frac{\text{查找不成功时总的查找次数}}{\text{哈希表总的长度}}$$

对同一组关键字，用相同的函数，由于利用不同的处理冲突方法，在等概率的条件下查找成功或不成功时其平均查找长度可能不同。

7.4.5 哈希表查找应用举例

【例 7.8】已知一组关键字{19,17,23,1,70,20,83,25,57,11,13,79}，哈希函数 H 为 H(key)=key % 13，哈希表长度为 m=14，设每个记录的查找概率相等。试给出线性探测法和链地址法两种处理冲突下各关键字的哈希地址和平均查找长度 ASL。

解：

（1）用线性探测法处理冲突，即 $H_i=(H(key)+d_i)\ \%\ m$。

H(19)=19 % 13=6

H(17)=17 % 13=4

H(23)=23 % 13=10

H(1)=1 % 13=1

H(70)=70 % 13=5

H(20)=20 % 13=7

H(83)=83 % 13=5,冲突

$H_1(83)=(H(83)+d_1)\ \%\ 13=(5+1)\ \%\ 13=6$,第 1 次冲突

$H_2(83)=(H(83)+d_2)\ \%\ 13=(5+2)\ \%\ 13=7$,第 2 次冲突

$H_3(83)=(H(83)+d_3)\ \%\ 13=(5+3)\ \%\ 13=8$,不冲突

H(25)=25 % 13=12

H(57)=83 % 13=5,冲突

$H_1(57)=(H(57)+d_1)\ \%\ 13=(5+1)\ \%\ 13=6$,第 1 次冲突

$H_2(57)=(H(57)+d_2)\ \%\ 13=(5+2)\ \%\ 13=7$,第 2 次冲突

$H_3(57)=(H(57)+d_3)\ \%\ 13=(5+3)\ \%\ 13=8$,第 3 次冲突

$H_4(57)=(H(57)+d_4)\ \%\ 13=(5+4)\ \%\ 13=9$,不冲突

H(11)=11 % 13=11

H(13)=13 % 13=0

H(79)=79 % 13=1,冲突

$H_1(79)$= (H(79)+d_1) % 13=(1+1) % 13=2,不冲突

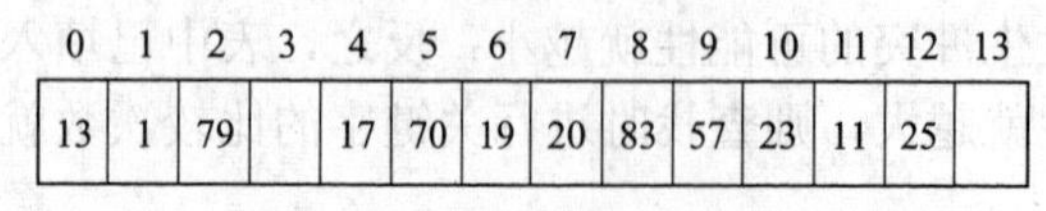

0	1	2	3	4	5	6	7	8	9	10	11	12	13
13	1	79		17	70	19	20	83	57	23	11	25	

图 7.27　线性探测法处理冲突

因此，线性探测法下哈希表如图 7.27 所示。

查找成功时平均比较次数为

ASL_1=(9×1+1×4+1×5+1×2)/12=1.67

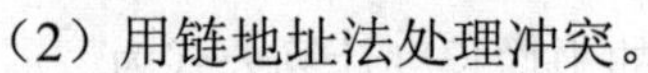

（2）用链地址法处理冲突。

H(13)=0

H(1)=H(79)=1

H(17)=4

H(70)=H(83)=H(57)=5

H(19)=6

H(20)=7

H(23)=10

H(11)=11

H(25)=12

因此，链地址法下哈希表如图 7.28 所示。

查找成功时平均比较次数为

ASL_2=(9×1+2×2+1×3)/12=1.33

显然 $ASL_1 \neq ASL_2$，由此可见对同一组关键字，用相同的函数，由于冲突处理方法的差异，在等概率的条件下查找成功时其平均查找长度可能不同。

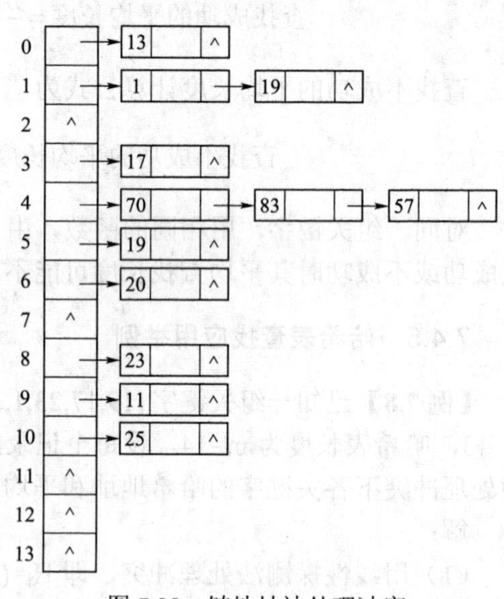

图 7.28　链地址法处理冲突

7.5　习　　题

1．假定有序表为{1,3,9,11,21,27,33,54,61,68,77,96}，现对其进行折半查找，试回答下列问题：

（1）画出描述折半查找过程的判定树。

（2）若查找元素 21，需依次与哪些元素比较？

（3）若查找元素 68，需依次与哪些元素比较？

（4）假定每个元素的查找概率相等，求查找成功时的平均查找长度。

2．假设结点关键字序列为{80,70,90,50,55,75,97,85,88,82,93}，要求：

（1）画出构造二叉排序树的过程。

（2）在（1）所构建二叉排序树中查找关键字值 55、80、85 所需要比较的次数。

（3）在（1）所构建二叉排序树的基础上插入关键字值为 73、77、81、99 的结点。

（4）在（3）的基础上，分别删除关键字值为 70、93 和 90 的结点。

3．假定关键字序列为{10,24,32,17,31,30,46,47,40,63,49}，哈希表的地址范围为[0,17]，哈

希函数为 H(key)=key%17，key 为关键字值，用线性探测法处理冲突。试回答下列问题：

（1）画出哈希表的示意图。

（2）若查找关键字 32，需要依次与哪些关键字进行比较？

（3）若查找关键字 40，需要依次与哪些关键字比较？

（4）假定每个关键字的查找概率相等，求查找成功时的平均查找长度。

4．假定关键字值序列为{33,52,53,8,46,30,12,42,22}。哈希函数 H(key)=key%11，要求：

（1）用线性探测法处理冲突，试画出一个哈希地址空间为 0～10，表长为 11 的哈希表。

（2）用链地址法处理冲突，试画出头结点地址空间为 0～10 的哈希表。

（3）计算上述两种冲突处理方法下对应的查找平均比较次数。

第8章 排 序

- 理解排序的含义。
- 理解插入排序的基本思想，并掌握直接插入排序和希尔排序的基本原理及实现。
- 理解交换排序的基本思想，掌握冒泡排序和快速排序的基本原理及实现。
- 理解选择排序的基本思想，掌握简单选择排序和堆排序的基本原理及实现。
- 理解归并排序的基本思想，掌握2-路归并排序的基本原理及实现。
- 理解基数排序的基本思想，掌握链式基数排序的基本原理及实现。

8.1 基 本 概 念

1. 排序的定义

排序是把一组无序的数据元素或记录按照关键字值递增（或递减）地重新排列的过程。如果排序依据的是主关键字，排序的结果将是唯一的。

假设含n个记录的序列R为$\{R_1,R_2,\cdots,R_n\}$，其相应的关键字序列K为$\{K_1,K_2,\cdots,K_n\}$，这些关键字相互之间可以进行比较，即在它们之间存在着这样一个关系：

$$K_{p1}\leqslant K_{p2}\leqslant\cdots\leqslant K_{pn}$$

排序就是按照上述关系将上式记录序列R重新排列如下序列的过程：

$$R_{p1}\leqslant R_{p2}\leqslant\cdots\leqslant R_{pn}$$

2. 内部排序与外部排序

根据在排序过程中是否将待排序的所有数据元素全部存放在内存中，可将排序方法分为内部排序和外部排序两大类。内部排序是指在排序的整个过程中，将待排序的所有数据元素全部存放在内存中，并且在内存中调整元素之间的相对次序；外部排序是指由于待排序的数据元素个数太多，不能同时存放在内存中，而需要将一部分数据元素存放在内存中，另一部分数据元素存放在外设中，整个排序过程需要在内外存之间多次交换数据才能得到排序的结果。本章只讨论常用的内部排序方法。

3. 排序算法的稳定性

如果在待排序的记录序列中有多个相同关键字值的数据元素，经过排序后，这些数据元素的相对次序保持不变，则称这种排序方法是稳定的；反之，若具有相同关键字的数据元素之间的相对次序发生变化，则称这种排序方法是不稳定的。

例如，假定待排序的记录序列中有两个记录 r[i]和 r[j]，它们的关键字值相等，即 r[i].key=r[j].key，在排序之前，记录 r[i]排在 r[j]前面。如果在排序之后，对象 r[i]仍在对象 r[j]的前面，则称这个排序方法是稳定的；否则称这个排序方法是不稳定的。

4. 排序算法的效率评价

排序算法的效率主要从时间和空间两个角度考虑。排序算法的时间效率主要指在数据量规模一定的条件下，算法执行所消耗的平均时间，对于排序操作，时间主要消耗在关键字之间的比较和数据元素的移动上，因此可以认为高效率的排序算法应该是尽可能少的比较次数和尽可能少的数据元素移动次数。排序算法的空间效率主要指执行算法所需要的辅助存储空间，辅助存储空间是指在数据量规模一定的条件下，除了存放待排序数据元素占用的存储空间之外，执行算法所需要的其他存储空间，理想的空间效率是算法执行期间所需要的辅助空间与待排序的数据量无关。

5. 内部排序的基本思路

内部排序的过程是一个逐步扩大记录的有序序列长度的过程，如图 8.1 所示。

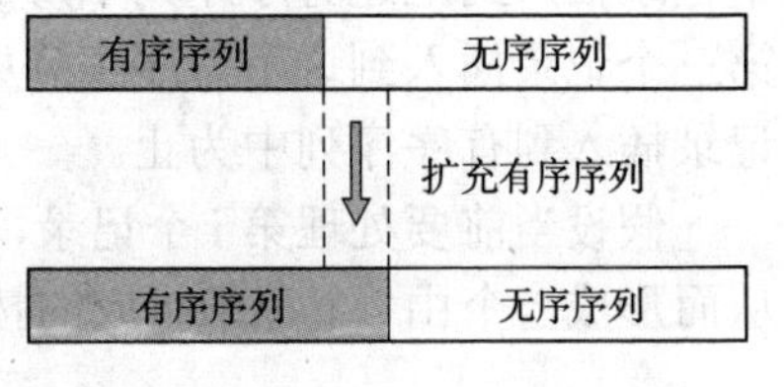

图 8.1 内部排序的基本过程示意图

基于不同的“扩大”有序序列长度的方法，内部排序方法大致可分下列几种类型：插入、交换、选择、归并和基数。

6. 待排序记录序列的存储结构

待排序记录序列可以用顺序存储结构和和链式存储结构表示。在本章的讨论中（除基数排序外），我们将待排序的记录序列用顺序存储结构表示，即用一维数组实现。在 Python 语言中，顺序存储结构的定义如下：

```
#结点类中数据定义
class ElemType:
    def __init__(self,key=None,others=None):
        self.key=key                    #关键字
        self.others=others              #其他

class Node:    #单指针结点类
    def __init__(self,elem=None,nextp=None):
        self.elem=elem
        self.nextp=nextp

#顺序表
class ListTable:
    def __init__(self,MAXNUM=0,realnum=0,elem=None):
        self.elem=elem
        self.MAXNUM=MAXNUM
        self.realnum=realnum
```

8.2 插 入 排 序

插入排序的主要思路是不断地将待排序的数据元素插入到有序序列中，使有序序列逐渐扩大，直至所有数据元素都插入到有序序列。下面介绍直接插入排序和希尔排序。

8.2.1　直接插入排序

1. 直接插入排序的基本思想

直接插入排序是一种比较简单的排序方法。它的基本思想是依次将记录序列中的每一个记录插入到有序序列中，使有序序列的长度不断地扩大。其具体的排序过程可以描述如下：首先将待排序记录序列中的第一个记录作为一个有序序列，其次将待排序记录序列中的第二个记录插入到上述有序序列中形成由两个记录组成的有序序列，再次将待排序记录序列中的第三个记录插入到这个有序序列中，形成由三个记录组成的有序序列，以此类推，直到所有记录插入到有序序列中为止。

假设当前要处理第 i 个记录，则应将这个记录插入到由前 i–1 个记录组成的有序序列中，从而形成一个由 i 个记录组成的按关键字值排列的有序序列，如图 8.2 所示。

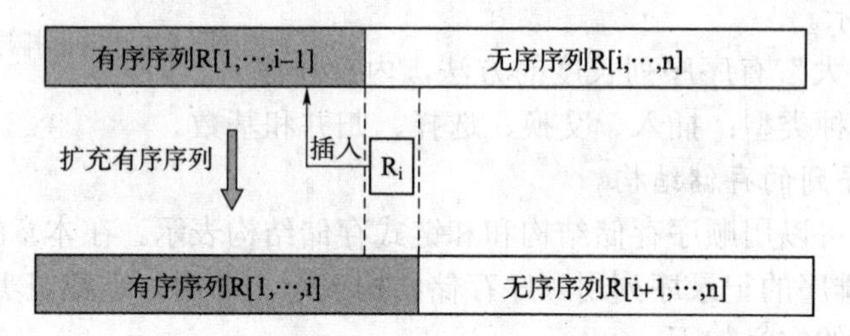

图 8.2　直接插入排序过程示意图

这样，对一个包含 n 个记录初始序列来说，只需经过 n–1 趟就可以将其按关键字值大小排列成有序序列。下面以关键字值为{52,53,29,46,35,20,56,47}的记录序列举例说明直接插入排序的排序过程，如图 8.3 所示。

	a[0]	a[1]	a[2]	a[3]	a[4]	a[5]	a[6]	a[7]	a[8]
初始		52	53	29	46	35	20	56	47
第 1 趟	52	{52}	53	29	46	35	20	56	47
第 2 趟	53	{52	53}	29	46	35	20	56	47
第 3 趟	29	{29	52	53}	46	35	20	56	47
第 4 趟	46	{29	46	52	53}	35	20	56	47
第 5 趟	35	{29	35	46	52	53}	20	56	47
第 6 趟	20	{20	29	35	46	52	53}	56	47
第 7 趟	56	{20	29	35	46	52	53	56}	47
第 8 趟	47	{20	29	35	46	47	52	53	56}

图 8.3　直接插入排序

2. 直接插入排序算法

将第 i 个记录插入到由前面 i–1 个记录构成的有序序列中的主要步骤如下：

（1）在 R[1···i–1]中查找 R[i]的插入位置，使得 R[1···j].key≤R[i].key＜R[j+1···i–1].key。

（2）将 R[j+1···i–1]中的所有记录均后移一个位置。

（3）将 R[i]插入到 R[j+1]的位置上。

完整的插入排序算法如下：

```
#【重要提示】
#以下算法中数组 RD[]中 RD[1]..RD[len]为待排序元素
#其中 RD[0]做特别用途,如哨兵结点
#直接插入排序
def insertsort(RD):
    for i in range(2,len(RD)):                #需要 n-1 趟
        RD[0]=RD[i]                           #将 RD[i]赋予监视哨
        j=i-1                                 #j 最初指示 i 的前一个位置
        while (RD[0].key<RD[j].key):          #搜索插入位置
            RD[j+1]=RD[j]                     #后移关键字值大于 RD[0].key 的记录
            j=j-1                             #将 j 指向前一个记录,为下次比较做准备
        RD[j+1]=RD[0]                         # 将原 RD[i]中的记录放入第 j+1 个位置
        showRD(RD,i,j+1,1," ")
```

3. 直接插入排序算法简单评价

直接插入排序算法简单、容易实现，只需要一个记录大小的辅助空间用于存放待插入的记录和两个 int 型变量。当待排序记录较少时，排序速度较快。但是，当待排序的记录数量较大时，大量的比较和移动操作将使直接插入排序算法的效率降低；然而，当待排序的数据元素基本有序时，直接插入排序过程中的移动次数大大减少，从而效率会有所提高。

表 8.1 直接插入排序算法的比较次数和移动次数

	比较次数	移动次数
最小	n−1	0
最大	n(n−1)/2	(n+4)(n−1)/2
平均	(n+4)(n−1)/4	(n+8)(n−1)/4

注意：在 n 个元素构成的线性表($a_1,a_2,\cdots,a_{i-1},a_i,a_{i+1},\cdots,a_n$)中第 i 个元素 a_i 前插入元素 e 时需要移动的次数为 n−i+1 次，因此为了使得移动次数为 0，必须有 i=n+1，此即意味着，采用直接插入方法排序是每次插入元素必须插入到已生成有序序列的尾部，仅当原始序列本身就是有序序列时才能满足这个条件，即原始序列本身有序时，比较次数和移动次数达到最小。

若待排序对象序列中出现各种可能排列的概率相同，则可取上述最好情况和最坏情况的平均情况。在平均情况下的关键字比较次数和对象移动次数约为 $n^2/4$。因此，直接插入排序的时间复杂度为 $O(n^2)$。

直接插入排序是一种稳定的排序方法。

8.2.2 希尔排序

1. 希尔排序的基本思想

希尔排序方法又称为缩小增量排序，其基本思路是将待排序的记录划分成几组，从而减少参与直接插入排序的数据量，当经过几次分组排序后，记录的排列已经基本有序，这时再对所有的记录实施直接插入排序。

具体步骤可以描述如下：假设待排序的记录为 n 个，先取整数 d<n，例如，取 d=n/2，将所有距离为 d 的记录构成一组，从而将整个待排序记录序列分割成为 d 个子序列，即：

```
{ R[1],R[1+d],R[1+2d],…,R[1+kd]}
{ R[2],R[2+d],R[2+2d], …,R[2+kd]}
…
{ R[d],R[2d],R[3d],…,R[kd],R[(k+1)d]}
```

对每个子序列分别进行直接插入排序，然后再缩小间隔 d，例如，取 d=d/2，重复上述的分组，再对每个子序列分别进行直接插入排序，直到最后取 d=1，即将所有记录放在一组进行一次直接插入排序，最终将所有记录排列成按关键字有序的序列。

下面以关键字值为｛52,53,29,46,35,20,56,47｝的记录序列来举例说明希尔排序的排序过程，如图 8.4 所示。

	a[1]	a[2]	a[3]	a[4]	a[5]	a[6]	a[7]	a[8]
初始	52	53	29	46	35	20	56	47
d=4	52				35			
		53				20		
			29				56	
				46				47
第 1 趟排序结果	35	20	29	46	55	53	56	47
d=2	35		29		55		56	
		20		46		53		47
第 2 趟排序结果	29	20	35	46	55	47	56	53
第 3 趟排序结果	20	29	35	46	47	53	55	56

图 8.4　希尔排序

2. 希尔排序算法

（1）分别让每个记录参与相应子序列的排序。若分为 d 组，前 d 个记录就应该分别构成由一个记录组成的有序序列，从 d+1 个记录开始，逐一将每个记录 r[i]插入到相应组中的有序序列中，其算法可以这样实现：

```
for  in range(d+1,n+1):
    #将 r[i]插入到相应组的有序序列中
```

（2）将 r[i]插入到相应组的有序序列中的操作可以这样实现：

1）将 r[i]赋予 r[0]，即 r[0]=r[i]。

2）让 j 指向 r[i]所属组的有序序列中的最后一个记录。

3）搜索 r[i]的插入位置。

```
while(j>0 and r[0].key<r[j].key):
    r[j+d]=r[j];  j=j-d;
```

希尔排序的完整算法如下：

```
#希尔排序
def shellsort(RD):
    d=(len(RD)-1)//2
    while(d>=1):
```

```
        i=1+d
        while (i<len(RD)):
            #将RD[i]插入到所属组的有序列段中
            RD[0]=RD[i];  j=i-d
            while(j>0 and RD[0].key<RD[j].key):
                RD[j+d]=RD[j]
                j=j-d
            RD[j+d]=RD[0]
            i=i+1
        showRD(RD,-1,-1,d,"")
        d=d//2
```

3. *希尔排序算法的简单评价*

在希尔排序中，由于开始将 n 个待排序的记录分成了 d 组，所以每组中的记录数目将会减少。在数据量较少时，利用直接插入排序的效率较高。随着反复分组排序，d 值逐渐变小，每个分组中的待排序记录数目将会增多，但此时记录的排列顺序将更接近有序，所以利用直接插入排序不会降低排序的时间效率。

希尔排序适用于待排序的记录数目较大时，在此情况下，希尔排序方法一般要比直接插入排序方法快。同直接插入排序一样，希尔排序也只需要一个记录大小的辅助空间，用于暂存当前待插入的记录。

对希尔排序复杂度的分析很困难，在特定情况下可以准确地估算关键字的比较和对象移动次数，但是考虑到与增量之间的依赖关系，并要给出完整的数学分析，目前还做不到。

Knuth 的统计结论是，平均比较次数和对象平均移动次数在 $n^{1.25}$～$1.6n^{1.25}$ 之间。

希尔排序是一种不稳定的排序方法。

8.2.3 应用举例

【例 8.1】 已知某班英语六级成绩为{21,48,68,25,58,22,38,62,43}，试分别用直接插入排序和希尔排序对成绩从低到高进行排序。

解：直接插入排序过程如图 8.5 所示。

	a[0]	a[1]	a[2]	a[3]	a[4]	a[5]	a[6]	a[7]	a[8]	a[9]
初始		21	48	68	25	58	22	38	62	43
第 1 趟	21	{21}	48	68	25	58	22	38	62	43
第 2 趟	48	{52	53}	68	25	58	22	38	62	43
第 3 趟	68	{21	48	68}	25	58	22	38	62	43
第 4 趟	25	{21	25	48	68}	58	22	38	62	43
第 5 趟	58	{21	25	48	58	68}	22	38	62	43
第 6 趟	22	{21	22	25	48	58	68}	38	62	43
第 7 趟	38	{21	22	25	38	48	58	68}	62	43
第 8 趟	62	{21	22	25	38	48	58	62	68}	43
第 9 趟	43	{21	22	25	38	43	48	58	62	68}

图 8.5　直接插入排序

希尔排序过程如图 8.6 所示。

	a[1]	a[2]	a[3]	a[4]	a[5]	a[6]	a[7]	a[8]	a[9]
初始	21	48	68	25	58	22	38	62	43
d=4	21				58				43
		48				22			
			68				38		
				25				62	
第 1 趟排序结果	21	22	38	25	43	48	68	62	58
d=2	21		38		43		68		58
		22		25		48		62	
第 2 趟排序结果	21	22	38	22	43	48	58	62	68
第 3 趟排序结果	21	22	25	38	43	49	58	62	68

图 8.6　希尔排序过程

8.3　交　换　排　序

交换排序是指在排序过程中，主要是通过待排序记录序列中元素间关键字的比较，与存储位置的交换来达到排序目的的一类排序方法。本节主要介绍冒泡排序和快速排序。

8.3.1　冒泡排序

1．冒泡排序的基本思路

冒泡排序是交换排序中一种简单的排序方法。它的基本思路是对所有相邻记录的关键字值进行比效，如果是逆顺（r[j]＞r[j+1]或 r[j]＜r[j+1]），则将其交换，最终达到有序化。

为了叙述方便，这里假定关键字序列纵向排列，最终排序结果为从上到下升序排列。其处理过程如下：

（1）将整个待排序的记录序列划分成有序区和无序区，初始状态有序区为空，无序区包括所有待排序的记录。

（2）对无序区从上到下依次将相邻记录的关键字进行比较，若逆序将其交换，从而使得关键字值小的记录向上“飘浮”，关键字值大的记录向下“堕落”。

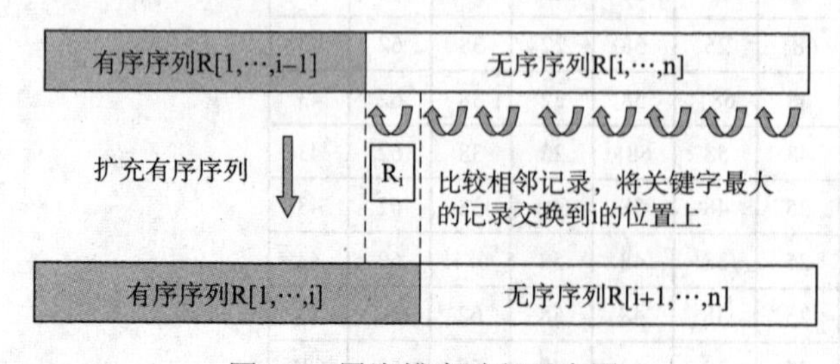

图 8.7　冒泡排序过程示意图

每经过一趟冒泡排序，都使无序区中关键字值最大的记录进入有序区，对于由 n 个记录组成的记录序列，最多经过 n–1 趟冒泡排序，就可以将这 n 个记录重新按关键字顺序排列，如图 8.7 所示。

下面以关键字值为{52,53,29,46,35,20,56,47}的记录序列来举例说明冒泡排序的排序过程，如图 8.8 所示。

52	52	29	29	29	20	20	20
53	29	46	35	20	29	29	29
29	46	35	20	35	35	35	35
46	35	20	46	46	46	46	46
35	20	52	47	47	47	47	47
20	53	47	52	52	52	52	52
56	47	53	53	53	53	53	53
47	56	56	56	56	56	56	56
初始	第 1 趟	第 2 趟	第 3 趟	第 4 趟	第 5 趟	第 6 趟	第 7 趟

图 8.8 冒泡排序过程

2. 冒泡排序算法

（1）原始的冒泡排序算法。对由 n 个记录组成的记录序列，最多经过（n–1）趟冒泡排序，就可以使记录序列成为有序序列，第 1 趟定位第 n 个记录，此时有序区只有 1 个记录；第 2 趟定位第 n–1 个记录，此时有序区有 2 个记录；以此类推，算法框架为

```
for i in range(n,1,01):
    #定位第 i 个记录
```

若定位第 i 个记录，需要从前向后对无序区中的相邻记录进行关键字的比较，它可以用如下所示的语句实现：

```
for i in range(1,i):
  if (r[j].key>a.[j+1].key):
    temp=r[j];r[j]=r[j+1];r[j+1]=temp;
```

下面是完成的冒泡排序算法。

```
#冒泡排序
def bubblesort1(RD):
    for i in range(len(RD)-1,1,-1):
        for j in range(1,i):
            if(RD[j].key > RD[j+1].key):
                tmp=RD[j]
                RD[j]=RD[j+1]
                RD[j+1]=tmp
                showRD(RD,j,j+1,1," ")
        print("第%2d 趟结束"%(len(RD)-i+1))
```

（2）改进的冒泡排序算法。在冒泡排序过程中，一旦发现某一趟没有进行交换操作，就表明此时待排序记录序列已经成为有序序列，冒泡排序再进行下去已经没有必要，应立即结束排序过程。

下面是改进的冒泡排序算法。

```
#改进的冒泡排序
def bubblesort2 (RD):
    for i in range(len(RD)-1,1,-1):
```

```
        exchange=0
        for j in range(1,i):
            if(RD[j].key > RD[j+1].key):
                tmp=RD[j]
                RD[j]=RD[j+1]
                RD[j+1]=tmp
                exchange=1
                showRD(RD,j,j+1,1," ")
        print("第%2d 趟结束"%(len(RD)-i+1))
        if (exchange==0):  break
```

3. 冒泡排序算法的简单评价

冒泡排序比较简单，当初始序列基本有序时，冒泡排序有较高的效率，反之效率较低。冒泡排序只需要一个记录的辅助空间，用来作为记录交换的中间暂存单元；冒泡排序是一种稳定的排序方法。

（1）在最好的情况下，初始状态是递增有序的，一趟扫描就可以完成排序，关键字的比较次数为 n–1，没有记录移动。

（2）若初始状态是反序的，则需要进行 n–1 趟扫描，每趟扫描要进行 n–i 次关键字的比较，且每次需要移动记录 3 次，因此，最大比较次数和移动次数分别为

$$\text{最大比较次数}=\sum_{i=1}^{n-1}(n-i)=\frac{n(n-1)}{2}=O(n^2)$$

$$\text{最大移动次数}=\sum_{i=1}^{n-1}3(n-i)=\frac{3n(n-1)}{2}=O(n^2)$$

8.3.2 快速排序

1. 快速排序的基本思路

快速排序又称为分区交换排序。其基本思路是：首先将待排序记录序列中的所有记录作为当前待排序序列，从中任意选取一个记录（比如，第一个记录），并以该记录的关键字值为基准，从位于待排序记录序列左右两端开始，逐渐向中间靠拢，交替与基准记录的关键字进行比较、交换，每次比较，若遇左侧记录的关键字值大于基准记录的关键字，则将其与基准记录交换，使其移到基准记录的右侧，若遇右侧记录的关键字值小于基准值，则将其与基准记录交换，使其移至基准记录的左侧，最后让基准记录到达它的最终位置，此时，基准记录将待排序记录分成了左右两个子序列，位于基准记录左侧的记录都小于或等于基准记录的关键字，位于基准记录右侧的所有记录的关键字都大于或等于基准记录的关键字，这就是一趟快速排序，如图 8.9 所示。

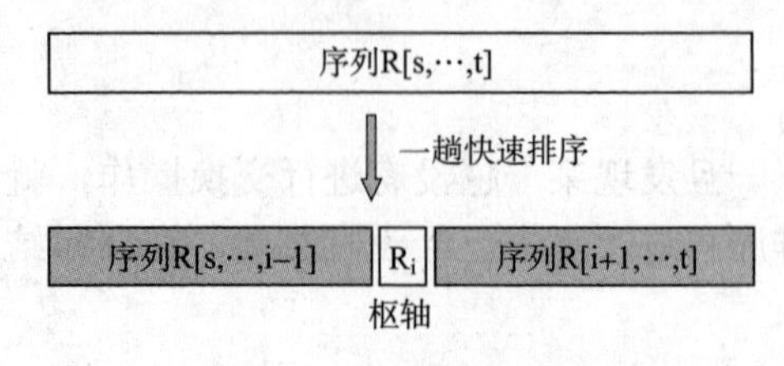

图 8.9　快速排序示意图

这样经过一趟排序之后，序列 R[s..t]将分割成 R[s..i–1]和 R[i+1..t]两部分，且满足以下条件：

R[j].key≤ R[i].key ≤ R[k].key
（s≤j≤i–1）　　枢轴　　（i+1≤k≤t）。

然后分别对左右两个新的待排序序列，重复上述一趟快速排序的过程，其结果分别让左右两个子序列中的基准记录都到达它们的最终位置，同时将待排序记录序列分成更小的待排序序列，再次重复对每个序列进行一趟快速排序，直到每个序列只有一个记录为止，此时所有的记录都到达了它的最终位置，即整个待排序记录按关键值有序排列，至此排序结束。

对待排序记录序列进行一趟快速排序的过程描述如下：

（1）初始化。取第一个记录作为基准，其关键字值为 48，设置两个指针 i、j 分别用来指示将要与基准记录进行比较的左侧记录位置和右侧记录位置。最开始从右侧开始比较，当发生交换操作后，转去再从左侧比较。

（2）用基准记录与右侧记录进行比较。即与指针 j 指向的记录进行比较，如果右侧记录的关键字值大，则继续与右侧前一个记录进行比较，即 j 减 1 后，再用基准元素与 j 指向的记录比较，若右侧的记录小（逆序），则将基准记录与 j 指向的记录进行交换。

（3）用基准元素与左侧记录进行比较。即与指针 i 指向的记录进行比较，如果左侧记录的关键字值小，则继续与左侧后一个记录进行比较，即 i 加 1 后，再用基准记录与 i 指向的记录比较，若左侧的记录大（逆序），则将基准记录与 i 指向的记录交换。

（4）右侧比较与左侧比较交替重复进行，直到指针 i 与指针 j 指向同一位置，即指向基准记录最终的位置。

一趟快速排序之后，再分别对左右两个子序列进行快速排序，以此类推，直到每个子序列都只有一个记录为止。

下面以关键字值为｛52,53,29,46,35,20,56,47｝的记录序列来举例说明快速排序的排序过程，如图 8.10 和图 8.11 所示。

在图 8.10 中，基准记录为 52，i 和 j 的初始值分别为 1 和 8。首先从右侧进行比较，当 j=8 时 47 小于 52 发生交换操作；交换后转向从左侧进行比较，当 i=2 时 53 大于 52 发生交换操作；交换后转向从右侧进行比较，以此类推，直到指针 i 与指针 j 指向同一位置。

初始	52	53	29	46	35	20	56	47
指针移动←	i↑							↑j
第 1 次交换	47	53	29	46	35	20	56	52
指针移动→		i↑						↑j
第 2 次交换	47	52	29	46	35	20	56	53
指针移动←		i↑				↑j		
第 3 次交换	47	20	29	46	35	52	56	53
指针移动→						i↑j		
完成一趟排序	47	20	29	46	35	52	56	53

图 8.10　以 52 为轴的快速排序

图 8.11 显示了其他各子序列按快速排序划分后的结果，其中红色的关键值为基准值。

2. 快速排序算法

快速排序是一个递归的过程，只要能够实现一趟快速排序的算法，就可以利用递归的方法对一趟快速排序后的左右分区域分别进行快速排序。下面是一趟快速排序的算法分析。

初始	52	53	29	46	35	20	56	47
1 趟划分之后	{47	20	29	46	35}	52	{56	53}
分别进行快速排序	{20	29	46	35}	47	52	{53}	56
	20	{29	46	35}	47	52	53	56
	20	29	{46	35}	47	52	53	56
	20	29	{35}	46	47	52	53	56
最终排序结果	20	29	35	46	47	52	53	56

图 8.11　其他子序列的快速排序

（1）初始化。将 i 和 j 分别指向待排序区域的最左侧记录和最右侧记录的位置。

i=s；j=t；

将基准记录暂存在 temp 中。

temp=r[i]；

（2）对当前待排序区域从右侧将要进行比较的记录（j 指向的记录）开始向左侧进行扫描，直到找到第一个关键字值小于基准记录关键字值的记录：

while (i<j and temp.key<=r[j]): j=j+1;

（3）如果 i!=j，则将 r[j]中的记录移至 r[i]，并将 i=i+1。

r[i]=r[j]；i=i+1；

（4）对当前待排序区域从左侧将要进行比较的记录（i 指向的记录）开始向右侧进行扫描，直到找到第一个关键字值大于基准记录关键字的记录。

while (i<j and r[i]<=temp.key) : i=i+1；

（5）如果 i!=j，则将 r[i]中的记录移至 r[j]，并将 j=j+1。

r[j]=r[i]；j=j+1；

（6）如果此时 i<j，则重复（2）、（3）、（4）、（5）操作；否则，表明找到了基准记录的最终位置，并将基准记录移到它的最终位置上。此过程概略描述如下：

while（i<j）:

执行（2）、（3）、（4）、（5）步骤

r[i]=temp；

下面是快速排序的完整算法。

```
#快速排序
def quicksort(RD,s,t ):
    #序列 R[s..t]将分割成 R[s..i-1]和 R[i+1..t] 两部分
    i=s;  j=t;  tmp=RD[i]                          #初始化
    print("s=",s,"t=",t)
    while(i<j)  :
        while (i<j  and tmp.key<= RD[j].key): j=j-1
        RD[i]=RD[j] ;   RD[j] =tmp
        showRD(RD,i,j,1,"R")
        while (i<j  and RD[i].key<=tmp.key): i=i+1
        RD[j]=RD[i]; RD[i]=tmp
```

```
        showRD(RD,i,j,1,"L")
    if (s<i-1):
        #print("s=",s,"t=",i-1)
        quicksort(RD, s, i-1)                    #对左侧分区域进行快速排序
    if (i+1<t):
        #print("s=",i+1,"t=",t)
        quicksort(RD, i+1, t)                    #对右侧分区域进行快速排序
```

3. 快速排序算法的简单评价

快速排序实质上是对冒泡排序的一种改进，它的效率与冒泡排序相比有很大的提高。在冒泡排序过程中是对相邻两个记录进行关键字比较和互换的，这样每次交换记录后，只能改变一对逆序记录，而快速排序则从待排序记录的两端开始进行比较和交换，并逐渐向中间靠拢，每经过一次交换，有可能改变几对逆序记录，从而加快了排序速度。到目前为止快速排序是平均速度最快的一种排序方法，但当原始记录排列基本有序或基本逆序时，每一趟的基准记录有可能只将其余记录分成一部分，这样就降低了时间效率，所以快速排序适用于原始记录排列杂乱无章的情况。

快速排序的记录移动次数不会大于比较次数，所以，快速排序的最坏时间复杂度为 $O(n^2)$；最好时间复杂度为 $O(n\log_2 n)$。

可以证明，快速排序的平均时间复杂度也是 $O(n\log_2 n)$。

快速排序是一种不稳定的排序，在递归调用时需要占据一定的存储空间用来保存每一层递归调用时的必要信息。

8.3.3 应用举例

【例 8.2】 已知某班英语国家六级成绩为{21,48,68,25,58,22,38,62,43}，试分别用冒泡排序和快速排序对成绩从低到高进行排序。

解： 冒泡排序过程如图 8.12 所示。

初始	第 1 趟	第 2 趟	第 3 趟	第 4 趟	第 5 趟	第 6 趟	第 7 趟	第 8 趟
21	21	21	21	21	21	21	21	21
48	48	25	25	22	22	22	22	22
68	25	48	22	25	25	25	25	25
25	58	22	38	38	38	38	38	38
58	22	38	48	43	43	43	43	43
22	38	58	43	48	48	48	48	48
38	62	43	58	58	58	58	58	58
62	43	62	62	62	62	62	62	62
43	68	68	68	68	68	68	68	68

图 8.12 冒泡排序过程

从图 8.12 可知，第 4 趟过后，序列已排序，这样在第 5 趟过程中不发生交换，因此第 6、7、8 三趟是多余的。

快速排序过程如图 8.13 和图 8.14 所示。图 8.13 给出了以 21 为轴心的一趟排序过程。图

8.14 显示了以 48 为轴心的子序列｛48,68,25,58,22,38,62,43｝一趟排序的过程。

初始	21	48	68	25	58	22	38	62	43
指针移动←	i↑j								←↑j
第 1 次交换	21	｛48	68	25	58	22	38	62	43｝
完成一趟排序	21	48	68	25	58	22	38	62	43

图 8.13　以 21 为轴心的一趟排序过程

初始	48	68	25	58	22	38	62	43
指针移动←	i↑							↑j
第 1 次交换	43	68	25	58	22	38	62	48
指针移动→		i↑						↑j
第 2 次交换	43	48	25	58	22	38	62	68
指针移动←		i↑				↑j		
第 3 次交换	43	38	25	58	22	48	62	68
指针移动→				i↑		↑j		
第 4 次交换	43	38	25	48	22	58	62	68
指针移动←				i↑	↑j			
第 5 次交换	43	38	25	22	48	58	62	68
指针移动→					i↑j			
完成一趟排序	43	38	25	22	48	58	62	68

图 8.14　以 48 为轴心的子序列一趟排序过程

8.4　选　择　排　序

选择排序是从记录的无序子序列中“选择”关键字最小或最大的记录，并将它加入到有序子序列中，以此增加有序子序列的一种排序方法。下面介绍简单选择排序和堆排序。

8.4.1　简单选择排序

1. 简单选择排序的基本思想

简单选择排序的基本思想是：每一趟在 n−i+1（i=1,2,3,…,n−1）个记录中选取关键字最小的记录作为有序序列中的第 i 个记录，如图 8.15 所示。

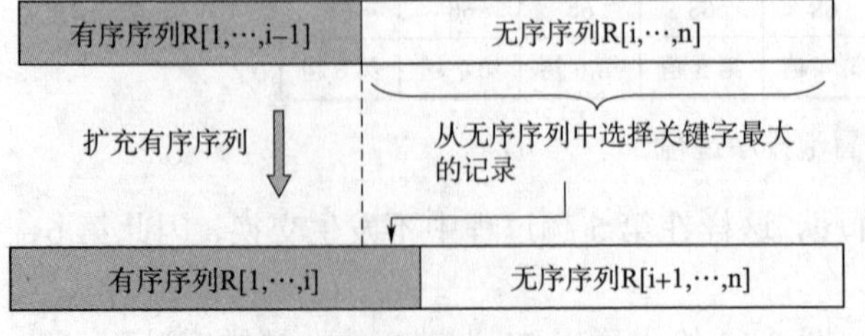

图 8.15　简单选择排序示意图

简单选择排序的具体实现过程如下：

（1）将整个记录序列划分为有序区域和无序区域，有序区域位于最左端，无序区域位于右端，初始状态有序区域为空，无序区域含有待排序的所有 n 个记录。

（2）设置一个整型变量 index，用于记录在一趟的比较过程中，当前关键字值最小的记录位置。开始将它设定为当前无序区域的第一个位置，即假设这个位置的关键字最小，然后用它与无序区域中的其他记录进行比较，若发现有比它的关键字还小的记录，就将 index 改为这个新的最小记录的位置，随后再用 r[index].key 与后面的记录进行比较，并根据比较结果，随时修改 index 的值，一趟结束后 index 中保留的就是本趟选择的关键字最小的记录位置。

（3）将 index 位置的记录交换到无序区域的第一个位置，使得有序区域扩展了一个记录，而无序区域减少了一个记录。

不断重复步骤（2）、步骤（3），直到无序区域剩下一个记录为止。此时所有的记录已经按关键字从小到大的顺序排列就位。

下面以关键字值为｛52,53,29,46,35,20,56,47｝的记录序列来举例说明简单选择排序的排序过程，如图 8.16 所示。

初始	52	53	29	46	35	20	56	47
第 1 趟	{20}	53	29	46	35	52	56	47
第 2 趟	{20	29}	53	46	35	52	56	47
第 3 趟	{20	29	35}	46	53	52	56	47
第 4 趟	{20	29	35	46}	53	52	56	47
第 5 趟	{20	29	35	46	47}	52	56	53
第 6 趟	{20	29	35	46	47	52}	56	53
第 7 趟	{20	29	35	46	47	52	53}	56
最终排序	20	29	35	46	47	52	53	56

图 8.16　简单选择排序举例

2. 简单选择排序算法

下面进一步分析“第 i 趟简单选择排序”算法的实现。

（1）初始化：假设无序区域中的第一个记录为关键字值最小的元素，即 index=i。

（2）搜索无序区域中关键字值最小的记录的位置：

```
for i in range(i+1,n+1):
    if (r[j].key<a.[index].key):  index=j;
```

（3）将无序区域中关键字最小的记录与无序区域的第一个记录进行交换，使得有序区域由原来的 i–1 个记录扩展到 i 个记录。

完整算法如下：

```
#简单选择排序
def selectsort (RD):
    for i in range(1,len(RD)-1):
        #对 n 个记录进行 n-1 趟的简单选择排序
        min0=i   #初始化第 i 趟简单选择排序的最小记录指针
        minv=RD[i].key
        for j in range(i+1,len(RD)-1):
```

```
        #搜索关键字最小的记录的位置
        if(RD[j].key<minv):
            minv=RD[j].key
            min0=j
    if (min0!=i):
        tmp=RD[i]
        RD[i]=RD[min0]
        RD[min0]=tmp
    showRD(RD,i,min0,1,"X")
```

3. 简单选择排序算法的简单评价

简单选择排序算法简单，但是速度较慢，并且是一种不稳定的排序方法，但在排序过程中只需要一个用来交换记录的暂存单元。

8.4.2 堆排序

1. 堆的定义

n 个元素的序列$\{r_1,r_2,\cdots,r_n\}$，当且仅当满足条件：

$$（1）\begin{cases} r_i \leqslant r_{2i} \\ r_i \leqslant r_{2i+1} \end{cases} 或（2）\begin{cases} r_i \geqslant r_{2i} \\ r_i \geqslant r_{2i+1} \end{cases}$$

称满足条件（1）的堆为小顶堆，称满足条件（2）的堆为大顶堆。

{10, 37, 25, 66, 41, 33, 97, 80, 73, 55, 46}是小顶堆。

{10, 37, 73, 25, 66, 55, 41, 13, 97, 80, 46}不是堆。

从堆的定义可以看出，堆是一棵完全二叉树，二叉树中任何一个分支结点的值都大于或者等于它的孩子结点的值，并且每一棵子树也满足堆的特性，如图 8.17 所示。

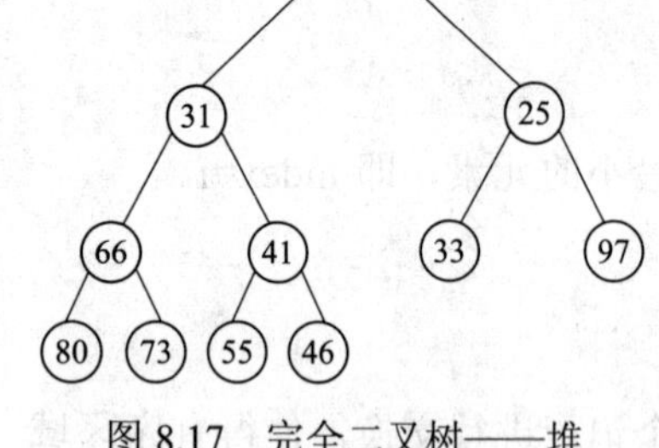

图 8.17　完全二叉树——堆

因此对小顶堆来说，对应的二叉树的根为最小值；对大顶堆来说，对应的二叉树的根为最大值。下面以小顶堆来说明堆排序的思想。

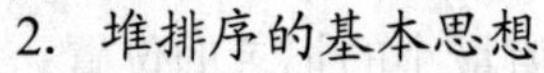

2. 堆排序的基本思想

堆排序的基本思想是：若在输出堆顶的最小值之后，使得剩余 n−1 个元素的序列重新又建成一个堆，则可得到 n 个元素的次小值；如此反复执行，便能得到一个有序序列，这个过程称为堆排序。

第 i 趟排序将序列的前 n−i+1 个元素组成的子序列转换为一个堆，然后将堆的第一个元素与堆的最后一个元素交换位置，如图 8.18 所示。

具体过程如下：

（1）将原始序列转换为第一个堆。

（2）将堆的第一个元素与堆的最后一个元素交换位置（即“去掉”最小值元素）。

（3）将“去掉”最小值元素后剩下的元素组成的子序列重新转换成一个新的堆。

（4）重复步骤（2）、步骤（3）n−1 次。

实现堆排序需解决如下两个问题：

问题1：如何由一个无序序列建成一个堆？

问题2：如何在输出堆顶元素之后，调整剩余元素，使之成为一个新的堆？

解决上述两个问题的方法就是筛选。筛选的基本过程如下：

（1）输出堆顶元素之后，以堆中最后一个元素替代堆顶元素。

（2）将根结点值与左、右子树的根结点值进行比较，并与其中较小者进行交换。

（3）重复步骤（2）操作，直至叶子结点，将得到新堆。

因此，筛选就是从堆顶至叶子的调整过程。

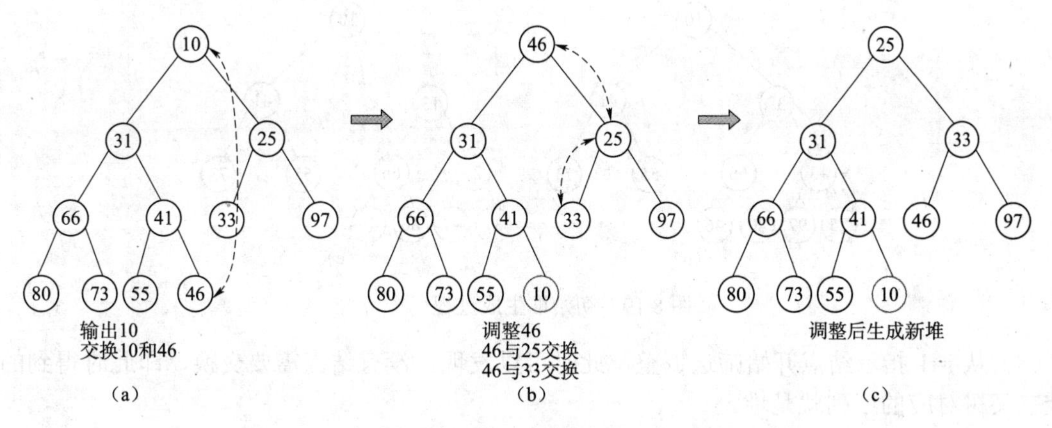

图 8.18 筛选过程

图 8.18（a）中输出堆顶结点（关键字值为 10）之后，以堆中最后一个结点（关键字值为 46）替代关键字为 10 的结点。

图 8.18（b）中 46 与左、右子树的根结点值进行比较，并与其中较小者 25 进行交换；交换后 46 与左、右子树的根结点值进行比较，并与其中较小者 33 进行交换。

图 8.18（c）是筛选后得到的新堆。

从一个无序序列建堆的过程就是一个反复“筛选”的过程，若将此序列看成是一个完全二叉树，则最后一个非终端结点是 n/2 个元素，由此“筛选”只需从 n/2 个元素开始。

建堆：从无序序列的第 n/2 个元素（即此无序序列对应的完全二叉树的最后一个非终端结点）起，至第一个元素止，进行反复筛选。

下面以无序序列 R{10, 37, 73, 25, 66, 55, 41, 13, 97, 80, 46}为例说明初始堆的生成过程。图 8.19 显示了整个生成过程。

图 8.19（a）表明，无序序列 R 不是堆，按照建堆规则：

（1）i 从 n/2（=5）开始筛选调整，关键字值为 66 的结点与其左右子树根结点的关键字值较小的结点（关键字值为 46）进行交换，交换后得到图 8.19（b）。

（2）从 i=4 指示结点开始筛选调整，即关键字值为 25 的结点与其左右子树根结点的关键字值较小的结点 13 进行交换，交换后得到图 8.19（c）。

（3）从 i=3 指示结点开始筛选调整，即关键字值为 73 结点与其左右子树根结点的关键字值较小的结点（关键字值为 41）进行交换，交换后得到图 8.19（d）。

（4）从 i=2 指示结点开始筛选调整，即关键字值为 37 的结点与其左右子树根结点的关键字值较小的结点（关键字值为 13）进行交换，交换后得到图 8.19（e）。

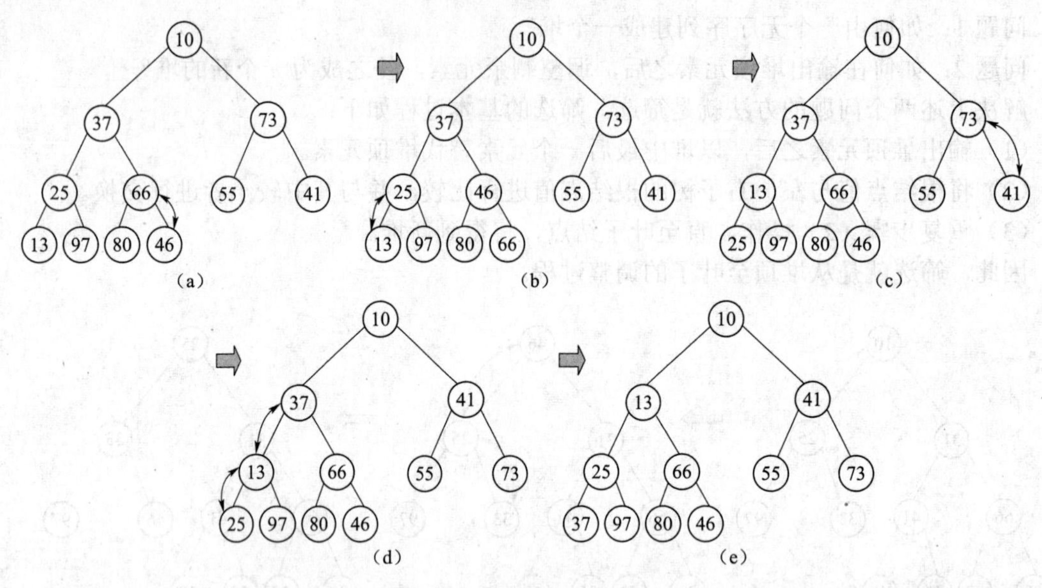

图 8.19　初始堆生成过程

（5）从 i=1 指示结点开始筛选调整，此时可以发现，没有结点需要交换，即此时得到的完全二叉树对应的序列就是堆。

3. 堆排序算法

筛选算法如下：

```
#筛选算法:
def sift(RD,k,m):
    i=k;  x=RD[i]; j=2*i;
    while(j<=m):
        if(j<m  and RD[j].key>RD[j+1].key):  j=j+1
        if(x.key>RD[j].key):
            RD[i]=RD[j];i=j;j=j*2
        else: j=m+1
        RD[i]=x
```

堆排序算法如下：

```
#堆排序
def heapsort(RD):
    len0=len(RD)
    for i in range((len0-1)//2,0,-1):  #建立初始对
        sift(RD,i,len(RD)-1)
    for i in range(len0-1,1,-1):
     #不断输出堆顶元素,并调整堆
        x=RD[1];RD[1]=RD[i];RD[i]=x
        sift(RD,1,i-1)
```

4. 堆排序算法简单评价

（1）空间复杂度：S(n)=O(1)

（2）相对于快速排序，堆排序仅需一个记录大小供交换用。因此是一种适合于排序较大文件的排序方法。

（3）堆排序是一种不稳定的排序方法。

8.4.3　应用举例

【例 8.3】 已知某班英语的成绩为{21,48,68,25,58,22,38,62,43}，试分别用简单选择排序和堆排序对成绩从低到高进行排序。

解：

（1）简单选择排序。简单选择排序过程详见图 8.20。

初始	21	48	68	25	58	22	38	62	43
第 1 趟	{21}	48	68	25	58	22	38	62	43
第 2 趟	{21	22}	68	25	58	48	38	62	43
第 3 趟	{21	48	25}	68	58	48	38	62	43
第 4 趟	{21	25	48	38}	58	48	68	62	43
第 5 趟	{21	25	48	38	43}	48	68	62	58
第 6 趟	{21	25	48	38	43	48}	68	62	58
第 7 趟	{21	25	48	38	43	48	58}	62	68
第 8 趟	{21	25	48	38	43	48	58	62}	68
最终排序	21	22	25	38	43	48	58	62	68)

图 8.20　简单选择排序过程

（2）堆排序。堆排序的过程如下：

1）生成初始堆，生成过程如图 8.21 所示。

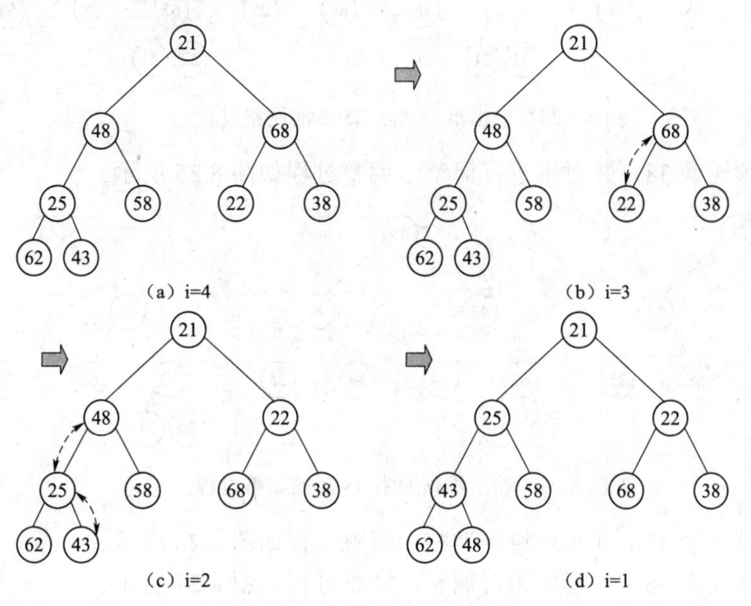

图 8.21　初始堆的生成过程

2）输出堆顶元素 21，并对堆进行调整，调整过程如图 8.22 所示。

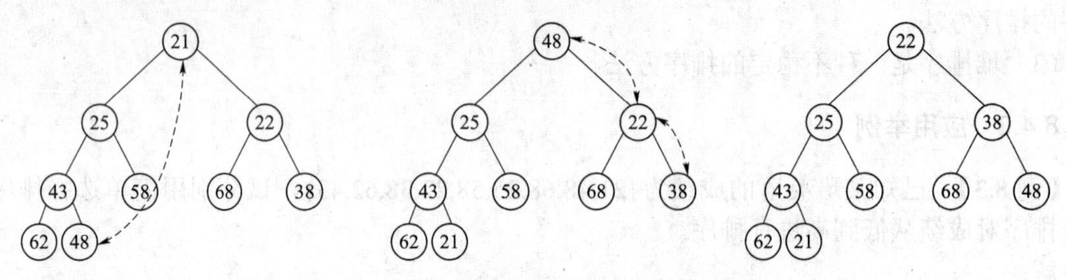

图 8.22　输出堆顶元素 21 后的调整过程

3）输出堆顶元素 22，并对堆进行调整，调整过程如图 8.23 所示。

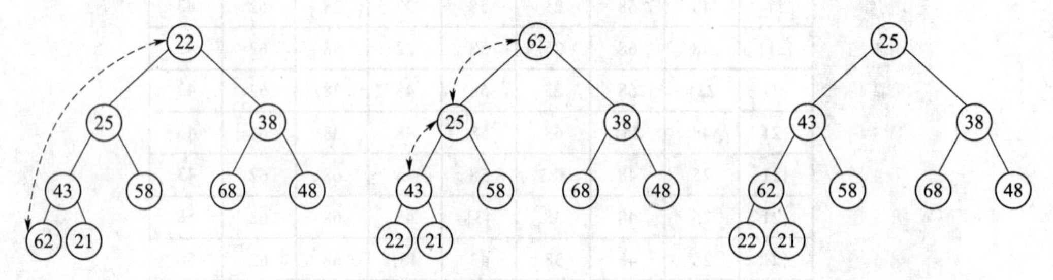

图 8.23　输出堆顶元素 22 后的调整过程

4）输出堆顶元素 25，并对堆进行调整，调整过程如图 8.24 所示。

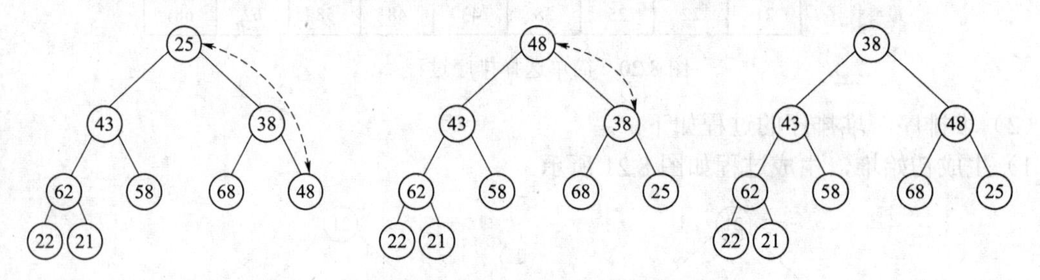

图 8.24　输出堆顶元素 25 后的调整过程

5）输出堆顶元素 38，并对堆进行调整，调整过程如图 8.25 所示。

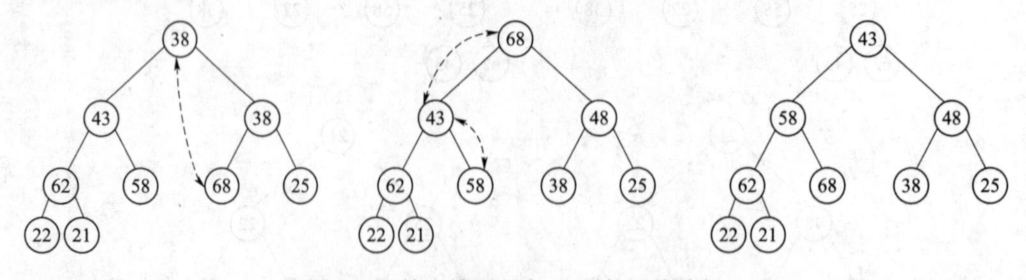

图 8.25　输出堆顶元素 38 后的调整过程

6）输出堆顶元素 43，并对堆进行调整，调整过程如图 8.26 所示。

7）输出堆顶元素 48，并对堆进行调整，调整过程如图 8.27 所示。

8）输出堆顶元素 58，并对堆进行调整，调整过程如图 8.28 所示。

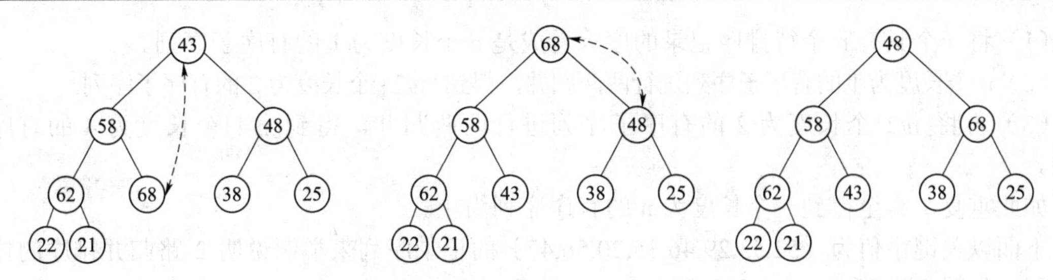

图 8.26　输出堆顶元素 43 后的调整过程

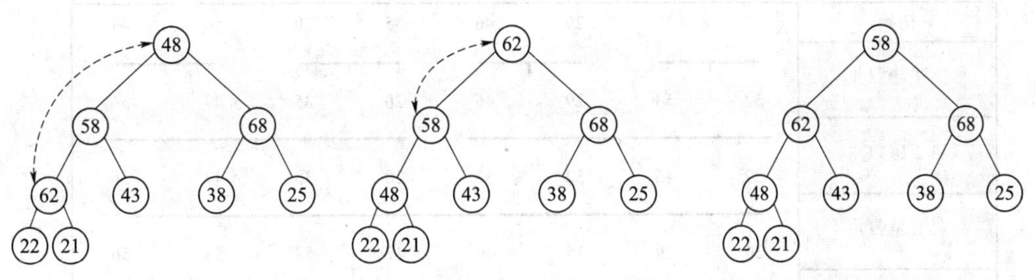

图 8.27　输出堆顶元素 48 后的调整过程

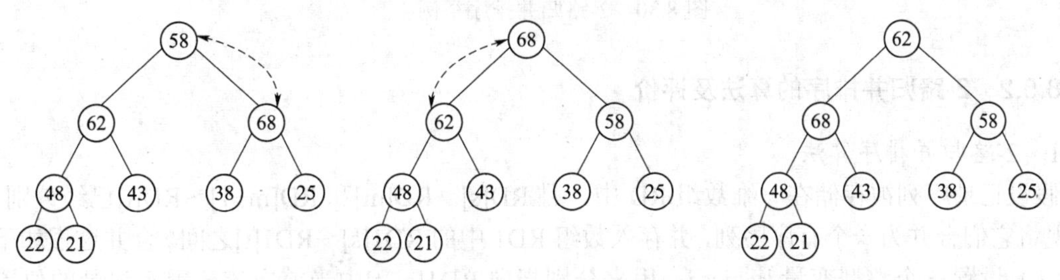

图 8.28　输出堆顶元素 58 后的调整过程

9）输出剩余的两个元素 68 和 62。至此，已按照从小到大对序列进行排序。

8.5 归　并　排　序

8.5.1　归并排序的基本思想

归并排序是另一类排序方法。所谓归并是指将两个或两个以上的有序表合并成一个新的有序表，如图 8.29 所示。

一般将 2 个有序序列归并为一个新的有序序列称为 2-路归并，将 3 个有序序列归并为一个新的有序序列称为 3-路归并，将 n 个有序序列归并为一个新的有序序列称为 n-路归并。本书重点介绍 2-路归并。2-路归并排序的基本思想如下：

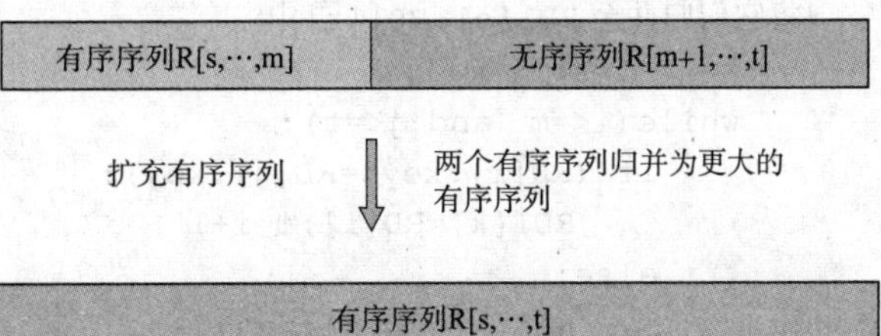

图 8.29　归并排序示意图

（1）将一个具有 n 个待排序记录的序列看成是 n 个长度为 1 的有序子序列。

（2）n 个长度为 1 的有序子序列进行两两归并，得到 $\lfloor n/2 \rfloor$ 个长度为 2 的有序子序列。

（3）再将 $\lfloor n/2 \rfloor$ 个长度为 2 的有序子序列进行两两归并，得到 $\lfloor n/4 \rfloor$ 个长度为 4 的有序序列。

如此重复，直至得到一个长度为 n 的有序序列为止。

下面以关键字值为｛52,53,29,46,35,20,56,47｝的记录序列来举例说明 2-路归并排序的排序过程，如图 8.30 所示。

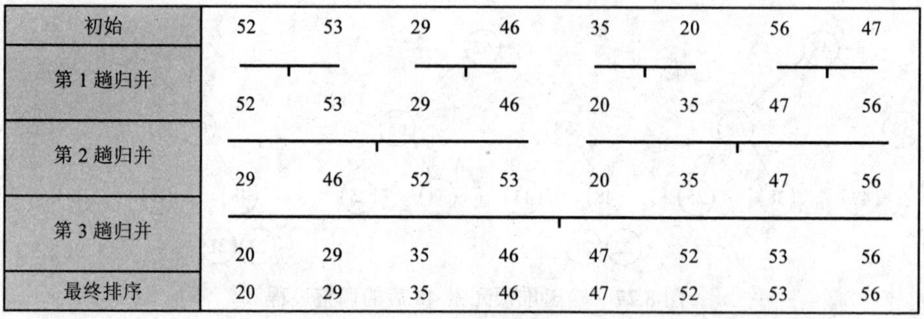

初始	52	53	29	46	35	20	56	47
第 1 趟归并	52	53	29	46	20	35	47	56
第 2 趟归并	29	46	52	53	20	35	47	56
第 3 趟归并	20	29	35	46	47	52	53	56
最终排序	20	29	35	46	47	52	53	56

图 8.30　2-路归并排序举例

8.5.2　2-路归并排序的算法及评价

1．2-路归并排序算法

假设记录序列被存储在一维数组 RD 中，且 RD[s]～RD[m]和 RD[m+1]～RD[t]已经分别有序，现将它们合并为一个有序序列，并存入数组 RD1 中的 RD1[s]～RD1[t]之间。合并过程如下：

（1）设置三个整型变量 k、i、j，用来分别指向 RD1[s...t]中当前应该放置新记录的位置，RD[s]～RD[m]和 RD[m+1]～RD[t]中当前正在处理的记录位置。初始值应该为

i=s；j=m+1；k=s；

（2）比较两个有序序列中当前记录的关键字，将关键字较小的记录放置在 RD1[k]，并修改该记录所属有序序列的指针及 RD1 中的指针 k。重复执行此过程，直到其中的一个有序序列内容全部移至 RD1 中为止，此时需要将另一个有序序列中的所有剩余记录移至 RD1 中。其算法实现如下：

```
#2-路归并的完整算法
def merge1 (RD,RD1,s,m,t):
#RD[s]~RD[m]和 RD[m+1]~RD[t]已经分别有序
#将它们归并至 RD1[s]~RD1[t]中
    k=s; i=s; j=m+1;
    while(i<=m  and j<=t):
        if (RD[i].key<=RD[j].key):
            RD1[k]=RD[i];i=i+1
        else:
            RD1[k]=RD[j];j=j+1
        k=k+1
    while( i<=m):
```

```
            RD1[k]=RD[i]  #将剩余的 RD[i..m]复制到数组 RD1
            k=k+1;i=i+1
        while (j<=t):
            RD1[k]=RD[j]   #将剩余的 RD[j..t]复制到数组 RD1
            k=k+1;j=j+1

#归并排序的递归算法
def mergesort (RD,RD1,s,t):
        RD2=[]
        for i in range(0,len(RD)):
            v0=ElemType();v0.key=0; v0.others=i
            RD2.append(v0)
        if (s==t):RD1[s]=RD[s]
        else:
            m= (s+t)//2
            #将 RD[s..t]平分为 RD[s..m]和 RD[m+1..t]
            mergesort (RD, RD2, s, m);
            #递归地将 RD[s..m]归并为有序的 RD2[s..m]
            mergesort (RD, RD2, m+1, t);
            #递归地将 RD[m+1..t]归并为有序的 RD2.elem[m+1..t]
            merge1(RD2,RD1, s, m, t);
            #递归地将 RD2[s..m]和 RD2[m+1..t]归并到 RD1[s..t]
```

2. 2-路归并排序算法简单评价

2-路归并排序的递归算法从程序的书写形式上看比较简单，但是在算法执行时，需要占用较多的辅助存储空间，即除了在递归调用时需要保存一些必要的信息外，在归并过程中还需要与存放原始记录序列同样数量的存储空间，以便存放归并结果，但与快速排序及堆排序相比，它是一种稳定的排序方法。

8.5.3 应用举例

【例 8.4】 已知某班英语成绩为{21,48,68,25,58,22,38,62,43}，试用 2-路归并排序对成绩从低到高进行排序。

解：2-路归并排序过程详见图 8.31。

初始	21	48	68	25	58	22	38	62	43
第 1 趟归并	21	48	25	68	22	58	38	62	43
第 2 趟归并	21	25	48	68	22	38	58	62	43
第 3 趟归并	21	22	25	38	48	58	62	68	43
第 4 趟归并	21	22	25	38	43	48	58	62	68
最终排序	21	22	25	38	43	48	58	62	68

图 8.31　2-路归并排序过程

8.6 基 数 排 序

8.6.1 基数排序的基本思想

基数排序是一种基于多关键字的排序方法。

1. 多关键字排序的概念

一般情况下，假设有 n 个记录的序列{$R_1,R_2,\cdots,R_n$}，且每个记录 R_i 中含有 d 个关键字（$K_{i_1},K_{i_2},\cdots,K_{i_d}$）。

对于序列中任意两个记录 R_i 和 R_j（$1\leqslant i<j\leqslant n$）都满足下列有序关系

$$(K_{i_1},K_{i_2},\cdots,K_{i_d}) < (K_{j_1},K_{j_2},\cdots,K_{j_d})$$

则称序列对关键字（$K_1,K_2,\cdots,K_d$）有序。其中，K_1 称为最主位关键字，K_d 称为最次位关键字。

2. 多关键字排序的基本方法

为实现多关键字排序，通常有两种方法：先对最高位关键字进行排序和先对最高低关键字进行排序。

第一种方法是先对最高位关键字 K_1（如花色）进行排序，将序列分成若干子序列，每个子序列中的记录都具有相同的 K_1 值；然后分别就每个子序列对次关键字 K_1（如面值）进行排序，按 K_2 值不同再分成若干更小的子序列；依次重复，直至对 K_{d-1} 进行排序之后得到的每一子序列中的记录都具有相同的关键字（$K_1,K_2,\cdots,K_{d-1}$），而后分别每个子序列按 K_d 进行排序，最后将所有子序列依次连接在一起成为一个有序序列，这种方法称为最高优先法（Most Significant Digit first，MSD 法）。

第二种方法是从最低位关键字 K_d 起进行排序。然后再对高一位的关键字 K_{d-1} 排序，依次重复，直至对最高位关键字 K_1 排序后，便成为一个有序序列。这种方法称为最低位优先法（Least Significant Digit first，LSD 法）。

从上可知，按 MSD 法排序，必须将序列逐层分割成若干子序列，然后对各子序列分别排序。按 LSD 法排序，不必将序列逐层分割成若干子序列，对每个关键字都是整个序列参加排序；并且可不必使用前面所述的各种借助关键字比较来实现排序的方法，通过若干次“分配”与“收集”实现排序。下面举例说明。

【例 8.5】 将表 8.2 的学生成绩单按数学成绩的等级由高到低排序，数学成绩相同的学生再按语文成绩的高低等级排序。

表 8.2　学 生 成 绩 表

学号	姓名	数学	语文
9701	张三	A	B
9702	李四	D	B
9703	王五	B	C
9704	小雅	E	B
9705	吴一	B	A

续表

学号	姓名	数学	语文
9706	李明	C	B
9707	江涛	E	A
9708	胡四	D	B
9709	温和	B	B
9710	贾正	C	C

（1）按照 MSD 法排序。基于 MSD 法，首先按数学等级由高到低将学生成绩记录分成 A、B、C、D、E 五个组，见表 8.3。其次分别对每个子序列按语文成绩由高到低排序，这样就会得到一个优先按数学等级排序，在数学等级相同的情况下，再按语文等级排序。

表 8.3　按数学成绩排序后的分组情况

关键字值（数学）	A	B	C	D	E
各组成员	（A,B）	（B,C）	（C,B）	（D,B）	（E,B）
		（B,B）	（C,C）	（D,B）	（E,A）
		（B,A）			

（2）按照 LSD 法排序。基于 LSD 法，首先将学生成绩记录按语文成绩由高到低分成 A、B、C、D、E 五个组，见表 8.4。其次按从左向右、从上向下的顺序将它们收集起来，得到关键字序列：（B,A），（E,A），（A,B），（D,B），（E,B），（C,B），（D,B），（B,B），（B,C），（C,C）。再次按数学成绩由高到低分成 A、B、C、D、E 五个组，见表 8.5。最后按从左向右、从上向下的顺序将它们收集起来，得到关键字序列：（A,B），（B,A），（B,B），（B,C），（C,B），（C,C），（D,B），（D,B），（E,A），（E,B）则排序后的成绩见表 8.6。从表 8.6 可知，序列已经是按多关键字（数学、语文）有序。

表 8.4　按语文成绩排序后的分组情况

关键字值（语文）	A	B	C	D	E
各组成员	（B,A）	（A,B）	（B,C）		
	（E,A）	（D,B）	（C,C）		
		（E,B）			
		（C,B）			
		（D,B）			
		（B,B）			

表 8.5　按数学成绩排序后的分组情况

关键字值（数学）	A	B	C	D	E
各组成员	(A,B)	(B,A)	(C,B)	(D,B)	(E,A)
		(B,B)	(C,C)	(D,C)	(E,B)
		(B,C)			

表 8.6　学 生 成 绩 排 序 表

学号	姓名	数学	语文
9701	张三	A	B
9705	吴一	B	A
9709	温和	B	B
9703	王五	B	C
9706	李明	C	B
9710	贾正	C	C
9702	李四	D	B
9708	胡四	D	B
9707	江涛	E	A
9704	小雅	E	B

3. 基数排序

基数排序是借助于多关键字排序思想进行排序的一种排序方法。该方法将排序关键字K看作是由多个关键字组成的组合关键字，即$K=k^1k^2\cdots k^d$。每个关键字k^i表示关键字的一位，其中k^1为最高位，k^d为最低位，d为关键字的位数。例如，对于关键字序列（101,203,567,231,478,352），可以将每个关键字K看成由三个单关键字组成，即$K=k^1k^2k^3$，每个关键字的取值范围为$0\leqslant k^i\leqslant 9$，所以每个关键字可取值的数目为10，通常将关键字取值的数目称为基数，用符号r表示，在这个例子中r=10。对于关键字序列（AB,BD,ED）可以将每个关键字看成是由两个单字母关键字组成的复合关键字，并且每个关键字的取值范围为A～Z，所以关键字的基数r=26。

基数排序是基于LSD法的一种排序，即对待排序的记录序列按照复合关键字从低位到高位的顺序交替地进行“分配”“收集”，最终得到有序的记录序列。在此我们将一次“分配”“收集”称为一趟。对于由d位关键字组成的复合关键字，需要经过d趟的“分配”与“收集”。

下面以关键字值为{52,53,29,46,35,20,56,47}的记录序列来举例说明基数排序的排序过程。

图8.32给出了按低位进行“分配”和“收集”的过程。

图8.33给出了序列{20,52,53,35,46,56,47,29}按高位进行“分配”和“收集”的过程。

在基数排序的“分配”与“收集”操作过程中，为了避免数据元素的大量移动，通常采用链式存储结构存储待排序的记录序列，若假设记录的关键字为int类型，则链表的结点类型可以定义如下：

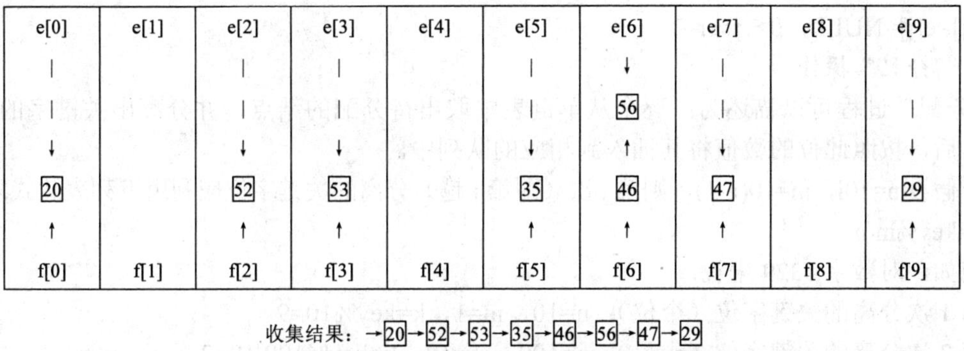
e[0]
e[1]
e[2]
e[3]
e[4]
e[5]
e[6]
e[7]
e[8]
e[9]
56
20
52
53
35
46
47
29
f[0]
f[1]
f[2]
f[3]
f[4]
f[5]
f[6]
f[7]
f[8]
f[9]
收集结果：→20→52→53→35→46→56→47→29

图 8.32　按低位进行“分配”和“收集”示意图

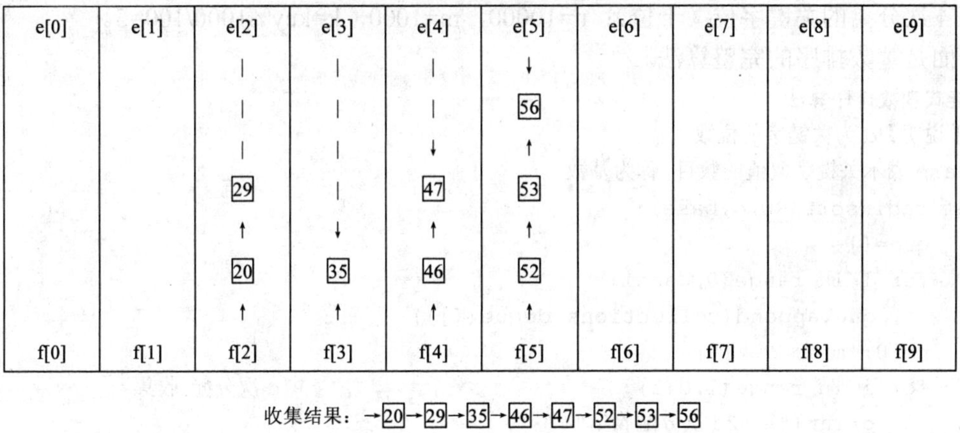
e[0]
e[1]
e[2]
e[3]
e[4]
e[5]
e[6]
e[7]
e[8]
e[9]
56
29
47
53
20
35
46
52
f[0]
f[1]
f[2]
f[3]
f[4]
f[5]
f[6]
f[7]
f[8]
f[9]
收集结果：→20→29→35→46→47→52→53→56

图 8.33　按高位进行“分配”和“收集”示意图

```
#结点类中数据定义
class ElemType:
    def_init_(self,key=None,others=None):
        self.key=key                        #关键字
        self.others=others                  #其他

class Node:                                 #单指针结点类
    def_init_(self,elem=None,nextp=None):
        self.elem=elem
        self.nextp=nextp
```

8.6.2　链式基数排序算法

基数排序的基本操作是按关键字位进行“分配”和“收集”。

1. *初始化操作*

在基数排序中，假设待排序的记录序列是以单链表的形式给出的，10 个队列的存储结构也是单链表形式，其好处是：在进行“分配”操作时，按要求将每个结点插入到相应的队列中，在进行“收集”操作时，将非空的队列依次首尾相连，这样做既节省存储空间又操作方便。所以初始化操作主要是将 10 个队列置空：

f[j]=e[j]=NULL，0≤j≤r–1

2. “分配”操作

“分配”过程可以描述为：逐个从单链表中取出待分配的结点，并分离出关键字的相应位，然后，按照此位的数值将其插入到相应的队列中。

若假设 n=10i，m=10(i–1)，则第 i 次（即第 i 趟）分离的关键字位应利用下列表达式求出：

k=key%m/n

例如，对数字 5329 来说：

第 1 次分离的关键字位（个位）：n=10，m=1，k=key%10=9。

第 2 次分离的关键字位（十位）：n=100，m=10，k=key%100/10=2。

第 3 次分离的关键字位（百位）：n=1000，m=100，k=key%1000/100=3。

第 4 次分离的关键字位（千位）：n=10000，m=1000，k=key%1000/100=5。

下面是基数排序的完整算法。

```
#链式基数排序算法
#【说明】d 为关键字的位数
#base 表示关键字取值的数目,称为基数
def radixsort(RD,d,base):
    que=[]
    for i in range(0,base):
        que.append(collections.deque([]))
    n=10; m=1;
    for i in range(1,d+1):                                    #共 d 次分配、收集
        print("第%2d 次分配收集"%(i))
        dispHead()
        for j in range(1,len(RD)):
            k=RD[j].key%n//m                                  #分离
            #print("队列号=",k," 入队值=",RD[j].key)
            que[k].append(RD[j])
        m=m*10; n=n*10;
        #k=1
        RD=[]
        dispContent(que)
        for j in range(0,base):                               #回收
            while (len(que[j])>0):
                RD.append(que[j].popleft())
                #print("序号=",k," 回收值=",RD[k].key)
                #k=k+1
        dispBottom()
        showRD(RD,-1,-1,1,"X")
```

从基数排序的算法中可以看到：基数排序适用于待排序的记录数目较多，但其关键字位数较少，且关键字每一位的基数相同的情况。若待排序记录的关键字有 d 位就需要进行 d 次“分配”与“收集”，即共执行 d 趟，因此，若 d 值较大，基数排序的时间效率就会随之降低。基数排序是一种稳定的排序方法。

8.6.3　应用举例

【例 8.6】 已知某班大学国家英语六级的成绩为{21,48,68,25,58,22,38,62,43}，试用基数排序对成绩从低到高进行排序。

解： 图 8.34 给出了按低位进行“分配”和“收集”的过程。

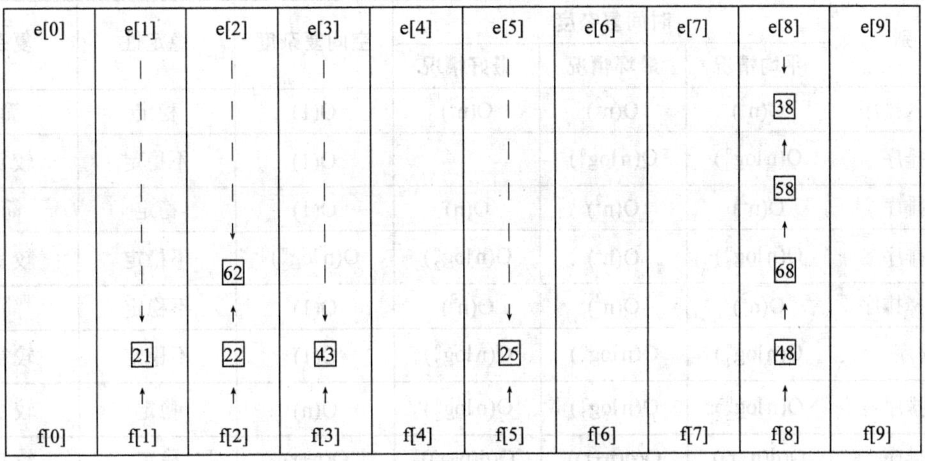

收集结果：→21→22→62→43→25→48→68→58→38

图 8.34　按低位进行“分配”和“收集”示意图

图 8.35 给出了序列{21,22,62,43,25,48,68,58,38}按高位进行“分配”和“收集”的过程。

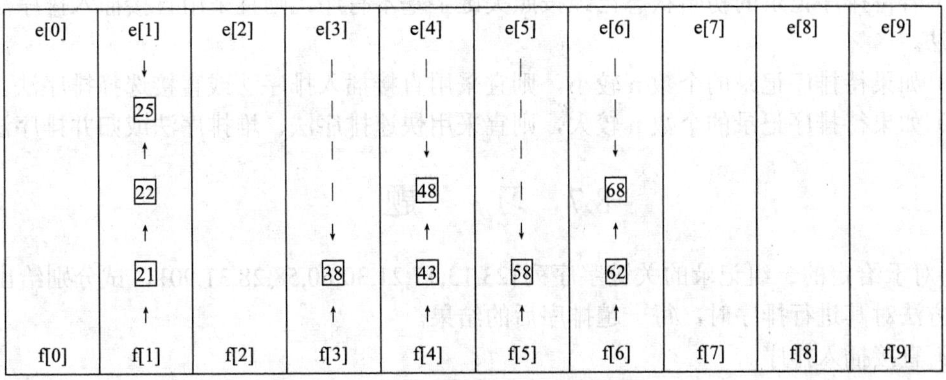

收集结果：→21→22→25→38→43→48→58→62→68

图 8.35　按高位进行“分配”和“收集”示意图

8.6.4　排序方法简单比较

下面从时间复杂度、空间复杂度、稳定性和复杂性等方面对前面介绍的几种方法进行简单比较，比较结果详见表 8.7。

在选择排序方法时需要考虑的主要因素如下：

（1）待排序的记录数目 n 的大小。

（2）记录本身数据量的大小，也就是记录中除关键字外的其他信息量的大小。

（3）关键字的结构及其分布情况。

（4）对排序稳定性的要求。

表 8.7　排 序 方 法 比 较

类　别	时间复杂度			空间复杂度	稳定性	复杂性
	平均情况	最坏情况	最好情况			
直接插入排序	$O(n^2)$	$O(n^2)$	$O(n^2)$	$O(1)$	稳定	简单
希尔排序	$O(n\log_2^n)$	$O(n\log_2^n)$		$O(1)$	不稳定	较复杂
冒泡排序	$O(n^2)$	$O(n^2)$	$O(n)$	$O(1)$	稳定	简单
快速排序	$O(n\log_2^n)$	$O(n^2)$	$O(n\log_2^n)$	$O(n\log_2^n)$	不稳定	较复杂
直接选择排序	$O(n^2)$	$O(n^2)$	$O(n^2)$	$O(1)$	不稳定	简单
堆排序	$O(n\log_2^n)$	$O(n\log_2^n)$	$O(n\log_2^n)$	$O(1)$	不稳定	较复杂
归并排序	$O(n\log_2^n)$	$O(n\log_2^n)$	$O(n\log_2^n)$	$O(n)$	稳定	较复杂
基数排序	$O(d(n+r))$	$O(d(n+r))$	$O(d(n+r))$	$O(n+r)$	稳定	较复杂

基于此：

（1）直接插入排序、冒泡排序、归并排序和基数排序属稳定排序方法，希尔排序、快速排序、直接选择和排序堆排序属不稳定排序方法。

（2）若待排序记录的初始状态已经按照关键字基本有序，则宜采用直接插入排序法或冒泡排序法。

（3）如果待排序记录的个数 n 较小，则宜采用直接插入排序法或直接选择排序法。

（4）如果待排序记录的个数 n 较大，则宜采用快速排序法、堆排序法或归并排序法。

8.7　习　　题

1．对于给定的一组记录的关键字序列{23,13,17,21,30,60,58,28,31,90}，试分别给出用下列排序方法对其进行排序时，每一趟排序后的结果。

（1）直接插入排序。

（2）冒泡排序。

2．对于给定的一组记录的关键字序列{27,11,51,21,10,62,53,28,36,88}，试给出用直接选择排序方法对其进行排序时，每一趟排序后的结果。

3．对于给定的一组记录的关键字序列{12,2,16,30,8,28,4,10,20,6,18}，试分别给出用下列排序方法对其进行排序时，每一趟排序后的结果。

（1）希尔排序（第一趟排序的增量为 5）。

（2）快速排序（选第一个记录为枢轴）。

（3）链式基数排序。

4．对于给定的一组记录的关键字序列{29,18,25,47,58,12,51,10}，试分别给出用下列排序方法对其进行排序时，每一趟排序后的结果。

（1）2路归并排序。

（2）快速排序。

（3）堆排序。

参 考 文 献

[1] 吴仁群. Python 基础教程[M]. 北京：中国水利水电出版社，2019.

[2] 方风波，王巧莲. 数据结构[M]. 北京：科学出版社，2004.

[3] 唐发根. 数据结构[M]. 北京：科学出版社，2004.

[4] 徐孝凯, 贺桂英. 数据结构（C 语言描述）[M]. 北京：清华大学出版社，2004.

[5] 彭波. 数据结构教程[M]. 北京：清华大学出版社，2005.

[6] 李春葆，苏光奎. 数据结构教程[M]. 北京：清华大学出版社，2005.

[7] 严蔚敏. 数据结构教程[M]. 北京：清华大学出版社，2005.

[8] 尹绍宏，董卿霞. 数据结构概论[M]. 北京：清华大学出版社，2004.